数据安全与治理

陈　庄　邹　航　张晓琴
张峻峰　黄远江　刘红兵　编著

清华大学出版社
北　京

内 容 简 介

本书密切结合我国大数据产业、数据安全产业的特点，全面系统地介绍了数据安全与治理的内涵、特点、方法、原理与技术。全书分为 10 章。其中，第 1 章介绍了数据安全与治理的基本概念，第 5、6、7、9 章介绍了数据安全的相关技术 (含数据加密、数据脱敏、数据资产保护、数据审计)，第 3、4 章介绍了数据治理的相关技术 (含数据质量管控、数据采集)，第 2、8、10 章介绍了数据安全治理的相关技术 (含数据分类分级、数据资产交易、数据司法存证)。

本书在每章末均配置了复习题，在全书最后附有模拟试卷，题型包括单选题、多选题、判断题、简答题和论述题，以帮助读者检验其对知识点的掌握情况。

本书可作为高等学校大数据科学、大数据技术、大数据管理与应用、网络安全等相关专业本科生、研究生的教材或教学参考书，也可作为网络安全管理机构、信息产业管理部门相关管理人员的业务工作参考资料，还可作为大数据应用开发企业、数据安全企业的从业人员的培训教材。

图书在版编目(CIP)数据

数据安全与治理 / 陈庄等编著 . —北京：清华大学出版社，2022.6 (2023.8重印)
ISBN 978-7-302-60353-5

Ⅰ．①数… Ⅱ．①陈… Ⅲ．①数据处理—安全技术 Ⅳ．① TP274

中国版本图书馆 CIP 数据核字 (2022) 第 042234 号

责任编辑：高　岫
封面设计：周晓亮
版式设计：方加青
责任校对：马遥遥
责任印制：沈　露

出版发行：清华大学出版社
　　　　网　　　址：http://www.tup.com.cn，http://www.wqbook.com
　　　　地　　　址：北京清华大学学研大厦 A 座　　　　邮　　编：100084
　　　　社 总 机：010-83470000　　　　邮　　购：010-62786544
　　　　投稿与读者服务：010-62776969，c-service@tup.tsinghua.edu.cn
　　　　质 量 反 馈：010-62772015，zhiliang@tup.tsinghua.edu.cn
印 装 者：三河市龙大印装有限公司
经　　销：全国新华书店
开　　本：185mm×260mm　　　　印　　张：15.5　　　　字　　数：367 千字
版　　次：2022 年 6 月第 1 版　　　　印　　次：2023 年 8 月第 2 次印刷
定　　价：49.80 元

产品编号：095020-01

前　言

随着数字经济的快速发展，全球进入数据爆炸时代，数据在社会经济、民众生活中扮演着越来越重要的角色，并成为继土地、劳动力、资本、技术之后的第五大生产要素，成为政府、企事业单位的重要资产。

然而，数据成为资产是有前置条件的；否则，数据不仅不能释放出其资产价值，还有可能成为一种负担或负债。

数据成为资产的重要前置条件是数据治理能力强，主要体现在三个方面：一是数据本身的质量高，即数据具有完整性、及时性、准确性、一致性、唯一性、有效性等；二是数据权属机构要有系统的数据全生命周期管理策略，包括数据采集管理、数据存储管理、数据传输管理、数据处理管理、数据交换管理、数据销毁管理等；三是数据治理相关"政用产学研"机构要有科学的数据资产变现的数据运营商业模式，如数据资产确权、数据资产定价、数据资产监管、数据资产交易等。

数据成为资产的另一个前提条件是数据安全水平高，主要体现在两个方面：一是数据权属单位、数据运营公司、数据交易平台等数据相关机构必须在国家法律法规框架下开展数据管理、数据运营、数据交易等工作，即这些数据机构必须遵守《中华人民共和国数据安全法》《中华人民共和国密码法》《中华人民共和国网络安全法》《中华人民共和国个人信息保护法》等数据安全的法律法规，且能经得起数据安全监管部门的网络安全审查，不能踩法律的黄线或红线；二是数据机构应该采用相应的数据安全技术（如数据分类分级技术、数据加密技术、数据脱敏技术、数据审计技术、数据司法存证技术等），确保数据全生命周期安全。

为了适应大数据产业、数据安全产业的发展形势，满足大数据专业、网络安全专业人才培养需求，我们组织了在数据安全治理领域具有丰富理论功底和实践经验的"产学研"团队，结合我们自身的研究成果，融合国内外学者近年来有关数据安全治理方面的研究论著和标准规范，编写了著作《数据安全与治理》，以期提升高校学生、研发机构、社会公众的数据安全治理意识，促进数据资产要素沿着安全之路快速健康发展。

本书密切结合我国大数据产业、数据安全产业的特点，全面系统地介绍了数据安全与治理的内涵、特点、方法、原理与技术。全书分为10章。其中，第1章介绍了数据安全与治理的基本概念，第5、6、7、9章介绍了数据安全的相关技术，第3、4章介绍了数据治理的相关技术，第2、8、10章介绍了数据安全治理的相关技术。

本书在每章末均配置了复习题，题型包括单选题、多选题、判断题、简答题和论述题，以帮助读者检验其对每章知识点了解的情况；在全书最后精心编制了两套模拟试卷，以供读者综合测试其对知识的掌握情况。

本书免费配备了丰富的教学资源，包括电子课件和习题答案，可扫描右侧二维码获取。

教学资源

本书第1、2、4、5、8章由陈庄编写，第3章由黄远江编写，第6章由邹航编写，第7章由张峻峰编写，第9章由张晓琴编写，第10章由刘红兵编写，每章复习题及模拟试卷由陈庄编配，全书由陈庄总纂。

本书在编写过程中参考了大量文献，并尽可能详尽地罗列在每章后的参考文献中，但仍难免有遗漏，谨向被漏列的作者表示歉意，并向所有的作者表示诚挚的感谢；同时，还要感谢陈庄教授指导的重庆理工大学研究生王士伟、蔡明甸、丘嘉豪、赵源、王志坤、汪盼等同学，以及重庆邮电大学的研究生刘印全、张鑫、杨楚雄等同学，他们在收集文献资料、绘制插图初样、撰写部分章节初稿等方面做出了贡献。

本书可作为高等学校大数据科学、大数据技术、大数据管理与应用、网络安全等相关专业本科生、研究生教材或教学参考书，也可作为网络安全管理机构、信息产业管理部门相关管理人员的业务工作参考资料，还可作为大数据应用开发企业、数据安全企业的从业人员的培训教材。

由于作者水平有限，时间仓促，本书不妥之处在所难免，敬请读者批评指正。

编者

2022 年 4 月

目 录

第 10 章   数据司法存证技术·······································203

第 **1** 章

绪　论

数据安全与治理是近年来大数据行业、网络安全行业交叉领域的新研究方向，涉及诸多新概念、新术语。本章将重点介绍数据、数据安全、数据治理、数据安全治理涉及的相关概念。

1.1　数据的概念

1.1.1　数据的定义及特征

1. 数据的定义

《中华人民共和国数据安全法》于 2021 年 6 月 10 日颁布，并于 2021 年 9 月 1 日正式实施。《中华人民共和国数据安全法》给出的数据定义是目前最权威的定义。本书采用该定义：数据是指任何以电子或者其他方式对信息的记录。

2. 数据的特征

数据定义所揭示的是数据的本质属性，但数据还存在许多由本质属性派生出来的相关特征，如普遍性、价值性(资产性)、共享性、交换性、时效性(实时性)、等级性(敏感性)等。

(1) 普遍性

数据的普遍性是指数据无处不在、无时不在。

数据普遍存在于自然界、经济社会中，无论是自然界的鸟语花香、风雨雷鸣、地震海啸，还是社会经济活动中的语言文字、机械工艺、建筑工程等，均可用数据来呈现。

(2) 价值性(资产性)

数据的价值性，又称资产性，指数据是一种类似土地、劳动力、资本、技术的有价值的资产。

数据是其权属机构(企事业单位)的重要资产，可通过数据交易平台进行交易，能为其权属机构带来丰厚的经济效益。

(3) 共享性

数据的共享性是指数据可由不同个体或群体(机构)在同一时间或不同时间共同享用。

数据只有进行了共享，其资产价值才能充分体现出来，才能避免"数据烟囱""数据孤岛"现象，才能真正体现"体系化数据"对"科学决策"的重要支撑。

(4) 交换性

数据的交换性是指不同个体或机构之间将其权属数据互相进行交换。

数据交换与实物交换是有本质区别的：实物交换，一方有所得，必使另一方有所失；而数据在交换过程中，其原有数据一般不会丧失，而且还有可能同时获得新的数据。正是由于数据的交换性特点，才使数据生生不息，形成当今的数字经济态势。

(5) 时效性 (实时性)

数据的时效性，又称实时性，是指数据具有时间特征。

数据时效性包括三层含义：一是指"数据产生→数据记录"的时间间隔，即传感设备或人工采集/更新数据的时间，该时间越短，其实时性就越高。二是指"数据记录→数据传递→数据处理→数据利用"的时间及其效率，该时间越短且其使用程度越高，其时效性越强。三是数据价值与数据所处的时间长度成反比，数据一经生成 (记录)，其反映的内容越新，它的价值越大；反之，时间越长，其价值随之减小，一旦超过其"生命周期"，价值就会消失。

(6) 等级性 (敏感性)

数据的等级性，又称敏感性，是指数据的敏感程度及其保护级别。

数据的等级性主要有两个作用：一是满足网络安全监管部分的数据安全审查；二是避免敏感数据的泄露。一般地，数据的等级可分为绝密级、机密级、秘密级、核心商密级、普通商密级、内部级、公开级等，也可按数据级别的高低分为 n ～ 1 级。

1.1.2　数据的类别

依照数据的定义，按照不同的分类标准，数据可以划分为不同的类别。例如，从宏观的社会经济视角，按数据来源的不同可分为自然数据和社会数据两类；按数据记录内容的不同可分为经济数据、政务数据、文教数据、科技数据、管理数据、军事数据六类；按数据加工深度的不同可分为一次文献数据、二次文献数据、三次文献数据三类。图 1-1 所示为数据的类别。以下简要说明各类数据的基本内涵或特征。

(1) 自然数据

自然数据指自然界产生的各种数据，如山川、动植物、天体的状态与属性的记录。自然数据是认识自然界的媒介，人类利用这些数据开发利用自然物质，为人类社会创造财富，保护自然环境，改善生存条件。

(2) 社会数据

社会数据有两种解释：一种是指人类社会记录的各种事物的数据，如政治、经济、文化等社会活动；另一种是指投入社会交流的各种数据，有人类社会产生的，也有自然界产生的。社会数据都是用人类创造的各种符号表述和传递的，即经过人的思想加工，进入社会交流的各种数据。

(3) 经济数据

经济数据指经济活动中形成的数据，如国家经济政策法规、新技术开发与应用、生产销售、劳动人事、商业贸易、金融市场等数据。

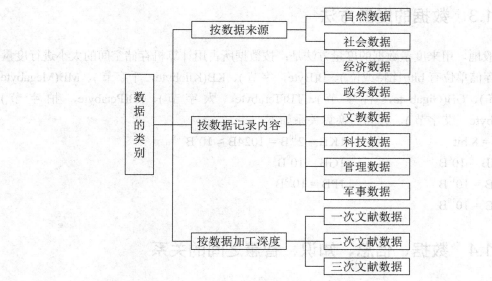

图 1-1　数据的类别

(4) 政务数据

政务数据指政府机关活动产生的数据，如方针政策、法规条令、政府决议、公报条约、国际交往、社会状况及日常活动等数据。

(5) 文教数据

文教数据指文教活动中形成的数据，如教育、体育、文学、艺术、出版发行等数据。

(6) 科技数据

科技数据指科学与技术活动中形成的数据，如科学技术成果、科研技术文献、知识产权等数据。

(7) 管理数据

管理数据指各种行业各个层次管理与决策活动中产生的数据，如人事、工资、计划、调度、财务、统计等内部与外部数据。

(8) 军事数据

军事数据指国防、战争等与军事活动有关的数据，如国防及军队的现代化建设、武器研制、战略战术研究、部队管理及作战等数据。

(9) 一次文献数据

一次文献数据指一切原始的数据，如决议、报告、记录、心得、经验、消息、创作、研究成果等数据。

(10) 二次文献数据

二次文献数据指对原始文献信息加工处理后的数据，如卡片、目录、索引、文摘等数据。

(11) 三次文献数据

三次文献数据指通过二次文献数据提供的线索，对某一范围内的一次文献信息进行分析、研究而加工生成的第三个层次的文献数据，如综述、述评、专题研究报告、百科全书等数据。

1.1.3 数据的度量方法

一般地，用来度量数据的度量方法是：按数据所占用计算机存储空间的大小进行度量。常用的存储单位有 bit(比特或位)、B(Byte，字节)、KB(Kilobyte，千字节)、MB(Megabyte，兆字节)、GB(Gigabyte，吉字节)、TB(Terabyte，太字节)、PB(Petabyte，拍字节)、EB(Exabyte，艾字节)，其间的换算关系如下。

$1B = 8 \text{ bit}$ $1KB = 2^{10}B = 1024B \approx 10^{3}B$

$1MB = 10^{6}B$ $1GB = 10^{9}B$

$1TB = 10^{12}B$ $1PB = 10^{15}B$

$1EB = 10^{18}B$

1.1.4 数据、信息、知识、智慧之间的关系

数据、信息、知识、智慧是数字经济时代的 4 个重要概念，它们之间既有联系，又有区别，人们对其既熟悉又容易混淆。通俗地讲，这 4 个概念可以解释如下。

- 数据是原始的、未解释的符号，是信息的记录。例如，日期、温度、流量、PM2.5 等。
- 信息是经过加工的、有意义的数据，是数据间关系。例如，明日高温、后天有雾等。
- 知识是含有观点、发挥作用的信息，是对信息的理解。例如，高温防暑、雾大少驾等。
- 智慧是综合经验、进行创新的知识，是知识的运用。例如，厚德载物、难得糊涂等。

依据上述解释，数据、信息、知识、智慧之间的关系可由图 1-2 来描述。图中，若按其对人类社会的重要程度，其间的逻辑关系是：数据≤信息≤知识≤智慧；若按其数量多少情况，其间的逻辑关系是：数据≥信息≥知识≥智慧。

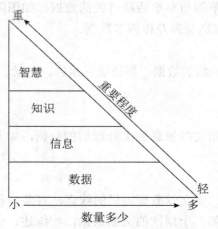

图 1-2　数据、信息、知识、智慧之间的关系

1.2 数据安全的概念

1.2.1 数据安全的定义

从技术角度，根据国家标准《信息安全技术 数据安全能力成熟度模型》(GB/T 37988—2019)，数据安全的定义是：通过管理和技术措施，确保数据有效保护和合规使用的状态。

从法律角度，根据《中华人民共和国数据安全法》，数据安全的定义是：通过采取必要措施，确保数据处于有效保护和合法利用的状态，以及具备保障持续安全状态的能力。

1.2.2 数据安全的范围

按照数据全生命周期过程，数据安全的范围包括数据采集、数据传输、数据存储、数据处理、数据交换、数据销毁 6 个数据过程阶段的安全。

- **数据采集阶段**：是指组织内部系统中新产生数据及从外部系统收集数据的阶段。
- **数据传输阶段**：是指数据从一个实体传输到另一个实体的阶段。
- **数据存储阶段**：是指数据以任何数字格式进行存储的阶段。
- **数据处理阶段**：是指组织在内部对数据进行计算、分析、可视化等操作的阶段。
- **数据交换阶段**：是指组织与组织或个人进行数据交换（或交易）的阶段。
- **数据销毁阶段**：是指对数据及数据存储媒体通过相应的操作手段，使数据彻底删除且无法通过任何手段恢复的阶段。

1.2.3 数据安全 PA 体系

按照国家标准《信息安全技术 数据安全能力成熟度模型》(GB/T 37988—2019)，数据安全 PA(Process Area，过程域)体系分为数据生存周期安全过程域和通用安全过程域两部分，共包含 30 个 PA。其中，数据生存周期安全过程域即为上述数据生命周期的 6 个数据过程阶段的安全，本书将其称之为数据生命周期安全过程域或数据生命周期安全，如图 1-3 所示。以下简要说明每一个过程域的内涵。

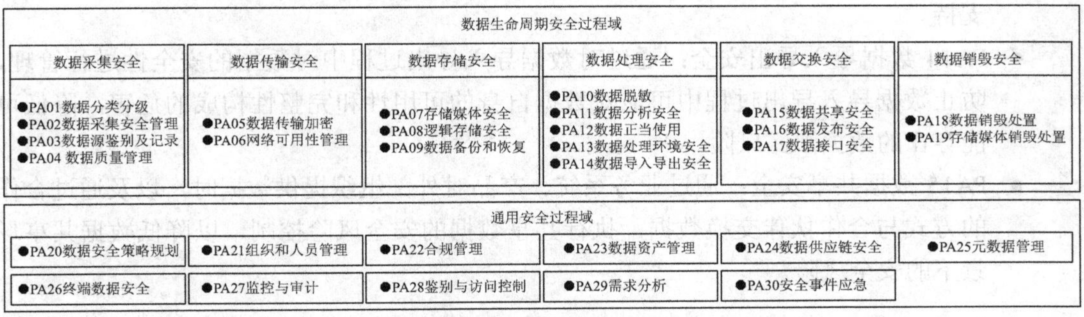

数据生命周期安全过程域					
数据采集安全	数据传输安全	数据存储安全	数据处理安全	数据交换安全	数据销毁安全
●PA01数据分类分级 ●PA02数据采集安全管理 ●PA03数据源鉴别及记录 ●PA04数据质量管理	●PA05数据传输加密 ●PA06网络可用性管理	●PA07存储媒体安全 ●PA08逻辑存储安全 ●PA09数据备份和恢复	●PA10数据脱敏 ●PA11数据分析安全 ●PA12数据正当使用 ●PA13数据处理环境安全 ●PA14数据导入导出安全	●PA15数据共享安全 ●PA16数据发布安全 ●PA17数据接口安全	●PA18数据销毁处置 ●PA19存储媒体销毁处置

通用安全过程域					
●PA20数据安全策略规划	●PA21组织和人员管理	●PA22合规管理	●PA23数据资产管理	●PA24数据供应链安全	●PA25元数据管理
●PA26终端数据安全	●PA27监控与审计	●PA28鉴别与访问控制	●PA29需求分析	●PA30安全事件应急	

图 1-3 数据安全 PA 体系

- **PA01 数据分类分级**：基于法律法规及业务需求确定组织内部的数据分类分级方法，对生成或收集的数据进行分类分级标识。
- **PA02 数据采集安全管理**：在采集外部客户、合作伙伴等相关方数据的过程中，组织应明确采集数据的目的和用途，确保满足数据源的真实性、有效性和最少够用等原则要求，并明确数据采集渠道、规范数据格式及相关的流程和方式，从而保证数据采集的合规性、正当性和一致性。
- **PA03 数据源鉴别及记录**：对产生数据的数据源进行身份鉴别和记录，防止数据仿冒和数据伪造。
- **PA04 数据质量管理**：建立组织的数据质量管理体系，保证对数据采集过程中收集/产生的数据的准确性、一致性和完整性。
- **PA05 数据传输加密**：根据组织内部和外部的数据传输要求，采用适当的加密保护措施，保证传输通道、传输节点和传输数据的安全，防止传输过程中的数据泄露。
- **PA06 网络可用性管理**：通过网络基础设施及网络层数据防泄露设备的备份建设，实现网络的高可用性，从而保证数据传输过程的稳定性。
- **PA07 存储媒体安全**：针对组织内需要对数据存储媒体进行访问和使用的场景，提供有效的技术和管理手段，防止对媒体的不当使用而可能引发的数据泄露风险。存储媒体包括终端设备及网络存储。
- **PA08 逻辑存储安全**：基于组织内部的业务特性和数据存储安全要求，建立针对数据逻辑存储、存储容器等的有效安全控制。
- **PA09 数据备份和恢复**：通过执行定期的数据备份和恢复，实现对存储数据的冗余管理，保护数据的可用性。
- **PA10 数据脱敏**：根据相关法律法规、标准的要求及业务需求，给出敏感数据的脱敏需求和规则，对敏感数据进行脱敏处理，保证数据可用性和安全性间的平衡。
- **PA11 数据分析安全**：通过在数据分析过程采取适当的安全控制措施，防止数据挖掘、分析过程中有价值信息和个人隐私泄露的安全风险。
- **PA12 数据正当使用**：基于国家相关法律法规对数据分析和利用的要求，建立数据使用过程的责任机制、评估机制，保护国家秘密、商业秘密和个人隐私，防止数据资源被用于不正当目的。
- **PA13 数据处理环境安全**：为组织内部的数据处理环境建立安全保护机制，提供统一的数据计算、开发平台，确保数据处理的过程中有完整的安全控制管理和技术支持。
- **PA14 数据导入导出安全**：通过对数据导入导出过程中对数据的安全性进行管理，防止数据导入导出过程中可能对数据自身的可用性和完整性构成的危害，降低可能存在的数据泄露风险。
- **PA15 数据共享安全**：通过业务系统、产品对外部组织提供数据时，以及通过合作的方式与合作伙伴交换数据，执行共享数据的安全风险控制，以降低数据共享场景下的安全风险。

- PA16 数据发布安全：在对外部组织进行数据发布的过程中，通过对发布数据的格式、适用范围、发布者与使用者权利和义务执行的必要控制，实现数据发布过程中数据的安全可控与合规。

- PA17 数据接口安全：通过建立组织的对外数据接口的安全管理机制，防范组织数据在接口调用过程中的安全风险。

- PA18 数据销毁处置：通过建立针对数据的删除、净化机制，实现对数据的有效销毁，防止因对存储媒体中的数据进行恢复而导致的数据泄露风险。

- PA19 存储媒体销毁处置：通过建立对存储媒体安全销毁的规程和技术手段，防止因存储媒体丢失、被窃或未授权的访问而导致存储媒体中的数据泄露的安全风险。

- PA20 数据安全策略规划：建立适用于组织数据安全风险状况的组织整体的数据安全策略规划，数据安全策略规划的内容应覆盖数据全生命周期的安全风险。

- PA21 组织和人员管理：通过建立组织内部负责数据安全工作的职能部门及岗位，以及对人力资源管理过程中各环节进行安全管理，防范组织和人员管理过程中存在的数据安全风险。

- PA22 合规管理：跟进组织须符合的法律法规要求，以保证组织业务的发展不会面临个人信息保护、重要数据保护、跨境数据传输等方面的合规风险。

- PA23 数据资产管理：通过建立针对组织数据资产的有效管理手段，从资产的类型、管理模式方面实现统一的管理要求。

- PA24 数据供应链安全：通过建立组织的数据供应链管理机制，防范组织上下游的数据供应过程中的安全风险。

- PA25 元数据管理：建立组织的元数据管理体系，实现对组织内元数据的集中管理。

- PA26 终端数据安全：基于组织对终端设备层面的数据保护要求，针对组织内部的工作终端采取相应的技术和管理方案。

- PA27 监控与审计：针对数据生命周期各阶段开展安全监控和审计，保证对数据的访问和操作均得到有效监控和审计，以实现对数据生命周期各阶段中可能存在的未授权访问、数据滥用、数据泄露等安全风险的防控。

- PA28 鉴别与访问控制：通过基于组织的数据安全需求和合规性要求，建立身份鉴别和数据访问控制机制，防止对数据的未授权访问风险。

- PA29 需求分析：通过建立针对组织业务的数据安全需求分析体系，分析组织内数据业务的安全需求。

- PA30 安全事件应急：建立针对数据的安全事件应急响应体系，对各类安全事件进行及时响应和处置。

1.3 数据治理的概念

1.3.1 数据治理的定义

数据治理 (data governance) 的概念源于企业的公司治理，旨在保护其数据资产，发挥其数据价值，提高其市场竞争力。

国际多个数据治理知名企业 (机构) 均从自身从事的专业领域给出数据治理定义。例如：IBM 认为，数据治理是指根据企业的数据管控政策，利用组织人员、流程和技术的相互协作，使企业能将数据作为企业的核心资产来管理和应用；DAMA 认为，数据治理是指对数据资产管理行使权力和控制的活动集合；Informatica 认为，数据治理是指在组织范围内，通过对流程、政策、标准、技术和人员进行职能协调和定义来将数据作为公司资产进行管理，从而实现对准确、一致、安全且及时的数据的可用性管理和可控增长，以此制定更好的业务决策，降低风险并改善业务流程。

目前，国家标准《信息技术服务 治理 第 5 部分：数据治理规范》(GB/T 34960.5—2018) 给出的数据治理定义是：数据资源及其应用过程中相关管控活动、绩效和风险管理的集合。

1.3.2 数据治理的特征

数据治理的特征主要体现在基本要求、总体目标、主要任务三个方面。

1. 基本要求

数据治理应满足三个基本要求，即行业监管要求、企业商业要求、管理体系要求。

- 行业监管要求：数据治理应满足国家法律法规、行业监管部门的安全合规要求。
- 企业商业要求：数据治理应满足企业的商业化要求，包括数据产品化、数据资产化、数据价值化等要求。
- 管理体系要求：数据治理应满足企业的数据生命周期管理体系及应用体系要求，包括数据架构、数据模型、数据标准、数据质量、数据安全等体系建设要求。

2. 总体目标

数据治理的总体目标是保障数据及其应用过程中的运营合规、风险可控和价值实现。

- 运营合规：建立符合法律法规和行业监管的数据运营管理体系，保障数据及其应用的合规。
- 风险可控：建立数据风险管控机制，确保数据及其应用满足风险偏好和风险容忍度。
- 价值实现：构建数据价值实现体系，促进数据资产化和数据价值实现。

3. 主要任务

数据治理的任务是分析现状需求，落地实施策略，评估实施效果。

- 分析现状需求：分析数据治理环境、数据资源现状、数据资产运营能力等。

- 落地实施策略：构建数据治理体系，制订数据治理方案、实施数据治理策略。
- 评估实施效果：制定数据治理评价体系、审计规范，评估数据治理的实施效果。

1.3.3 数据治理的体系结构

数据治理的体系结构如图 1-4 所示，它主要由顶层设计和核心治理领域构成。

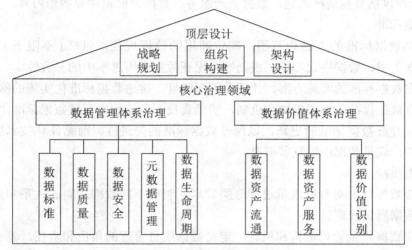

图 1-4 数据治理的体系结构

1. 顶层设计

顶层设计包括战略规划、组织构建、架构设计等工作内容。

(1) 战略规划

- 理解业务规划和信息技术规划，调研需求并评估数据现状、技术现状、应用现状和环境。
- 制定数据战略规划，包括(不限于)愿景、目标、任务、内容、边界、环境和蓝图等。
- 指导数据治理方案的建立，包括(不限于)实施主体、责权利、技术方案、管控方案、实施策略、实施路线等，同时，明确数据管理体系和数据价值体系。
- 明确风险源、符合性、绩效和审计等要求，监控和评价数据治理的实施并持续改进。

(2) 组织构建

- 建立支撑数据战略的组织机构和机制，明确相关的实施原则和策略。
- 构建决策和实施机构，设立岗位并明确角色，确保责权利的一致。
- 建立相关的授权、决策和沟通机制，保证利益相关方理解、接受相应的职责和权利。
- 实现决策、执行、控制和监督等职能，评估运行绩效并持续改进和优化。

(3) 架构设计

- 建立与战略一致的数据治理架构，明确技术方向、管理策略和支撑体系，以满足数据管理体系、数据价值体系的治理要求。

- 评估数据治理架构的合理性和先进性，监督数据治理架构的推进情况。
- 评估数据治理架构的有效性，并持续改进和优化。

2. 核心治理领域

核心治理领域包括数据管理体系治理、数据价值体系治理。其中，数据管理体系治理包括数据标准、数据质量、数据安全、元数据管理、数据生命周期等治理内容；数据价值体系治理包括数据资产流通、数据资产服务、数据价值识别等治理内容。

(1) 数据标准

- 明确数据标准的内涵和范围，制定通用的数据规范，包括 (不限于) 数据分类、数据类型、数据格式和编码规则等，保证数据应用过程中的一致性。
- 建立数据标准的实施方案、计划及管理制度，推进数据标准化实施的落地。
- 建立数据标准化管理机构和机制，明确责权利和流程，开展数据标准化的实施。
- 持续开展数据标准的更新，以保证数据标准的先进性、前瞻性和技术层面的可执行性，满足数据应用发展需要。

(2) 数据质量

- 结合数据标准对数据质量进行分类管理，明确不同数据之间的关系和依赖性，制定数据质量管理目标。
- 建立数据质量管理机构和机制，定义数据质量管理的角色和责任，建立数据质量管理方法。
- 研发数据质量相关技术，支撑数据质量管理和数据质量的提升。
- 识别数据生命周期各个阶段的数据质量因素，构建数据质量评估框架，包括 (不限于) 数据的准确性、完整性、一致性、可访问性、及时性、相关性和可信度等。
- 采用定性评估、定量评估或综合评估等方法，评估和持续优化数据质量。

(3) 数据安全

- 明确数据安全的内外部监管和管理需求，制定数据安全管理的目标、方针和策略，并持续改进和优化，做到数据防泄露、防篡改和防损毁。
- 建立数据安全管理机构，明确数据安全管理的角色和责任，提升人员的意识、能力和素质。
- 建立数据安全分类分级规范，建立满足不同业务场景、不同级别的数据安全规范、保护机制，确保数据的保密性、完整性、可用性及数据的可追溯性。
- 构建数据安全管理视图，识别数据应用过程中的风险，并建立数据泄露应急响应、沟通协作和责任追究等安全管控机制。
- 建立数据应用过程中的数据授权、访问和审计机制。
- 定期开展安全审计和风险评估，对数据安全管理能力进行监督并持续改进和优化。

(4) 元数据管理

- 明确元数据的管理范围，构建元数据库。
- 建立完整的数据字典、数据模型、数据架构及其管理体系。

- 建立元数据管理机制，明确元数据的管理过程及角色、职责。
- 建立元数据创建、维护、整合、存储、分发、查询、报告和分析机制。
- 建立元数据管理的质量标准和评估指标，开展元数据绩效评估并持续改进。

(5) 数据生命周期

- 识别数据资源和数据资产运营状况，明确数据资源和数据资产的管理目标和策略。
- 识别数据生命周期的各个阶段(包括数据采集、数据传输、数据存储、数据处理、数据交换、数据销毁等)之间的关联关系，制定相应的管理策略，确保数据生命周期各个阶段数据的保密性、完整性和可用性。
- 确保数据生命周期的管理符合法律法规、行业监管等要求，保证数据的获取合法、存储完整、整合高效、分析有效、应用合规、归档可靠和销毁完全等。

(6) 数据资产流通

- 建立数据资产的识别方法和机制，建立数据资产价值评估指标，包括(不限于)数据的整体性、动态性、针对性、准确性、层次性、可度量性等，并开展数据价值评估。
- 遵循法律法规、行业监管和内部管控等内外部要求，明确可流通的数据权属、流通方式等。
- 结合数据分类分级管理机制，采用必要的技术手段对流通数据进行加密、脱敏等处理，确保数据的准确性、可用性、安全性和保密性。
- 采用必要的技术手段，保证数据资产及其流通过程中的安全，明确数据流通参与方的责任权利，保证数据权属合法清晰、流通方式合规、流通过程可靠。
- 确保数据流通过程的可追溯性，保存数据流通日志或记录，包括(不限于)时间戳、数据流通方式、参与者身份及数据内容描述等。
- 建立数据流通管理机制，符合法律法规、行业监管和内部管控要求。

(7) 数据资产服务

- 分析数据服务需求、现有资源和环境，明确数据服务内涵、范围、类型、团队和服务方式。
- 明确数据服务的内容和能力，制定数据服务目录、服务级别协议和服务办法。
- 建立数据服务管控流程，监督数据服务的安全性与合规性，并对服务过程进行审核和控制。
- 建立数据服务支持流程，通过标准化、自动化等方式支持数据服务的交付，满足服务需求。
- 构建数据服务管理机制，对数据服务的过程、质量和安全等进行管理，并持续改进和优化。
- 开展数据服务能力评价，定期对数据服务能力和价值进行评估、改进和优化，促进服务创新。

(8) 数据价值识别

- 分析业务视角和用户视角下的数据应用的需求，开展静态和动态场景识别，获取不同场景和应用下的数据价值识别和应用模型。

- 识别有效数据源，开展数据抽取、数据清洗、数据转换等预处理，并由此开展规律性、交互性、关联性分析。
- 融合业务、数据、算法和技术，挖掘数据及其之间的规律，提升数据价值识别能力。
- 构建数据价值识别的管理和应用机制，持续改进和优化数据价值识别流程。
- 建立数据安全和隐私保护机制，使数据价值识别符合法律法规和行业管理等要求。

1.4　数据安全治理的概念

1.4.1　数据安全治理的定义

数据安全治理主要包含两个层面的治理：一是国家宏观（广义）层面的数据安全治理；二是组织机构（含企事业单位）微观（狭义）层面的数据安全治理。以下从这两个层面分别给出数据安全治理的定义。

(1) 广义的定义

数据安全治理是指在国家数据安全战略指导下，为形成全社会共同维护数据安全和促进发展的良好环境，国家有关部门、行业组织、科研机构、企业、个人共同参与和实施的一系列协同活动的集合。其中，协同活动包括完善相关政策法规、推动政策法规落地、建设与实施标准体系、研发并应用关键技术、培养专业人才等。

(2) 狭义的定义

数据安全治理是指在组织机构数据安全战略的指导下，为确保数据处于有效保护和合法利用的状态，组织机构内部多个二级部门协作实施的一系列活动的集合。其中，系列活动包括建立数据安全治理团队，制定数据安全相关制度规范，构建数据安全技术体系，建设数据安全人才队伍等。

1.4.2　数据安全治理的本质

本质上，数据安全治理包含"理""治""治理"三层含义，即先"理"后"治"再"治理"。其中，需要"理"的工作包括数据资源的内容类型、分布流向及不同场景下数据安全的风险种类等；需要"治"的工作包括数据安全保障制度体系、监管机制、数据安全保护生态、国际数据安全规则等；需要"治理"的工作包括保障数据资源在安全可控的状态下充分发挥使用价值。

1.4.3　数据安全治理与传统数据安全的区别

数据安全治理与传统数据安全的区别主要体现在理念、对象、手段、融合等方面，如表 1-1 所示。

表 1-1　数据安全治理与传统数据安全的区别

对比内容	数据安全治理	传统数据安全
理念方面	数据分类分级、数据合规、数据安全流动	安全域划分、区域隔离
对象方面	企业内部人员，安全管控其数据操作行为	企业外部人员，防范其入侵
手段方面	数据安全技术（如加密、脱敏等）	边界防护技术（如防火墙等）
融合方面	数据安全产品与企业管理流程深度融合	管理与技术分离

1.4.4　数据安全治理体系

数据安全治理体系可以概括为"142"体系，即"1"个地基、"4"根柱子、"2"个目标，如图 1-5 所示。其内涵是：以数据全生命周期安全保护这"1"地基为基础（基础层），以政策环境、产业生态、监督管理、跨境协作这"4"根柱子为支撑（支撑层），最终实现数据有效保护、数据合法利用这"2"个目标（目标层）。

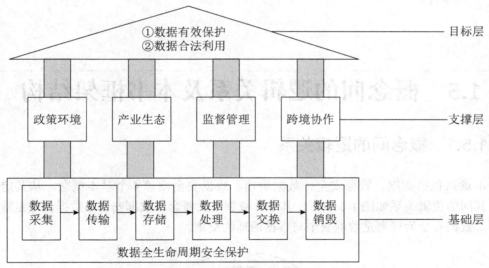

图 1-5　数据安全治理体系图

1."1"个地基

数据全生命周期安全保护是数据安全治理体系的基础，必须采用相关技术、管理措施，确保数据在数据采集、数据传输、数据存储、数据处理、数据交换、数据销毁每个环节的安全。

2."4"根柱子

政策环境、产业生态、监督管理、跨境协作这"4"根柱子是数据安全治理体系的重要支撑。

- 政策环境：包括数据安全法律法规、数据安全标准指南、数据安全管理措施等。
- 产业生态：包括数据安全战略规划、数据安全技术体系、数据安全产品体系、数据安全方案体系、数据安全服务体系、数据安全产融体系、数据安全人才体系等。
- 监督管理：包括数据安全监管机构、数据安全审查制度、网络安全（数据安全）执法行动等。
- 跨境协作：包括跨境数据分类（如个人数据、企业数据、国家数据等）管理、跨境数据分级（如核心商密级、普通商密级、内部级、公开级、国家涉密级等）管理、跨境数据交易规则、跨境数据合规性审查等。

3. "2" 个目标

数据有效保护、数据合法利用是数据安全治理的两个目标。

- 数据有效保护：数据在 "4" 根柱子的支撑下，在数据全生命周期的数据采集、数据传输、数据存储、数据处理、数据交换、数据销毁诸环节，均能实现有效的安全保护。
- 数据合法利用：数据在 "4" 根柱子的支撑下，在数据全生命周期的数据采集、数据传输、数据存储、数据处理、数据交换、数据销毁诸环节所开展的所有工作，均能经得起数据安全监管部门、数据安全第三方审计机构的合法审查或合规审计。

1.5 概念间的逻辑关系及本书框架结构

1.5.1 概念间的逻辑关系

本章共包括数据、数据安全、数据治理、数据安全治理 4 个基本概念，从其定义视角，其间的逻辑关系如图 1-6 所示。其中，数据是大概念，数据安全与数据治理是数据的子集，数据安全治理则是数据安全与数据治理的交集。

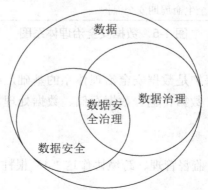

图 1-6 数据、数据安全、数据治理、数据安全治理间的逻辑关系

1.5.2 本书框架结构

本书共包括总论、数据安全、数据治理、数据安全治理、复习与考核 5 部分内容，共计 10 章，其框架结构如图 1-7 所示。其中，总论部分由第 1 章组成，数据安全部分由第 5 章（数据加密技术）、第 6 章（数据脱敏技术）、第 7 章（数据资产保护技术）、第 9 章（数据审计技术）四章组成，数据治理部分由第 3 章（数据质量管控技术）、第 4 章（数据采集技术）两章组成，数据安全治理部分由第 2 章（数据分类分级技术）、第 8 章（数据资产交易技术）、第 10 章（数据司法存证技术）三章组成，复习与考核则由每章末的复习题及全书最后的两套模拟试卷组成。

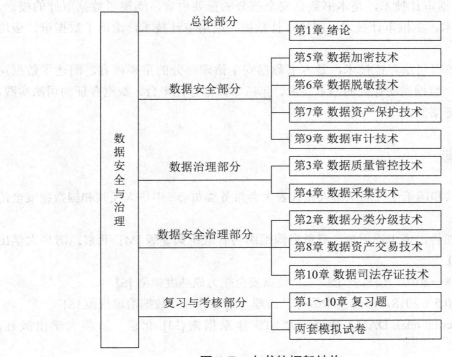

图 1-7 本书的框架结构

第 1 章 绪论，是本书的总论部分，重点阐述了数据、数据安全、数据治理、数据安全治理等相关概念及其内涵。

第 2 章 数据分类分级技术，是本书数据安全治理部分的重要内容，阐述了数据分类分级的概念、数据分类分级的原则、数据分类分级的流程和方法，给出了数据分类分级的相关案例。

第 3 章 数据质量管控技术，是本书数据治理部分的重要内容，阐述了数据质量的概念、数据质量监控规则、数据质量评价技术、数据质量管控技术，给出了数据质量管控案例。

第 4 章 数据采集技术，是本书数据治理部分的重要内容，阐述了数据采集的概念及技术、质量控制技术、安全控制策略，给出了数据采集综合案例。

第 5 章 数据加密技术，是本书数据安全部分的重要内容，阐述了数据加密的概念、国外主要数据加密算法、国内主要数据加密算法，给出了数据加密综合案例。

第 6 章 数据脱敏技术，是本书数据安全部分的重要内容，阐述了数据脱敏的概念、数据脱敏的类别、敏感数据识别策略、数据脱敏方法、数据脱敏产品及应用案例。

第 7 章 数据资产保护技术，是本书数据安全部分的重要内容，阐述了数据资产的概念、数据资产管理的概念、数据资产管理策略、数据资产价值评估技术、数据资产安全保护技术，给出了数据资产保护综合案例。

第 8 章 数据资产交易技术，是本书数据安全治理部分的重要内容，阐述了数据资产交易的概念、数据资产确权、数据资产定价、数据资产交易监管、数据交易平台，给出了数据资产交易平台的总体架构。

第 9 章 数据审计技术，是本书数据安全部分的重要内容，阐述了数据审计的概念、数据库审计技术、主机审计技术、网络审计数据、应用审计技术，给出了数据审计应用案例。

第 10 章 数据司法存证技术，是本书数据安全治理部分的重要内容，阐述了数据司法存证的概念、数据司法存证的基本要求、第三方数据存证平台、数据存证的司法实践，给出了数据存证案例。

参考文献

[1] 中华人民共和国第十三届全国人民代表大会常务委员会 . 中华人民共和国数据安全法 [Z]. 2021.6.

[2] 陈庄，刘加伶，成卫，尹静 . 信息资源组织与管理：第 3 版 [M]. 北京：清华大学出版社 . 2020.

[3] GB/T 37988—2019，信息安全技术　数据安全能力成熟度模型 [S]

[4] GB/T 34960.5—2018，信息技术服务　治理　第 5 部分：数据治理规范 [S]

[5] DAMA International. DAMA 数据管理知识体系指南 [M]. 北京：清华大学出版社，2012.

[6] 耿骞 . 中国政务信息化发展报告 [M]. 北京：北京邮电大学出版社，2017.

[7] 张莉 . 数据治理与数据安全 [M]. 北京：人民邮电出版社，2019.

[8] 数据安全治理专业委员会 . 数据安全治理白皮书 3.0[R]. 2021.

[9] T/ISC—0011—2021，中国互联网协会 . 数据安全治理能力评估方法 (团体标准)[S].

[10] 中国信息通信研究院 . 数据安全治理实践指南 (1.0)[S]. 2021.7.

[11] 中国电子信息产业发展研究院 . 数据安全治理白皮书 [R]. 2021.6.

复习题

一、单选题

1. 数据是指任何以电子或者其他方式对 (　　) 的记录。

A. 数据　　　　　　　B. 信息　　　　　　　C. 资产　　　　　　D. 文本

2. 数据可由不同机构在同一时间或不同时间共同享用，体现了数据的 (　　)。

A. 交换性 　　　　　　 B. 时效性 　　　　　　 C. 价值性 　　　　　　 D. 共享性

3. 数据敏感性又称为数据 (　　)。

A. 时效性 　　　　　　 B. 等级性 　　　　　　 C. 价值性 　　　　　　 D. 交换性

4. 山川、动植物、天体的状态与属性的记录属于 (　　)。

A. 自然数据 　　　　　 B. 管理数据 　　　　　 C. 军事数据 　　　　　 D. 社会数据

5. 生产销售、商业贸易、金融市场等数据属于 (　　)。

A. 文教数据 　　　　　 B. 经济数据 　　　　　 C. 科技数据 　　　　　 D. 军事数据

6. 方针政策、法规条令、政府决议等数据属于 (　　)。

A. 文教数据 　　　　　 B. 经济数据 　　　　　 C. 政务数据 　　　　　 D. 军事数据

7. 科学技术成果、科研技术文献、知识产权等数据属于 (　　)。

A. 军事数据 　　　　　 B. 经济数据 　　　　　 C. 政务数据 　　　　　 D. 科技数据

8. 人事、工资、计划、财务等数据属于 (　　)。

A. 军事数据 　　　　　 B. 经济数据 　　　　　 C. 管理数据 　　　　　 D. 科技数据

9. 武器研制、战略战术研究、部队管理等数据属于 (　　)。

A. 军事数据 　　　　　　　　　　　　 B. 经济数据

C. 管理数据 　　　　　　　　　　　　 D. 科技数据

10. 决议、报告、记录等数据属于 (　　)。

A. 零次文献数据 　　　　　　　　　　 B. 一次文献数据

C. 二次文献数据 　　　　　　　　　　 D. 三次文献数据

11. 卡片、目录、索引、文摘等数据属于 (　　)。

A. 零次文献数据 　　　　　　　　　　 B. 一次文献数据

C. 二次文献数据 　　　　　　　　　　 D. 三次文献数据

12. 综述、述评、专题报告等数据属于 (　　)。

A. 零次文献数据 　　　　　　　　　　 B. 一次文献数据

C. 二次文献数据 　　　　　　　　　　 D. 三次文献数据

13. 从数量多少视角，数据、信息、知识、智慧之间的关系是 (　　)。

A. 信息≥数据≥知识≥智慧 　　　　　 B. 数据≥信息≥知识≥智慧

C. 数据≤信息≤知识≤智慧 　　　　　 D. 数据≥智慧≥知识≥信息

14. 从重要程度视角，数据、信息、知识、智慧之间的关系是 (　　)。

A. 信息≥数据≥知识≥智慧 　　　　　 B. 数据≥信息≥知识≥智慧

C. 数据≤信息≤知识≤智慧 　　　　　 D. 数据≥智慧≥知识≥信息

15. 数据生命周期包括了 (　　) 数据过程阶段。

A. 4 个 　　　　　　　 B. 5 个 　　　　　　　 C. 6 个 　　　　　　　 D. 7 个

16. 数据分类分级工作应在 (　　) 阶段完成。

A. 数据采集 　　　　　 B. 数据传输 　　　　　 C. 数据存储 　　　　　 D. 数据处理

17. 数据质量管理工作应在 (　　) 阶段完成。

A. 数据采集 　　　　　 B. 数据传输 　　　　　 C. 数据存储 　　　　　 D. 数据处理

二、多选题

1. 数据安全与治理涉及 (　　) 等基本概念。

A. 数据　　　　　　B. 数据安全　　　　C. 数据治理　　　　D. 数据安全治理

2. 数据的共享性没有充分体现，会出现 (　　) 现象。

A. 数据江河　　　　B. 数据烟囱　　　　C. 数据孤岛　　　　D. 数据湖泊

3. 数据按其等级性可分为 (　　)。

A. 绝密级　　　　　B. 机密级　　　　　C. 秘密级　　　　　D. 内部级

4. 数据按其来源的不同可分为 (　　)。

A. 政务数据　　　　B. 经济数据　　　　C. 自然数据　　　　D. 社会数据

5. 数据按其加工深度的不同可分为 (　　)。

A. 零次文献数据　　B. 一次文献数据　　C. 二次文献数据　　D. 三次文献数据

6. 数据存储单位 GB、TB、PB、EB 之间的换算关系是 (　　)。

A. $1TB = 10^3GB$　　B. $1PB = 10^6GB$　　C. $1GB = 10^3TB$　　D. $1EB = 10^9GB$

7. 从技术视角，数据安全是指通过管理和技术措施，确保数据 (　　) 状态。

A. 安全保护　　　　B. 有效保护　　　　C. 合规使用　　　　D. 综合利用

8. 从法律视角，数据安全是指通过采取必要措施，确保数据处于 (　　) 状态。

A. 安全保护　　　　B. 有效保护　　　　C. 合规使用　　　　D. 合法利用

9. 数据安全范围包括 (　　) 阶段的安全。

A. 数据采集　　　　B. 数据处理　　　　C. 数据交换　　　　D. 数据销毁

10. 按照 GB/T 37988—2019，数据安全 PA(过程域) 体系分为 (　　) 过程域。

A. 数据采集　　　　B. 通用安全　　　　C. 数据生命周期　　D. 数据销毁

11. 数据治理是指数据资源及其应用过程中相关 (　　) 的集合。

A. 管控活动　　　　B. 绩效　　　　　　C. 风险管理　　　　D. 数据管理

12. 数据治理的基本要求是满足 (　　)。

A. 法律法规要求　　　　　　　　　　　B. 行业监管要求

C. 企业商业要求　　　　　　　　　　　D. 数据管理体系要求

13. 数据治理应满足企业的商业化要求，包括 (　　) 要求。

A. 数据产品化　　　B. 数据私有化　　　C. 数据资产化　　　D. 数据价值化

14. 数据治理的总体目标是保障数据及其应用过程中的 (　　)。

A. 运营合规　　　　B. 风险可控　　　　C. 价值实现　　　　D. 目标达成

15. 数据治理的任务是 (　　)。

A. 制定数据规划　　B. 分析现状需求　　C. 落地实施策略　　D. 评估实施效果

16. 数据的核心治理领域包括 (　　) 治理。

A. 数据管理体系　　B. 数据价值体系　　C. 数据评价体系　　D. 数据应用体系

17. 数据质量评估框架，包含数据的 (　　)。

A. 准确性　　　　　B. 完整性　　　　　C. 及时性　　　　　D. 一致性

18. 数据安全治理的目标是 (　　)。

A. 数据有效保护　　B. 数据合法利用　　C. 数据安全应用　　D. 数据综合利用

19. 数据安全治理体系的重要支撑包括 ( )。

A. 政策环境 　　　　B. 监督管理 　　　　C. 跨境协作 　　　　D. 产业生态

三、判断题

1. 数据是指任何以电子或者其他方式对信息的记录。 （ 　 ）

2. 数据普遍存在于自然界、经济社会中。 （ 　 ）

3. 数据是一种类似土地、劳动力、资本、技术的有价值的资产。 （ 　 ）

4. 数据不能进行交易。 （ 　 ）

5. 将数据进行交换时，一方有所得，必使另一方有所失。 （ 　 ）

6. 数据的价值与数据所处的时间长度成反比。 （ 　 ）

7. 文献综述属于一次文献数据。 （ 　 ）

8. 图书的索引卡片属于二次文献数据。 （ 　 ）

9. 难得糊涂是一种智慧。 （ 　 ）

10. 数据销毁阶段不存在数据安全问题。 （ 　 ）

11. 数据治理应满足国家法律法规要求。 （ 　 ）

12. 数据资产流通不属于数据价值体系治理的范畴。 （ 　 ）

13. 数据安全治理应该先"理"后"治"再"治理"。 （ 　 ）

14. 数据安全治理体系的基础是实现数据全生命周期安全保护。 （ 　 ）

四、简答题

1. 简述数据的类别。

2. 简述数据、信息、知识、智慧之间的关系

3. 简述数据安全的概念和范畴。

4. 简述 PA10(数据脱敏) 的重要性。

5. 简述数据治理的总体目标。

6. 简述数据治理的主要任务

7. 简述数据治理的体系结构。

8. 简述数据安全治理概念及其本质。

9. 简述数据安全治理与传统数据安全的区别。

10. 简述数据安全治理的体系结构。

五、论述题

依照你自己的经历或经验，论述本章涉及相关内容 (如数据、数据安全、数据治理、数据安全治理等) 的需求背景及其重要作用。

第 2 章
数据分类分级技术

数据分类分级管理是数据安全与治理的基础工作，是实现数据共享和开放的重要前提。本章将介绍数据元素的概念、数据分类方法、数据分级方法、数据分类分级技术，并给出相关分类分级案例。

2.1 数据元素的概念

1. 数据元素的定义

数据元素（又称信息元素或数据项）是最小的不可再分的数据单位（或信息单位），是一类信息的总称。

例如，船舶资料中的船名"天河轮""冀海轮"等，可以抽象出"船舶名称"这个数据元素；每一条船都有一个编号，可以概括出"船舶编号"这个数据元素。又如，通常职工档案中的"简历""获奖情况"等，不是信息元素。因为"简历"至少包括时间、地点等信息，是可以继续分解的信息；"获奖情况"也可以继续分解为获奖类别、获奖级别等信息。

2. 数据元素命名原则

数据元素命名的原则就是用简明的词组来描述数据元素的功能和用途。这个词组的一般结构是：

修饰词 - 基本词 - 类别词

其中，类别词和基本词都只有一个，修饰词可以有一个或多个；一般类别词居后，修饰词和基本词居前；但按汉语或英语习惯，顺序可以灵活些。

例如，社会保险编号 (SOCIAL-SECURITY-NUMBER) 是一个信息元素，其结构是：

社会 　－　 保险 　－　 编号
[修饰词] 　[基本词] 　[类别词]

类别词是信息元素命名中最重要的一个名词，用来识别和描述数据元素的一般用途或功能，一般不具有行业特征，条目较少，如数量 (AMOUNT)、名称 (NAME)、编号 (NUMBER)、代码 (CODE) 等。

基本词是类别词最重要的修饰词，它对一大类数据对象进一步分类（反映一小类数据对象），一般具有行业特征，条目较多，如会计 (ACCOUNTING)、预算 (BUDGET)、顾客 (CUSTOMER) 等。

值得注意的是，数据元素的命名应赋予其逻辑名称，而不是物理名称。换言之，应根据一个数据元素的用途或功能，而不是根据这个数据元素在何处、在何时、由何人如何使用来命名信息元素的。例如，"二月份发电量"便是物理名称，因为它反映的是在何时的发电量。

3. 数据元素标识

数据元素标识 (或信息元素编码) 是计算机和管理人员共同使用的标识，它用限定长度的大写字母字符串表示，字母字符可按信息元素名称的汉语拼音抽取首音字母，也可按英文单词首字母或缩写规则得出。

例如：

数据元素名称	数据元素标识 (汉语)	数据元素标识 (英语)
设备数量	SBSL	EQP-QTY
关键指标代码	GJZBDM	KPI-CD

4. 数据元素一致性

数据元素命名和数据元素标识要在组织 (政府部门或企事业单位) 中保持一致，或者说不允许有"同名异义"的数据元素，也不允许有"同义异名"的数据元素。这里的"名"是指数据元素的标识，"义"是指数据元素的命名或定义。

5. 数据元素与数据库系统之间的关系

一般来说，结构化数据库系统均包括多个数据库，每个数据库包含多张表，每张表由很多列组成，每一"列"代表一个主题，这些列的名称便是数据元素，当下工程界也将其称为元数据。学生管理系统中，姓名、学号、性别等"字段名称"信息便是数据元素 (元数据)。

2.2　数据分类的概念、原则及方法

2.2.1　数据分类的概念

数据分类是指根据数据内容的属性或特征，将数据按一定的原则和方法进行区分和归类，并建立一定的分类体系和排列顺序。

数据分类有分类对象和分类依据两个要素。分类对象由若干被分类的实体组成；分类依据取决于分类对象的属性或特征。数据内容属性的相同或相异，形成了各种不同的类 (或类目)。

2.2.2　数据分类的基本原则

数据分类的基本原则包括科学性、系统性、可扩展性、兼容性及综合实用性。

1. 科学性原则

数据分类的科学性原则是指选择事物或概念 (即分类对象) 最稳定的本质属性或特征作为数据分类的基础和依据。

数据分类的目的就是将各种各样的数据按一定的体系结构组织起来，便于人们了解和利用，也有利于数据资源开发利用中的开拓创新。分类的科学性就是要使数据类别的划分符合数据的内涵、性质及使用与管理要求。因此，必须选择数据的本质属性和特征

作为分类的依据，使分类体系结构具有稳定性，以便于人们使用。

2. 系统性原则

数据分类的系统性原则是指数据分类应将选定的事物、概念的属性或特征按一定排列顺序予以系统化，并形成一套完整的分类体系。

数据的分类既要反映各类数据之间的区别，又要反映它们之间的内在联系。分类结构中各类数据按照它们之间的相互联系排成一定的顺序，形成一个系统，既便于人们区分数据、识别数据，又便于人们从整体上把握数据之间的关系。

3. 可扩展性原则

数据分类的可扩展性原则是指数据分类要有概括性和包容性，以保证将来对可能出现的新数据进行分类时，不打乱已建立的分类体系。同时，还应为下级数据管理系统在本分类体系的基础上进行拓展细化创造条件。

4. 兼容性原则

数据分类的兼容性原则是指数据分类应与相关标准（包括国际标准、国家标准、行业标准等）在原则上保持一致。

数据的分类是一个庞大而复杂的系统，这个大系统中存在着若干层分系统与子系统，一些子系统之间又存在着相互联系和数据共享问题。例如，生产类数据和人事类数据中都包含工人这一数据。生产类数据在对工人这一数据进行定义和再分类时就要和人事类数据兼容。

5. 综合实用性原则

数据分类的综合实用性原则是指数据分类要从系统工程角度出发，把局部问题放在系统整体中处理，达到系统最优。即在满足系统总任务、总要求的前提下，尽量满足系统内各相关单位的实际需要。例如，对政府数据的分类，要尽量设置符合用户认知的政府数据类别，不设置没有意义、没有用途的数据类目。

2.2.3 数据分类的基本方法

数据分类方法是根据选定的分类维度，将数据类别以某种形式进行排列组合的逻辑方法。数据分类的基本方法主要有三种，即线分类法、面分类法和混合分类法。

1. 线分类法

(1) 线分类法的概念

线分类法也称层级分类法，是将分类对象（即被划分的事物或概念）按选定的若干属性或特征，逐次分为若干层级，每个层级又分为若干类目。同一分支的同层级类目之间构成并列关系，不同层级类目之间构成隶属关系。同层级类目互不重复，互不交叉。

在线分类体系中，一个类目相对于由它直接划分出来的下一层级的类目而言，称为上位类；由上位类直接划分出来的下一层级的类目，相对于上位类而言，称为下位类。上位类与下位类之间存在着从属关系，即下位类从属于上位类。由一个类目直接区分出来的各类目，彼此称为同位类，同位类类目之间为并列关系，既不重复也不交叉。

按线分类法建立的分类体系形成一个树结构，如图 2-1 所示。其中，A 为初始的分类对象，有 m 个属性 / 特征 A_1，A_2，$\cdots$，A_m 用于分类，按属性 / 特征 A_1 分类得到的同层级

类目为 A_{11}, A_{12}, $\cdots$, A_{1n}, 按属性 / 特征 A_2 分类得到的同层级类目为 A_{21}, A_{22}, $\cdots$, A_{2q}, 一般地, 按属性 / 特征 A_m 分类得到的同层级类目为 A_{m1}, A_{m2}, $\cdots$, A_{mp}。

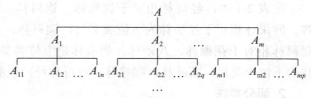

图 2-1　基于线分类法的树结构

(2) 线分类法的基本要求

线分类法的基本要求具体如下:

- 由某上位类类目划分出的下位类类目的总范围应与该上位类类目范围相等;
- 当某一个上位类类目划分成若干下位类类目时, 应选择同一种划分基准;
- 同位类类目之间不交叉、不重复, 并且只对应于一个上位类类目;
- 分类要依次进行, 不应有空层或加层。

(3) 线分类法的优缺点

线分类法的优点如下。

- 容量大: 可容纳较多类目的数据。
- 结构清晰: 采用树结构能较好地反映类目之间的逻辑关系。
- 使用方便: 既符合手工处理数据的思维习惯, 又便于计算机处理。

线分类法的缺点如下。

- 结构弹性较差: 分类结构一经确定, 不易改动。
- 效率较低: 当分类层次较多时, 编码的位数较长, 影响数据处理速度。

(4) 线分类法示例

GB/T 14721.1—2010《林业资源分类与代码　森林类型》就是采用线分类法, 并用 5 位数字代码进行表示的。该标准将森林类型分成三个层级, 第一层级用第一、二位数字表示森林植被类型, 第二层级用第三位数字表示森林类型组, 第三层级用第四、五位数字表示森林类型, 其部分数据分类及其代码如表 2-1 所示。

表 2-1　林业数据 (森林数据) 分类及其编码

代码	数据类目
30000	经济林
31400	调料林
31411	花椒林
31412	八角林
31413	胡椒林
31600	饮料林
31611	茶叶林
31612	咖啡林
31613	可可林
31800	鲜果林
31811	苹果林
31812	梨树林
31813	桃树林
……	……

在表 2-1 中，经济林相对于调料林、饮料林、鲜果林为上位类类目，调料林、饮料林、鲜果林相对于经济林为下位类类目，调料林、饮料林、鲜果林是同位类类目；同理，调料林相对于花椒林、八角林、胡椒林是上位类类目，茶叶林、咖啡林、可可林是饮料林的下位类类目，茶叶林、咖啡林、可可林是同位类类目。

2. 面分类法

(1) 面分类法的概念

面分类法是将所选定的分类对象的若干属性或特征视为若干"面"，每个"面"中又可分成彼此独立的若干类目。使用时，可根据需要将这些"面"中的类目组合在一起，形成一个复合类目。

(2) 面分类法的基本要求

面分类法的基本要求具体如下：

- 根据需要选择分类对象本质的属性或特征作为分类对象的各个"面"；
- 不同"面"内的类目不能相互交叉，也不能重复出现；
- 每个"面"有严格的固定位置；
- 对于"面"的选择及位置的确定，应根据实际需要而定。

(3) 面分类法的优缺点

面分类法的优点如下。

- 具有较大的弹性：一个面内的属性内容与数量的调整不会影响其他的面。
- 适应性强：可根据需要组成任何类目，也便于机器处理。
- 易于增、删、改。

面分类法的缺点如下。

- 不能充分利用数据：在面分类法形成的分类体系中，可组成的类目很多，但有时实际应用的类别不多。
- 手工组成数据类目比较困难。

(4) 面分类法案例

高等学校教师的分类可以采用面分类法，选择性别、职称、学历、专业作为四个"面"，每个"面"又可分成若干类目，如表 2-2 所示。

在使用时，可根据需要将这些"面"中的类目组合在一起，形成一个复合类目。例如，男教授、博士、计算机科学技术专业；女副教授、硕士、电子与通信技术专业。

表 2-2 高等学校教师分类

性　别	职　称	学历（学位）	专业（学科）
男 女	助教 讲师 副教授 教授 高级工程师 ……	专科 本科 硕士 博士	计算机科学技术 电子与通信技术 管理学 物理学 数学 ……

3. 混合分类法

混合分类法是将线分类法和面分类法组合使用，以其中一种分类法为主、另一种做补充的数据分类方法。

例如，上述高等学校教师的面分类体系中的专业 (学科)，又可以分为若干一级学科，每个一级学科下设有若干二级学科。这样"专业 (学科)"这一面可按线分类法分成学科门类、一级学科、二级学科三个层次，其中，一级学科用三位数字表示，二级学科用两位数字表示；一、二级学科之间用点隔开，如表 2-3 所示。

表 2-3　管理学学科分类与代码简表

代码	学科名称	代码	学科名称
630	管理学	630.40	企业管理
630.10	管理思想史	630.45	行政管理
630.15	管理理论	630.50	管理工程
630.20	管理心理学	630.55	人力资源开发与管理
630.25	管理计量学	630.60	未来学
630.30	部门经济管理	630.99	管理学其他学科
630.35	科学与科技管理		

综合分类法的优点如下：

- 可以根据实际需要，对两种分类方法进行灵活的配置，吸取两种分类方法的优点；
- 适用于一些综合性较强、属性或者特征不是十分明确的数据分类。

2.2.4　数据分类综合案例：铁路大数据分类

铁路大数据涵盖铁路勘测设计、建设和运营等各阶段，在铁路数据目录梳理、铁路数据交换共享、铁路数据建模分析、铁路数据安全保护等铁路大数据管理场景下均需对铁路大数据进行分类。

1. 分类范围、分类维度和分类方法

(1) 分类范围

铁路大数据分类范围包括由铁路客运、物流、基础设施、移动设备、工程建设、资产经营、企业管理等各铁路业务领域的结构化、非结构化数据所汇集而成的数据集合。

(2) 分类维度

铁路大数据分类维度选择按数据格式分类、按产生来源分类、按产生频率分类、按业务归属分类。

(3) 分类方法

铁路大数据分类方法采用以线分类法为主、以面分类法为辅的混合分类法。

2. 分类实施过程

在进行铁路大数据分类实施时，考虑铁路大数据的多源性和异构性等特点，首先，采用线分类法，选择按数据格式、按业务归属、按产生来源和按产生频率等维度对铁路

大数据进行大类划分；其次，针对具体的某一大类数据，采用面分类法，选择按产生来源、数据格式等维度进行小类划分。

(1) 线分类法的实施过程

- 第一级分类：按数据格式分类，即根据数据存储形式的不同，将铁路大数据分为结构化数据和非结构化数据两大类。
- 第二级分类：针对结构化数据，按业务归属分类，分为主数据、事务数据和分析数据；针对非结构化数据，按产生来源分类，分为文本文件和多媒体文件。
- 第三级分类：针对事务数据，按产生频率分类，分为实时数据和非实时数据；针对文本文件，按业务归属分类，分为法律文件、制度文件、办公文件、事务文件。
- 第四级分类：针对第三级分类结果和部分第二级分类结果，进一步按业务归属分类，形成第四级分类。

(2) 面分类法的实施过程

经过上述四级线分类法后，铁路大数据已经划分到具体业务层面。而根据实际应用需求，还需采用面分类法将数据进一步进行细分。

上述主数据中的固定设施类数据按业务归属分类，可分为车站主数据和专用线主数据。以下以专用线主数据为例，说明面分类过程。

- 按产生来源分类。根据数据所属铁路局对数据进行分类，分类实例如哈尔滨铁路局数据、沈阳铁路局数据、北京铁路局数据等。
- 按数据格式分类。根据数据使用标记对数据进行分类，分类实例如 A 类数据、B 类数据、C 类数据等。

3. 分类结果

依照线分类方法及上述的分类过程，线分类法的分类结果如图 2-2 所示。

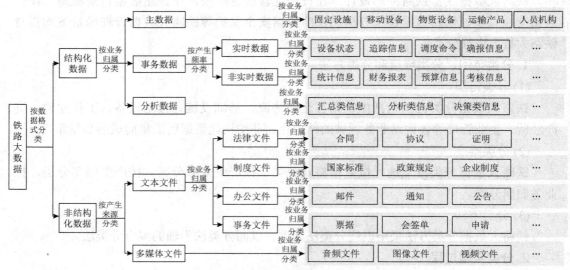

图 2-2　线分类法的分类结果

依照面分类方法及上述的分类过程，面分类法的分类结果如图 2-3 所示。

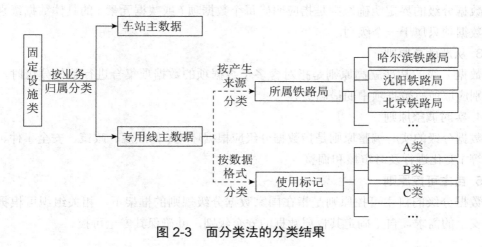

图 2-3　面分类法的分类结果

2.3　数据分级的概念、原则及方法

2.3.1　数据分级的概念

数据分级是指依照国家法律法规要求，根据数据重要程度、数据敏感程度、数据泄露造成风险程度等，将数据按一定的原则和方法进行定级的过程。

一般地，可将业务对象数据分为第 1 级、第 2 级……第 n 级等，其中第 1 级最低、第 n 级最高。例如，网上购物数据可分为 1～4 级，其中，第 1 级为非敏感数据 (如交易评价、活动规则等)；第 2 级为较敏感数据 (如客户通信记录、业务交易信息等)；第 3 级为敏感数据 (如客户电话、交易排名等)；第 4 级为高敏感数据 (如客户身份证号、合作授权价格等)。

数据分级的主要作用是保障数据在其全生命周期 (尤其是采集、开放、共享、交换等) 过程中的安全性，避免其产生数据安全风险 (如数据滥用、敏感数据泄露等)。

2.3.2　数据分级的基本原则

数据分级的基本原则包括合法合规、界定明确、从严就高、实时调整、自主可控 5 个原则。

1. 合法合规原则

数据分级的合规合法原则是指数据分级应符合法律法规 (含监管政策) 的相关要求。换言之，应优先给法律法规中规定的相关数据 (如涉密数据、个人隐私数据等) 进行科学定级，以确保数据分级的合法性、合规性。

2. 界定明确原则

数据分级的界定明确原则是指应明确每个数据项 (或数据元素) 的具体数据级别，即每个数据项只属于一个级别。

3. 从严就高原则

数据分级的从严就高原则是指对含多个数据项的数据项集合进行整体分级时，其数据级别应取所有数据项中的最高级。

4. 实时调整原则

数据分级的实时调整原则是指数据分级应根据环境 (如法规、政策、安全事件、业务场景等) 变化进行及时审核和调整。

5. 自主可控原则

数据分级的自主可控原则是指在国家数据分级规则的框架下，相关组织可根据自身数据安全的需求，自主确定其权属数据的安全级别，并确保其安全可控。

2.3.3 数据分级的基本流程

数据分级主要包括数据资产梳理、数据分级准备、数据级别判定、数据级别审核、数据级别批准、数据分级保护等流程，如图 2-4 所示。

以下简要说明相关子流程的工作内容。

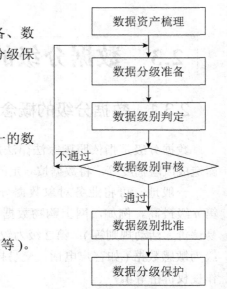

图 2-4 数据分级基本流程

1. 数据资产梳理

- 对电子数据进行盘点、梳理、分类，形成统一的数据资产。
- 梳理数据资产，统一数据格式。
- 做数据分级合规性的准备工作。

2. 数据分级准备

- 明确数据分级的颗粒度 (如库文件、表、字段等)。
- 识别数据安全分级关键要素。

3. 数据级别判定

- 数据级别初步评定：根据数据分级规则，结合国家及行业有关法律法规、部门规章，对数据安全等级进行初步判定。
- 数据级别复核：综合考虑数据规模、数据时效性、数据形态 (如是否经汇总、加工、统计、脱敏或匿名化处理) 等因素，对数据安全级别进行复核。
- 形成数据分级清单：形成数据安全级别评定结果及分级清单。

4. 数据级别审核

- 审核数据安全级别评定过程和结果：必要时重复上述第 3 步 (数据级别判定) 及其后续工作，直至安全级别的划定与本机构数据安全保护目标一致。
- 形成数据资产定级清单。

5. 数据级别批准

最终由数据安全管理最高决策组织对数据安全分级结果进行审议批准。

6. 数据分级保护

- 数据分级保护策略。
- 个人权益数据安全合规。
- 公众权益数据安全合规。
- 国家数据安全合规。
- 组织权益数据安全合规。

2.3.4　数据分级的基本方法

数据分级涉及数据分级对象、数据分级要素、数据安全性评估、数据分级基本规则、数据分级其他事项等工作内容，以下简要介绍开展这些工作的基本方法。

1. 数据分级对象

从数据分级的粒度上分，可以对数据项进行分级，也可以对数据项集合进行整体分级，还可以在对数据项集合整体进行分级的同时对其中的数据项进行分级。其中，数据项既可以是单个非结构化数据，也可以是结构化数据中的单个数据字段。

- 当仅对数据项进行分级时，默认数据项集合的级别为其所包含数据项级别的最高级别。
- 当仅对数据项集合进行分级时，默认其包含的数据项级别为该数据项集合的级别。
- 当对数据项集合和其中的数据项同时分级时，数据项集合整体级别不应低于其包含的数据项级别的最高级。

2. 数据分级要素

数据分级是基于分级要素进行综合判定的，分级要素包括：数据发生泄露、篡改、丢失、滥用后 (以下统称 "数据产生风险") 的影响对象、影响程度和影响范围。

(1) 影响对象

影响对象是指数据产生风险后受到影响的对象，包括国家安全、公众权益、个人权益、组织权益 4 个对象。

- 影响对象为国家安全的情况：是指数据的安全性遭到破坏后，可能对国家政权稳固、领土主权、民族团结、社会和市场稳定等造成影响。
- 影响对象为公众权益的情况：是指数据的安全性遭到破坏后，可能对生产经营、教学科研、医疗卫生、公共交通等社会秩序和公众的政治权利、人身自由、经济权益等造成影响。
- 影响对象为个人权益的情况：是指数据的安全性遭到破坏后，可能对自然人主体的个人信息、私人活动和私有领域等造成影响。
- 影响对象为组织权益的情况：是指数据的安全性遭到破坏后，可能对某组织 (企事业单位) 的生产运营、声誉形象、公信力等造成影响。

(2) 影响程度

影响程度是指数据产生风险后受到影响的程度，包括一般影响、严重影响、特别严重影响三种程度。

- 一般影响：数据的安全性遭到破坏后，对国家安全、公众权益、个人权益、组织权益等造成轻微损害或一般损害，且结果可以补救。例如，对机构的相关工作产生轻微干扰，但工作仍可正常运转；对自然人造成轻微人身伤害或轻微财产损失。
- 严重影响：数据的安全性遭到破坏后，对国家安全、公众权益、个人权益、组织权益等造成严重损害，且结果不可逆但可以采取措施降低损失。例如：对机构的相关工作产生较大干扰，但工作仍可继续运转；对自然人造成严重人身伤害或较大财产损失。
- 特别严重影响：数据的安全性遭到破坏后，对国家安全、公众权益、个人权益、组织权益等造成严重损害，且结果不可逆。例如：对机构的相关工作产生极大干扰，导致工作运转失灵或几近瘫痪；致使自然人死亡或导致重大财产损失。

(3) 影响范围

影响范围是指数据产生风险后受到影响的范围。

根据影响规模分类，影响范围可分为较大范围影响和较小范围影响。

- 较大范围影响：数据的安全性遭到破坏后，影响规模同时满足以下三种情形：a.影响党政机关、公共服务机构的数量，超过 1 个；b.影响其他机构的数量，超过 3 个（含 3 个）；c.影响自然人的数量，超过 50 人（含 50 人）。
- 较小范围影响：数据的安全性遭到破坏后，影响规模满足以下三种情形之一：a.影响党政机关、公共服务机构的数量，不超过 1 个；b.影响其他机构的数量，不超过 3 个；c.影响自然人的数量，不超过 50 人。

根据可控程度分类，影响范围可分为强可控影响、弱可控影响。

- 强可控影响：数据的安全性遭到破坏后，可控程度同时满足以下三种情形：a.可通过采取措施降低影响对象的数量或控制其增长；b.影响仅发生在影响对象所在区域和行业，或可通过采取措施减少影响区域、行业数量，或缩小影响区域；c.影响持续时间较短，或可通过采取措施缩减影响频次、周期，或能够在可知时间内消除影响。
- 弱可控影响：数据的安全性遭到破坏后，可控程度满足以下三种情形之一：a.影响对象的数量难以预知或难以控制；b.影响涉及多个区域或跨行业，或影响区域、行业范围难以预知或难以控制；c.影响持续时间较长，或影响频次、周期难以预知或难以控制，或难以在可知时间内消除影响。

3. 数据安全性评估

上述数据分级要素（含影响对象、影响程度、影响范围）中多次用到"数据的安全性遭到破坏后"这句话，说明为了确定数据对影响对象的影响范围、影响程度，必须首先对"数据的安全性遭到破坏后"的相关情况进行评估——数据安全性评估，主要包括三个方面的评估内容：数据保密性评估、数据完整性评估、数据可用性评估。

一般地，数据安全性评估应综合考虑数据类型、数据内容、数据规模、数据来源、机构职能和业务特点等因素，重点对数据安全性（含保密性、完整性、可用性）遭受破坏后所造成的影响进行评估。

(1) 数据保密性评估

通过评价数据遭受未经授权的披露所造成的影响，以及继续使用这些数据可能产生的影响，进行数据保密性评估。评估的内容包括 (不限于)：

- 数据未经授权的披露，可能对国家安全、公众权益、个人权益及组织权益造成的损害，以及损害的严重程度。
- 数据被非授权对象获取或利用，可能对国家安全、公众权益、个人权益及组织权益造成的损害，以及损害的严重程度。
- 数据被非授权对象利用进行窃密、篡改、销毁或拒绝服务等攻击，可能对国家安全、公众权益、个人权益及组织权益造成的损害，以及损害的严重程度。
- 数据未经授权披露或传播是否违反国家法律法规、行业主管部门有关规定或机构内部管理规定。

(2) 数据完整性评估

通过评价数据遭受未经授权的修改或损毁所造成的影响，以及继续使用这些数据可能产生的影响，进行数据完整性评估。评估的内容包括 (不限于)：

- 数据未经授权修改或损毁，可能对国家安全、公众权益、个人权益及组织权益造成的损害，以及损害的严重程度。
- 数据未经授权修改或损毁，可能对其他组织或个人造成的损害，以及损害的严重程度。
- 数据未经授权修改或损毁，可能对机构职能、公信力造成的损害，以及损害的严重程度。
- 数据未经授权修改或损毁是否违反国家法律法规、行业主管部门有关规定或机构内部管理规定。

(3) 数据可用性评估

通过评价数据及其经组合 / 融合后形成的各类数据出现访问或使用中断所造成的影响，以及无法正常使用这些数据可能产生的影响，进行数据可用性评估。评估的内容包括 (不限于)：

- 数据的访问或使用中断，可能对国家安全、公众权益、个人权益及组织权益造成的损害，以及损害的严重程度。
- 数据的访问或使用中断，可能对机构职能、公信力造成的损害，以及损害的严重程度。
- 数据的访问或使用中断，可能对其他组织或个人造成的损害，以及损害的严重程度。
- 数据的访问或使用中断是否违反国家法律法规、行业主管部门有关规定或机构内部管理规定。

4. 数据分级基本规则

综合考虑数据的安全性遭到破坏 (如数据发生泄露、篡改、丢失、滥用等) 后的影响对象、影响程度、影响范围，将数据划分为第 1 级、第 2 级……第 n 级等，其中第 1 级最低、第 n 级最高级 ($n = 4$ 或 5)。

表 2-4 给出了数据分为 5 级 (即 $n = 5$) 的数据分级参考规则。

表 2-4　数据分级参考规则

数据分级	数据分级要素		
	影响对象	影响程度	影响范围
5 级	国家安全	严重/特别严重	较大/弱可控
5 级	公众权益	特别严重	较大/弱可控
4 级	国家安全	一般/严重	较小/较大/弱可控
4 级	公众权益	严重	较大/弱可控
4 级	个人权益	特别严重	较大/弱可控
4 级	组织权益	特别严重	较大/弱可控
3 级	公众权益	一般	较大/弱可控
3 级	个人权益	严重	较大/弱可控
3 级	组织权益	严重	较大/弱可控
2 级	公众权益	一般	较大/弱可控
2 级	个人权益	一般	较大/弱可控
2 级	组织权益	一般	较大/弱可控
1 级	个人权益	一般	较小/强可控
1 级	组织权益	一般	较小/强可控

5. 数据分级其他事项

在数据分级工作中，还应该考虑特殊数据分类要求和重新定级的相关情形。

(1) 特殊数据分类要求

针对一些特殊数据 (如国家安全核心数据、国家安全重要数据、个人敏感数据、公众数据等)，其数据级别的设置要求如下：

- 国家核心数据的级别不低于 5 级；
- 国家重要数据的级别不低于 4 级；
- 个人敏感数据不低于 3 级；
- 个人一般重要数据不低于 3 级，组织内部员工个人信息不低于 2 级，个人标签信息不低于 2 级；
- 有条件开放的公共数据级别不低于 2 级，禁止开放的公共数据不低于 4 级。

(2) 重新定级的相关情形

数据安全定级完成后，出现下列情形之一时，应对相关数据的安全级别重新定级：

- 数据内容发生变化，导致原有数据的安全级别不再适用；
- 数据内容未发生变化，但因数据时效性、数据规模、数据使用场景、数据加工处理方式等发生变化，导致原定的数据安全级别不再适用；
- 因数据汇聚融合，导致原有数据安全级别不再适用汇聚融合后的数据；
- 因国家或行业主管部门要求，导致原定的数据安全级别不再适用；
- 需要对数据安全级别进行变更的其他情形。

2.3.5　数据分级案例：金融数据分级

金融数据的 5 级分级情况如图 2-5 所示。

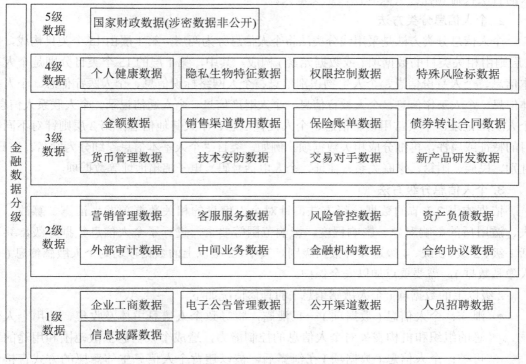

图 2-5　金融数据分级情况

2.4　数据分类分级综合案例：个人信息分类分级

2.4.1　个人信息分类分级概述

1. 个人信息分类分级背景

个人信息 (personal information) 是指以电子或者其他方式记录的能够单独或者与其他信息结合识别特定自然人身份或者反映特定自然人活动情况的各种信息。

随着信息技术的快速发展和互联网应用的普及，越来越多的组织大量收集、使用个人信息，给人们生活带来便利的同时，也出现了对个人信息 (特别是数据等级为 2 级以上的个人敏感信息)的非法收集、滥用、泄露等问题,致使个人的名誉、身心健康受到极大损害。

针对个人信息面临的安全威胁,对个人信息进行分类分级,对于规范个人信息控制者在收集、保存、使用、共享、转让、公开披露等信息处理环节中的相关行为,保障个人的合法权益和社会公共利益,意义重大。

2. 个人信息分类方法

个人信息分类方法是采用线分类法将个人信息分为两层,第 1 层由 15 个类目构成,第 2 层则由相关类目的数据项(或数据元素)构成。其中,第 1 层的 15 个类目分别是个人基本信息、个人身份信息、个人生物识别信息、个人网络标识信息、个人医疗信息、个人身体信息、个人工作信息、个人教育信息、个人财产信息、个人通信记录、个人联系人信息、个人上网记录、个人常用设备信息、个人位置信息、个人其他信息;第 2 层则针对不同类目的特征或属性,再细分成相关数据项。例如,类目"个人基本信息"细分为姓名、生日、性别、民族、国籍、家庭关系、住址、个人电话号码、电子邮箱地址等数据项。

3. 个人信息分级方法

依据本书 2.3 节的数据分级方法,针对个人信息的相关数据项发生泄露、篡改、丢失、滥用后的影响对象、影响程度、影响范围等要素,进行了个人信息数据分级,共包括 1 级、2 级、3 级、4 级这 4 种数据级别。其中,2 级以上的数据项均为个人敏感信息(个人隐私数据),需要重点加以安全保护。

2 级以上的数据项(个人敏感信息)的具体情况如下。

- 泄露:个人信息(数据项)一旦泄露,将导致个人信息主体及收集、使用个人信息的组织和机构丧失对个人信息的控制能力,造成个人信息扩散范围和用途的不可控;个人信息(数据项)在泄露后,被以违背个人信息主体意愿的方式直接使用或与其他信息进行关联分析,可能对个人信息主体权益带来重大风险。例如,个人的身份证复印件被他人用于手机号卡实名登记、银行账户开户办卡等。
- 非法提供:个人信息(数据项)在未被授权下进行扩散,对个人权益带来重大风险,如性取向、存款信息、传染病史等。
- 滥用:个人信息(数据项)在个人信用主体授权范围外使用(如变更处理目的、扩大处理范围等),可能对个人权益带来重大风险。例如,医院擅自将个人医疗信息用于保险公司的营销工作或作为判定个体保费高低的指标。

2.4.2　个人信息分类分级结果

个人信息分类分级参考结果如表 2-6 所示。

表 2-6　个人信息分类分级参考结果

数据类目 (第 1 层)	数据项(数据元素) (第 2 层)	影响对象	影响程度	影响范围		数据参考等级
				影响规模	可控程度	
个人基本信息	姓名	自然人	一般影响	较小范围	强可控	1 级
	生日	自然人	一般影响	较小范围	强可控	1 级
	性别	自然人	一般影响	较小范围	强可控	1 级

续表

数据类目 （第1层）	数据项（数据元素） （第2层）	影响对象	影响程度	影响范围		数据参 考等级
				影响规模	可控程度	
个人基本 信息	民族	自然人	一般影响	较小范围	强可控	1级
	国籍	自然人	一般影响	较小范围	强可控	1级
	家庭关系	自然人	一般影响	较小范围	强可控	1级
	住址	自然人	一般影响	较小范围	强可控	1级
	个人电话号码	自然人	一般影响	较小范围	强可控	1级
	电子邮箱地址	自然人	一般影响	较小范围	强可控	1级
个人身份 信息	身份证号码	自然人	严重影响	较小范围	强可控	2级
	军官证	自然人	严重影响	较小范围	强可控	2级
	驾驶证	自然人	严重影响	较小范围	强可控	2级
	护照	自然人	严重影响	较小范围	强可控	2级
	工作证	自然人	严重影响	较小范围	强可控	2级
	出入证	自然人	严重影响	较小范围	强可控	2级
	社保卡	自然人	严重影响	较小范围	强可控	2级
	居住卡	自然人	严重影响	较小范围	强可控	2级
个人生物 识别信息	基因	自然人	特别严重影响	较小范围	弱可控	4级
	指纹	自然人	特别严重影响	较小范围	弱可控	4级
	声纹	自然人	特别严重影响	较小范围	弱可控	4级
	掌纹	自然人	特别严重影响	较小范围	弱可控	4级
	耳廓	自然人	特别严重影响	较小范围	弱可控	4级
	虹膜	自然人	特别严重影响	较小范围	弱可控	4级
	面部识别特征	自然人	特别严重影响	较小范围	弱可控	4级
个人网络 标识信息	个人信息主体账号	自然人	严重影响	较小范围	强可控	2级
	IP 地址	自然人	严重影响	较小范围	强可控	2级
	个人数字证书	自然人	严重影响	较小范围	强可控	2级
	口令	自然人	严重影响	较小范围	强可控	3级
个人医疗 信息	病症	自然人	严重影响	较小范围	强可控	2级
	医嘱单	自然人	严重影响	较小范围	强可控	2级
	检验报告	自然人	严重影响	较小范围	强可控	2级
	手术及麻醉记录	自然人	严重影响	较小范围	强可控	2级
	用药记录	自然人	严重影响	较小范围	强可控	2级
	药物、食物过敏信息	自然人	严重影响	较小范围	强可控	2级
	生育信息	自然人	严重影响	较小范围	强可控	2级
	以往病史	自然人	严重影响	较小范围	强可控	2级
	家族病史	自然人	严重影响	较小范围	强可控	2级
	传染病史	自然人	严重影响	较小范围	强可控	2级
个人身体 信息	体重	自然人	一般影响	较小范围	强可控	1级
	身高	自然人	一般影响	较小范围	强可控	1级
	肺活量	自然人	一般影响	较小范围	强可控	1级

数据类目 （第1层）	数据项（数据元素） （第2层）	影响对象	影响程度	影响范围		数据参 考等级
				影响规模	可控程度	
个人工作 信息	职业	自然人	一般影响	较小范围	强可控	1级
	职位	自然人	一般影响	较小范围	强可控	1级
	工作单位	自然人	一般影响	较小范围	强可控	1级
	工作经历	自然	一般影响	较小范围	强可控	1级
个人教育 信息	教育经历	自然人	一般影响	较小范围	强可控	1级
	学历	自然人	一般影响	较小范围	强可控	1级
	学位	自然人	一般影响	较小范围	强可控	1级
	培训记录	自然人	一般影响	较小范围	强可控	1级
	成绩单	自然人	一般影响	较小范围	强可控	1级
个人财产 信息	银行账户	自然人	严重影响	较小范围	强可控	2级
	鉴别信息（口令）	自然人	特别严重影响	较小范围	强可控	4级
	存款信息（含资金额、 收支记录等）	自然人	严重影响	较小范围	强可控	2级
	房产信息	自然人	严重影响	较小范围	强可控	2级
	信贷记录	自然人	严重影响	较小范围	强可控	2级
	征信信息	自然人	严重影响	较小范围	强可控	2级
	交易和消费记录	自然人	严重影响	较小范围	强可控	2级
	流水记录	自然人	严重影响	较小范围	强可控	2级
	虚拟货币	自然人	严重影响	较小范围	强可控	2级
	虚拟交易	自然人	严重影响	较小范围	强可控	2级
	游戏类兑换码	自然人	一般影响	较小范围	强可控	1级
个人通信 记录	通信对象	自然人	严重影响	较小范围	强可控	2级
	通信类型	自然人	严重影响	较小范围	强可控	2级
	通信内容	自然人	严重影响	较小范围	强可控	2级
个人联系 人信息	通信录	自然人	严重影响	较小范围	强可控	2级
	好友列表	自然人	严重影响	较小范围	强可控	2级
	群列表	自然人	严重影响	较小范围	强可控	2级
	邮件地址列表	自然人	严重影响	较小范围	强可控	2级
个人上网 记录	网站浏览记录	自然人	一般影响	较小范围	强可控	1级
	软件使用记录	自然人	一般影响	较小范围	强可控	1级
	点击记录	自然人	一般影响	较小范围	强可控	1级
	收藏记录	自然人	一般影响	较小范围	强可控	1级
个人常用 设备信息	硬件序列号	自然人	一般影响	较小范围	强可控	1级
	设备MAC地址	自然人	严重影响	较小范围	高可控	2级
	软件列表	自然人	一般影响	较小范围	强可控	1级
	唯一设备识别码	自然人	严重影响	较小范围	强可控	2级
个人位置 信息	行踪轨迹	自然人	严重影响	较小范围	强可控	3级
	精准定位信息	自然人	严重影响	较小范围	强可控	3级
	住宿信息	自然人	严重影响	较小范围	强可控	2级

续表

数据类目 （第 1 层）	数据项（数据元素） （第 2 层）	影响对象	影响程度	影响范围		数据参 考等级
				影响规模	可控程度	
个人其他 信息	婚史	自然人	一般影响	较小范围	强可控	1 级
	宗教信仰	自然人	一般影响	较小范围	强可控	3 级
	性取向	自然人	一般影响	较小范围	弱可控	3 级
	未公开的违法犯罪记录	自然人	严重影响	较小范围	强可控	2 级

参考文献

[1] 全国信息安全标准化技术委员会秘书处 . 网络安全标准实践指南——网络数据分类分级指引（征求意见稿)[S]. 2021.9.

[2] JR/T 0197—2020. 金融数据安全　数据安全分级指南 [S].

[3] 贵州省地方标准 DB52/T 1123—2016. 政府数据 数据分类分级指南 [S].

[4] 北京市地方标准 . 政务数据分级与安全保护规范（征求意见稿)[S]. 2021.4.

[5] 李柳音 . 数据治理中数据智能分类技术的应用研究 [J]. 卫星电视与宽带多媒体，2020(9):15-17.

[6] 陈庄，刘加伶 . 信息资源组织与管理 [M]. 3 版 . 清华大学出版社，2020.4.

[7] GB/T 35273—2020. 信息安全技术　个人信息安全规范 [S].

复习题

一、单选题

1. 以下术语不属于数据元素的是（　　）。

A. 学生简历　　　　　B. 学生姓名　　　　　C. 学生学号　　　　　D. 学生性别

2. 数据元素的命名应赋予其（　　）。

A. 物理名称　　　　　B. 逻辑名称　　　　　C. 实体名称　　　　　D. 关系名称

3. 数据分类的（　　）原则是用来保证新数据进行分类时，不打乱已建立的分类体系。

A. 科学性　　　　　B. 系统性　　　　　C. 兼容性　　　　　D. 可扩展性

4. 线分类法建立的分类体系是一个（　　）结构。

A. 网状　　　　　B. 环形　　　　　C. 树形　　　　　D. 球形

5. 数据分级的主要作用是保障数据在其全生命周期过程中的（　　）。

A. 科学性　　　　　B. 安全性　　　　　C. 系统性　　　　　D. 兼容性

6. 当对数据项集合和其中的数据项同时分级时，数据项集合整体级别不应（　　）其包含的数据项级别的最高级。

A. 不等于　　　　　B. 高于　　　　　C. 等于　　　　　D. 低于

7. 当仅对数据项进行分级时，默认数据项集合的级别为其所包含数据项级别的（　　）。

A. 相同级别　　　　　B. 不同级别　　　　　C. 最高级别　　　　　D. 最低级别

8. 数据产生风险后，影响自然人的数量超过 50 个，其影响范围属于 ( )。

A. 较大范围　　　　　B. 较小范围　　　　　C. 一般范围　　　　　D. 弱小范围

9. 数据产生风险后，影响党政机关数量不超过 1 个，其影响范围属于 ( )。

A. 较大范围　　　　　B. 较小范围　　　　　C. 一般范围　　　　　D. 弱小范围

10. 本书的金融数据是按照 ( ) 级进行数据分级的。

A. 1　　　　　　　　B. 3　　　　　　　　C. 5　　　　　　　　D. 7

二、多选题

1. 数据元素命名的原则就是用包含 ( ) 的词组来描述一个数据元素的功能和用途。

A. 状态词　　　　　　B. 修饰词　　　　　　C. 基本词　　　　　　D. 类别词

2. 数据分类的要素包括 ( )。

A. 分类编码　　　　　B. 分类对象　　　　　C. 分类依据　　　　　D. 分类术语

3. 数据分类的基本原则包括 ( )。

A. 科学性　　　　　　B. 系统性　　　　　　C. 兼容性　　　　　　D. 可扩展性

4. 数据分类的基本方法主要有 ( )。

A. 线分类法　　　　　B. 点分类法　　　　　C. 面分类法　　　　　D. 混合分类法

5. 混合分类法是将 ( ) 进行组合使用的分类方法。

A. 线分类法　　　　　B. 树分类法　　　　　C. 面分类法　　　　　D. 层分类法

6. 根据数据存储形式的不同，铁路大数据分为 ( ) 数据类。

A. 结构化　　　　　　B. 非结构化　　　　　C. 实时　　　　　　　D. 非实时

7. 数据分级是指按照 ( ) 等进行定级的过程。

A. 数据重要程度　　　　　　　　　　B. 数据敏感程度

C. 数据泄露造成风险程度　　　　　　D. 数据安全程度

8. 数据分级的基本原则包括 ( ) 原则。

A. 合法合规　　　　　B. 界定明确　　　　　C. 从严就高　　　　　D. 自主可控

9. 数据分级主要包括 ( ) 流程。

A. 数据资产梳理　　　B. 数据分级准备　　　C. 数据级别判定　　　D. 数据级别审核

10. 数据分级保护包括的内容有 ( )。

A. 个人权益数据安全合规　　　　　　B. 公众权益数据安全合规

C. 国家数据安全合规　　　　　　　　D. 组织权益数据安全合规

11. 数据分级要素包括数据发生泄露、篡改、丢失、滥用后的 ( )。

A. 影响对象　　　　　B. 影响程度　　　　　C. 影响因素　　　　　D. 影响范围

12. 数据产生风险后的影响对象包括 ( )。

A. 国家安全　　　　　B. 公众权益　　　　　C. 个人权益　　　　　D. 组织权益

13. 数据产生风险后的影响程度包括 ( )。

A. 正常影响　　　　　B. 一般影响　　　　　C. 严重影响　　　　　D. 特别严重影响

14. 数据产生风险后受到影响的范围包括 ( )。

A. 较大范围　　　　　B. 较小范围　　　　　C. 强可控　　　　　　D. 弱可控

15. 数据安全性评估包括的评估内容有（　　）。

A. 数据保密性评估　　　　　　　　　　B. 数据完整性评估

C. 数据可用性评估　　　　　　　　　　D. 数据等级评估

16. 个人信息分类方法是采用（　　）。

A. 线分类法　　　　B. 树分类法　　　　C. 面分类法　　　　D. 层分类法

三、判断题

1. 数据元素是最小的不可再分的数据单位。　　　　　　　　　　　　　　　（　　）

2. 数据库中每张表中的"列"（即字段名）不是数据元素。　　　　　　　（　　）

3. 面分类法又称层级分类法。　　　　　　　　　　　　　　　　　　　（　　）

4. 线分类法分类要依次进行，不应有空层或加层。　　　　　　　　　　（　　）

5. 铁路大数据分类方法属于面分类法。　　　　　　　　　　　　　　　（　　）

6. 数据分级中，第 1 级数据的安全级别比第 2 级数据更高。　　　　　（　　）

7. 当仅对数据项分级时，默认数据项集合级别为其所包含数据项级别的最低级别。

（　　）

8. 个人敏感数据的等级一般不低于 2 级。　　　　　　　　　　　　　　（　　）

9. 个人的基因（DNA）数据属于个人隐私信息。　　　　　　　　　　　（　　）

10. 个人的电话号码与身份证号码属于同一级别数据。　　　　　　　　（　　）

四、简答题

1. 简述数据分类的概念。

2. 简述线分类法的优缺点。

3. 简述面分类法的概念及其优缺点。

4. 简述数据分级基本流程。

5. 简述数据分级基本规则。

6. 简述数据分级要素。

五、论述题

根据个人信息分类分级情况，论述个人隐私信息保护的重要性。

第 ③ 章
数据质量管控技术

数据质量管控是数据治理的重要组成部分，对数据应用和数据分析至关重要。优质的数据质量，有助于提高数据分析结果的准确性、改善数据模型的训练效果和提升数据产品的用户体验。本章将介绍数据质量概念、数据质量监控规则、数据质量评价技术、数据质量管控技术，并给出数据质量管控案例。

3.1 数据质量的概念

3.1.1 数据质量的定义

国家标准《信息技术 数据质量评价指标》(GB/T 36344—2018)，对数据质量的定义是：在指定条件下使用时，数据的特性满足明确的和隐含的要求的程度。其中，"数据的特性"一般可从完整性、及时性、准确性、一致性、唯一性和有效性等 6 个维度来对其进行衡量；"要求的程度"则需要从用户的角度去分析，指满足用户的期望程度。

评价数据质量的方法通常是：首先将 6 个评价维度通过技术手段给予量化，然后采用设置阈值或主观综合判断的方式进行评价。

3.1.2 数据质量控制框架

数据质量控制框架如图 3-1 所示，采用数据质量管控技术旨在使数据质量的 6 个特性尽量满足业务的需求，而只有在 6 个特性支持下的高质量数据才能真正地满足用户的业务需求。

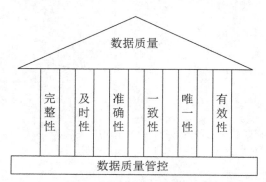

图 3-1 数据质量框架

1. 完整性

数据质量的完整性是指按照数据规则要求，数据元素被赋予数值的程度。简言之，数据的完整性是指数据（或数据项）是否存在缺失。例如，对于关系数据库，若其数据字段、数据记录均无缺失，则其具有良好的完整性。

2. 及时性

数据质量的及时性，又称时效性或实时性，是指数据在时间变化中的正确程度。简言之，数据的及时性是指数据是否在规定时间内进行正确的处理。从数据的产生、收集、处理、存储、传输、利用所经历（或消耗）的时间或时间间隔越短，数据的及时性越强。

3. 准确性

数据质量的准确性是指数据准确表示其所描述的实体（实际对象）真实值的程度。数据可以反映现实世界的各种实体的情况，若其所反映实体的真实程度越高，则数据的准确性越好。

4. 一致性

数据质量的一致性是指数据与特定上下文使用的数据无矛盾的程度。换言之，数据的一致性是指同一实体的同一属性的值在不同系统中是否一致。例如，用户的 ID，从在线业务库加工到数据仓库，再到各个消费节点，必须都是同一值。

5. 唯一性

数据质量的唯一性是指数据是否有不必要的重复。保持数据的唯一性，是实现实体的数据驱动、业务协同的关键。例如，对于关系数据库而言，必须保持行记录唯一性、列记录唯一性。

6. 有效性

数据质量的有效性是指数据是否为限定范围内的值。一般地，数据都有其所限定的范围，一旦超出范围，数据往往是无效的。例如，在填写人体身高的时候，超过规定的 3 米被认为是无效的数据；在填写性别的时候，限定输入范围为"男性"或"女性"，其他输入则是无效的数据。关于数据质量的有效性，有些学者或数据标准将其纳入准确性的范畴。

值得注意的是，数据质量一般并不苛求达到 100% 的完整性、及时性、准确性、一致性、唯一性、有效性。在实际应用中，根据数据获取难度和成本、数据维护的复杂度、数据清洗和解析可行性等多方面考虑，可能对数据质量要求侧重点不一样。例如，文物数据项目对数据的完整性和准确性有较高的要求，而对数据的及时性要求较低。

3.1.3　数据质量问题产生的原因

影响数据质量的原因，可以归结为技术、业务、管理等三个方面。

1. 技术方面

技术方面的原因，主要包括以下几点。

- 数据库模型设计不合理。数据库设计只为满足业务功能需求，并未合理地设计数据结构和相应的字段约束条件，导致入库的数据重复、不准确或不完整。
- 系统迭代升级导致数据不一致。系统迭代升级通常需要对旧系统底层数据结构或数据内容进行优化，这个过程中容易出现因考虑不周全导致在旧系统往新系统进行数据迁移时，出现数据前后不一致或重复的状况。

- 数据"垃圾进，垃圾出"。这是数据分析领域一句经典的话，当输入的数据本来质量不高时，数据分析的结果亦不会准确。若项目依赖多个业务系统数据，特别是互联网数据的整合，各数据源质量参差不齐，而且数据之间的关系也错综复杂，很容易产生不完整和不准确的数据融合或分析结果。

- 非结构化数据无法被准确解析。在某些项目中，大部分数据为文本、视频、音频、图像等非结构化数据，受限于目前数据抽取和分析算法水平，这些非结构化数据本身可能因无法被准确抽取，间接地导致数据准确性方面的质量达不到应用要求。例如，文本是一种常见且非常重要的数据存储形式，若数据来源的文字语言表述不规范，将会导致难以用自然语言处理技术抽取其有用的结构化信息，从而导致文本数据依然是低价值甚至无效的数据。

- 数据处理失败后处置不当。特别是在处理分布式存储的海量数据时，需要比较长的时间(如24小时)，即使中途数据处理失败也会有部分已处理完成的数据存入数据库。此时，通常会再进行剩余数据的处理或全部重新处理，若技术上处置不当，则可能导致不同批次的数据出现重复情况。

2. 业务方面

业务方面的原因，主要包括以下几点。

- 业务需求变更。需求变更会引起数据库设计和数据录入方式发生变化，会引起新数据与历史数据发生冲突、重复，这将破坏数据质量的唯一性和完整性。

- 人工整理的数据不规范。在项目前期，人工数据收集汇总是比较常见的做法。在数据入库之前，并未建立基本的数据标准和数据审核流程，随着整理的数据量增加，可能导致数据的不完整、不准确、不一致。

- 人工录入的数据不准确。录入数据的业务人员因没有规范操作，容易导致输入的数据出现错误，如输入的数据格式错误、含非法字符等。

- 人为的数据造假。录入数据的业务人员无意地或有意地录入非真实数据，破坏了数据的准确性，这种情况很难被发现和核实。

3. 管理方面

管理方面的原因，主要包括以下几点。

- 数据质量管控的意识不强。数据分析应用类项目重点关注功能设计、开发进度管理和算法应用，并未意识到数据质量才是关键。

- 无专门的数据管理岗位。数据质量问题不能全部由技术人员解决，需要从管理制度、数据标准、技术方案、实施策略等方面做综合考虑，因此有必要设立数据管理岗位统筹数据质量管控。

- 缺乏数据质量管控制度。非常有必要制定并有效执行数据质量相关的制度，包括人员组织架构、数据质量审核流程、数据质量监控措施、数据问题追责机制、数据问题应急处置机制、数据安全和权限审批流程等。

3.1.4　数据质量管控的重要性

数据质量管控的重要性主要体现在两个方面：一是政策方面，需要贯彻执行国家或地方颁布的数据质量行业政策；二是项目方面，要强调数据质量是项目交付的关键要素。

1. 政策方面

近年来，国家颁布了一系列数据质量管控的行业政策。例如，中央连续印发《关于深化环境监测改革提高环境监测数据质量的意见》《关于深化统计管理体制改革提高统计数据真实性的意见》，以及教育部办公厅印发《关于防范和惩治教育统计造假弄虚作假责任制规定（试行）》等，这些文件均针对相关部门的数据不一致、数据造假、管理水平良莠不齐等引起的数据质量问题，提出了相关要求，如准确界定数据质量的责任、建立完善的责任追溯制度、落实数据质量管理制度等，并明确表示：坚决严惩数据造假行为，务必保证数据质量的真实性，进一步提高数据质量监测能力和管控水平。

2. 项目方面

对于数据应用类项目，数据质量是影响项目交付的关键要素。项目顺利实施主要得益于数据质量满足了业务需求，项目停滞不前或者终止则是因为数据质量不高。对于大型互联网平台或者大型企业而言，其数据生态基本自成体系、数据质量相对容易把控，以此为基础的数据创新应用比较容易实施；对于开放性的数据应用项目，在寻求高质量的数据源方面就面临诸多困难，尽管数据分析技术和数据治理技术能部分缓解数据质量问题，但很多失败的项目自始至终都无法解决数据来源的质量问题。

以下从项目设计、数据生命周期管理、产品体验、数据分析结果 4 个视角，说明数据质量管控的重要性。

(1) 对项目设计的重要性

有的项目在设计之初并未考虑到数据质量问题，导致项目实施过程中才发现数据质量无法满足项目的需求，给项目交付带来巨大风险。在项目设计前期，非常有必要对数据源特别是需要外部采集或采购的第三方数据进行质量评估，并以数据质量评估结果为依据，对数据源进行筛选，判断数据源是否可满足业务需求，然后根据数据源质量特性进行功能设计、算法设计和技术架构选型。

(2) 对数据生命周期管理的重要性

数据质量管控技术在数据的生命周期中起着重要的作用，贯穿于数据的采集、存储、处理和应用过程，如图 3-2 所示。每个阶段都有必要采用相应的数据质量识别、度量、监控和预警技术进行管理，保障上一个环节的数据质量问题不被传递到下个环节，或者每个环节都有相应的数据质量提升方法，使得数据最终的应用环节展示给用户的是满足业务需求的数据质量。

(3) 对产品体验的重要性

产品展示的数据，特别是以可视化图表展示的

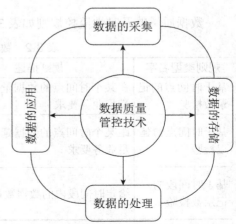

图 3-2　数据质量作用于数据生命周期

时候，原始数据和数据分析结果若存在准确性、实时性、一致性和完整性等数据质量不达标的情况时，用户在使用产品过程中会很容易发现。当数据质量问题被用户发现的时候，会对整个产品的价值产生怀疑。

(4) 对数据分析结果的重要性

数据分析对数据质量有着很高的要求，建立在低质量数据上的分析结果是不可靠的甚至是错误的。例如，若监督式机器学习算法使用的样本标签本身有数据准确性问题，则训练的模型在应用时的预测结果会出现较大的偏差。

3.2　数据质量监控规则

数据质量监控规则用于发现不符合业务需求或者数据标准的数据，它贯穿于数据的生命周期中，将为建立和完善数据质量标准、修复数据问题、日常数据维护等提供支撑。

3.2.1　完整性监控规则

数据质量的完整性监控规则如表 3-1 所示。

表 3-1　数据质量的完整性监控规则

规则类型名字	规则描述	示例
创建语句规范性	数据库建表语句的规范性	检查表、字段注释是否被创建
字段空值校验	字段为空的比例	计算某字段为 NULL 的数据量和总数据量的占比
记录缺失校验	统计缺失的记录	检查指定行记录是否存在

3.2.2　及时性监控规则

数据质量的及时性监控规则如表 3-2 所示。

表 3-2　数据质量的及时性监控规则

规则类型名字	规则描述	示例
基于时间点的记录数检验	在某个时间点的数据量统计是否满足业务要求	例如，2021 年 12 月 28 日 13 时 23 分，入库的数据是否同预期的数量一致
基于时间点的延迟检验	距某个时间点的数据延迟是否满足业务要求	例如，新闻事件发生时间为 2021 年 12 月 28 日，应采集该新闻入库时间为 2021 年 1 月 22 日，时间延迟为 1 天
基于时间段的记录数检验	给定时间段内的数据数量	例如，2021 年 12 月 28 日 0 点 0 分 0 秒至 2021 年 12 月 28 日 23 点 59 分 59 秒之间的数据量，是否同预期的数量一致

3.2.3 准确性监控规则

数据质量的准确性监控规则如表 3-3 所示。

表 3-3 数据质量的准确性监控规则

规则类型名字	规则描述	示例
格式规范性检查	格式是否为指定形式，例如日期格式、邮箱格式、电话格式、身份证号码格式等	日期格式是否为 YYYY-MM-DD HH:MM:SS
数据类型规范性检查	数据类型是否为指定类型，例如整型、浮点型、布尔型、字符型等	字段是否为布尔类型 true 或者 false
数值精度检查	数值类型的数据有效位数检查	"收入"字段的小数点后位数不超过 2 位，例如，6300.432 就不符合要求
数据长度检查	数据内容长度检查	企业名称的字符长度不超过 100，否则为非法输入
数据内容检查	数据内容是否与预期一致，例如，数据不含非法字符、数据内容的含义与事实不符或不规范等	电话号码不允许出现 0 到 9 阿拉伯数字以外的字符；企业名称字段要求为企业全称，而不是简称

3.2.4 一致性监控规则

数据质量的一致性监控规则如表 3-4 所示。

表 3-4 数据质量的一致性监控规则

规则类型名字	规则描述	示例
相同数据一致性检查	同一数据在不同数据存储中是一致的	企业均赋予 ID，不存在 ID 相同、企业名字不同的情况
关联数据一致性检查	根据一致性约束条件对数据进行检查	数据从一个系统迁移到另一个系统，数据内容保持一致

3.2.5 唯一性监控规则

数据质量的唯一性监控规则如表 3-5 所示。

表 3-5 数据质量的唯一性监控规则

规则类型名字	规则描述	示例
字段唯一性约束	字段内容在所在的列唯一	企业名称在企业名称字段中只能出现一次
记录唯一性约束	单条记录唯一	表中不同行记录都是有差异的

3.2.6 有效性监控规则

数据质量的有效性监控规则如表 3-6 所示。

表 3-6　数据质量的有效性监控规则

规则类型名字	规则描述	示例
数值取值范围约束	数据最大 / 最小值、取值范围等约束	年龄字段范围为 [0，150]；学位字段取值范围为 [学士、硕士、博士，无]；身份证位数为 18 位；商品价格大于等于 0 元
关联数据有效性检查	用其他数据约束当前数据的有效性	商品"价格"列的数值不低于"折扣"列数据

3.2.7　监控规则的技术实现方法

本节从技术角度阐述数据质量监控规则的实现方法，并提供部分规则实现的示例或演示代码。

1. 数据库约束规则设计

在数据库创建表单时设置明确的约束条件，是最佳的数据质量控制方式之一，这样在数据入库阶段即可自动避免产生不符合数据质量规范的脏数据。主流的数据库一般自带数据约束功能，常见的约束条件包括：非空约束、数据类型约束、长度约束、精度约束、唯一性约束、自增约束、时间格式约束、数据检查约束、表之间引用关系约束等。在写入数据时，违反约束条件的数据则无法入库。

以 POSTGRES 数据库建表为例，建立存储课程 id 和课程名字的课程表 course，以及存储学生姓名、年龄、课程 id 号、移动电话号码等基本信息的 student 表。

```
CREATE TABLE course (
-- 课程 id
id    INTEGER PRIMARY KEY,
-- 课程名字
name VARCHAR(50)NOT NULL UNIQUE
 );


CREATE TABLE student (
  -- 数据库 id，设置自增约束、唯一性约束
id SERIAL PRIMARY KEY,
-- 学生名字，设置数据类型约束、长度约束、非空约束
name    VARCHAR(50)NOT NULL,
-- 学生年龄，设置数据类型约束、值约束
age INT CONSTRAINT positive_age CHECK (age > 0),
-- 课程 id，设置数据类型约束
course_id INTEGER,
-- 移动电话，设置数据类型约束、长度约束、唯一性约束
mobile_phone   CHAR(11)UNIQUE
);
```

此表中，学生选择的课程以该课程的 id 表示 (course_id)。当同一课程 id 发生变化的时候，希望 student 表的 course_id 自动变化，即该字段需满足数据一致性要求。

为达到此目的，在 student 表增加外键，同时约束 course 表更新 id 的操作自动修改 student 表的 course_id，对应的 SQL 示例如下：

```
alter table student add FOREIGN key(course_id)REFERENCES
course(id)on update cascade
```

主流数据库基本支持主从设计，主数据库是满足业务需求的实时数据库，从数据库是主数据库的一个副本，能够起到读写分离、数据容灾等作用。主从设计核心功能是自动的数据同步机制，合理利用数据库的主从设计，能提高数据在迁移过程中的及时性和一致性。

2. 代码实现

从代码实现技术角度，数据质量监控规则技术实现的常规方式包括：SQL 语句、正则表达式和脚本语言。

(1) SQL 语句

统计 student 表中 name 字段为空的数量
```
select count(*)from student where name is null;
```

统计 student 表中 name 字段包含非法字符 "￥" 的数量
```
select count(*)from student where name like '%￥%';
```

统计 student 表中 name 字段长度等于 1 的数量
```
select count(*)from student where length(name) = 1;
```

统计 student 表中年龄 age 字段不在给定值阈值范围 (0，150) 的数量
```
select count(*)from student where age > 150 or age < 0;
```

统计 student 表中学生名字 name 重复的数量
```
select name,count(*)as cnt from student group by name having
count(*)> 1;
```

若是对整行重复数据进行识别，可以设置多字段联合唯一约束，也可以把一行的各字段通过某种固定的形式拼接后生成对应的 Hash(哈希算法) 或者 MD5(信息摘要算法)，作为该行的去重唯一标识，该标识再以唯一性加以约束。复杂的去重方式还涉及使用自然语言处理技术按文字内容含义去重，例如通过语义分析抽取内容关键词、同义词、句子或文章的语义向量、抽取文本摘要等方式，以确定是否属于重复内容。

(2) 正则表达式

正则表达式是一种字符串模式匹配语言，常用来判断满足特定条件的字符串是否存

在。大部分编程语言都支持执行正则表达式，也可以嵌入到 SQL 语句中执行。

以 11 位移动号码为例："^1[35678]\d{9}$"，表示识别第一位以 1 开始，第二位是 3、5、6、7、8 任意一位，其余 9 位均为数字。

以一般的电子邮箱为例："^[A-Za-z0-9\._+]+@[A-Za-z0-9]+\.(com|org|edu|net)"，表示以大小写字母、数字及英文的"._+"加上邮箱特有的"@"符号，然后跟随大小写字母、数字及英文点号，再最后追加 com、org、edu、net 等机构类型标识。

(3) 脚本语言

脚本语言，如 Python、Groovy、Perl、JavaScript、Shell 等，可作为独立模块运行或者嵌入到数据质量管理工具中处理复杂逻辑和复杂算法。例如，基于深度学习的自然语言处理算法。当然，在这些脚本中也可以嵌入 SQL 和正则表达式。分布式计算引擎 Spark 支持 Python 语言，可以快速在 TB 级别或数百亿行海量数据中执行全量数据质量检测，而不是采用抽样的方式检测数据质量。

以 Python 代码识别中国居民身份证号为例。身份证号编码示例如图 3-3 所示，它需要多个逻辑组合才能完成。身份证号由 18 位数组成，第 1 ~ 6 位数表示中国公民出生登记所在地的省、市、区等地址编码；第 7 ~ 14 位数代表出生年月日；第 15 ~ 17 位数代表顺序号，其中第 17 位数，单数代表男性，双数代表女性；最后的第 18 位数是校验码，校验码是将身份证的前面 17 位数放入一个公式里计算出来的数字，它的数字范围是 0 ~ 10，如果通过公式计算出来的结果是 10，就用 X 来代替。

以下通过 Python 实现身份证号码长度、出生年月日和校验码合规性检查，代码同时演示了如何运用正则表达式判断闰年和平年。

图 3-3　身份证号编码示例

```
import re
def check_id_card(id):
    """
    检查身份证号码是否合理
    :param id: 身份证号
    :return: 验证结果
```

```
    """
    assert isinstance(id, str)
    id = id.strip()
    ids_list = list(id)
    # 18 位身份号码检测
    if len(id) == 18:
        # 出生日期的合法性检查，判断是否闰年
        if int(id[6:10])% 4 == 0 or (int(id[6:10])% 100 == 0 and
int(id[6:10])% 4 == 0):
            by_format = re.compile(
                '[1-9][0-9]{5}(19[0-9]{2}|20[0-9]{2})
((01|03|05|07|08|10|12)(0[1-9]|[1-2][0-9]|3[0-1])|(04|06|09|11)(0[1-
9]|[1-2][0-9]|30)|02(0[1-9]|[1-2][0-9]))[0-9]{3}[0-9Xx]$')# // 闰年出
生日期的合法性正则表达式
        else:
            by_format = re.compile(
                '[1-9][0-9]{5}(19[0-9]{2}|20[0-9]{2})
((01|03|05|07|08|10|12)(0[1-9]|[1-2][0-9]|3[0-1])|(04|06|09|11)(0[1-
9]|[1-2][0-9]|30)|02(0[1-9]|1[0-9]|2[0-8]))[0-9]{3}[0-9Xx]$')# 平年出
生日期的合法性正则表达式
        weight = [7, 9, 10, 5, 8, 4, 2, 1, 6, 3, 7, 9, 10, 5, 8, 4, 2] # 十七
位数字本体码权重
        validate = ['1', '0', 'X', '9', '8', '7', '6', '5', '4', '3', '2']
# mod 11, 对应校验码字符值
        if re.match(by_format, id):
            # // 计算校验位
            sum_w = 0
            for i in range(0, len(ids_list[:-1])):
                sum_w = sum_w + int(ids_list[i])* weight[i]
            mode = sum_w % 11
            jym = validate[mode]    # 判断校验位
            if ids_list[17] in ['X', 'x']:
                ids_list[17] = 'X'
            if jym != ids_list[17]:    # 检测 ID 的校验位
                raise Exception(" 身份证号码有误 ")
        else:
            raise Exception(" 身份证号码有误 ")
    else:
```

```
    raise Exception(" 身份证号码有误 ")
    return " 身份证号码验证通过！"
```

除规则形式的数据质量监测外，一些学者也尝试用机器学习等复杂的算法应用于数据质量管理，加强自动化数据质量识别和清洗。例如，采用语义分析层面识别数据质量问题，有兴趣的读者可查阅相关文献。

3.3 数据质量评价技术

数据质量监控规则用于单个类型数据质量问题的发现，本节将进一步介绍在通过各类数据质量监控规则识别数据质量问题后，如何对数据质量进行整体的评价，即如何将数据质量的完整性、及时性、准确性、一致性、唯一性和有效性等指标进行量化。

3.3.1 数据质量评价方法

数据质量评价技术的基本方法包括比率法、最小值法 / 最大值法和加权平均法，通过这些技术将数据质量的量化结果以统计结果、报表、报告或者借助可视化工具展示，并实时或定期更新。

1. 比率法

比率法具有简单的数学形式 $X = A/B$。其中 A 为满足数据质量期望的数据数量 (例如非空数据)，分母 B 为总的数据数量。X 越趋近于 1，数据质量越好，反之，则说明数据的质量差。比率法用于单独计算完整性、及时性、准确性、一致性、唯一性和有效性等维度，例如某数据集完整性 100%、及时性 80%、准确性 85%、一致性 70%、唯一性 100%、有效性 98%。

2. 最小值法 / 最大值法

最小值法 / 最大值法是要找出各类指标中的最小值或者最大值。最小值法是一种保守的评估方法，而最大值法则相反。例如，若某数据集完整性 100%、及时性 80%、准确性 85%、一致性 70%、唯一性 100%、有效性 98%，采用最小值法则该数据集整体数据质量为 70%，采用最大值法则该数据集整体数据质量为 100%。

3. 加权平均法

加权平均法是赋予各个指标相应的权重，各权重和为 1。权重的设定会根据业务对数据质量的要求采用专家经验法进行人工设置，指标权重的大小反映该指标的重要程度。

3.3.2 数据质量指标计算方法

由于业务的需求不同，对数据质量的 6 个维度的评估方式存在差异。下面以最常用的比率法为例，介绍每个维度量化计算的方法。

定义 1

设 U_1，U_2，$\cdots$，U_n 为需要评估的 n 条数据，由其组成一个数据集 $P = \{U_1$，U_2，$\cdots$，$U_n\}$，U_i 为数据集中的任意一条数据，$n \in N^+$。

定义 2

设 E_1，E_2，$\cdots$，E_m 为 U_i 的 m 个属性，E_{ij} 表示 U_i 在属性 j 上的取值，$U_i = \{E_1$，E_2，$\cdots$，$E_m\}$，$m \in N^+$。E_{ij} 代表的数据可能存在数据缺失、不准确、重复等质量问题。

定义 3

设 $S = \{S_{11}$，S_{12}，$\cdots$，$S_{nm}\}$ 表示具有权威性的标准数据源，S_{ij} 表示数据 U_i 在属性 j 上的期望值。

1. 完整性计算方法

完整性等于所有完整的数据与所有数据的比值。设 $f(x)$ 为评价对象 E_{ij} 在 $(0，1)$ 映射的赋值情况，若 E_{ij} 数据完整，则取值为 1，反之为 0，如公式 (3-1) 所示。

$$f(E_{ij}) = \begin{cases} 1 & E_{ij} = S_{ij} \\ 0 & E_{ij} \neq S_{ij} \end{cases} \tag{3-1}$$

这样，便得到数据集 P 的完整性计算方法，如公式 (3-2) 所示。

$$\sum_{j=1}^{m} \sum_{i=1}^{n} f(E_{ij}) / (n \times m) \tag{3-2}$$

2. 及时性计算方法

及时性等于所有在规定时间内处理的数据与所有数据的比值。设区间 $(T_1，T_2)$ 表示处理数据的规定时间范围，设 $g(x)$ 为评价对象 E_{ij} 的赋值情况到 $(0，1)$ 的映射，若 E_{ij} 的值为区间范围内的值，则取值为 1，反之为 0，如公式 (3-3) 所示。

$$g(E_{ij}) = \begin{cases} 1 & T_1 < E_{ij} < T_2 \\ 0 & \text{其他} \end{cases} \tag{3-3}$$

这样，便得到数据集 P 的及时性计算方法，如公式 (3-4) 所示。

$$\sum_{i=1}^{n} g(E_{ij}) / n \tag{3-4}$$

3. 准确性计算方法

准确性等于所有准确的数据与所有数据的比值。设 $h(x)$ 为评价对象 E_{ij} 的取值结果到 $(0，1)$ 的映射，若 E_{ij} 等于真实值 S_{ij}，则取值为 1，反之为 0，如公式 (3-5) 所示。

$$h(E_{ij}) = \begin{cases} 1 & E_{ij} = S_{ij} \\ 0 & E_{ij} \neq S_{ij} \end{cases} \tag{3-5}$$

这样，便得到数据集 P 的准确性计算方法，如公式 (3-6) 所示。

$$\sum_{j=1}^{m} \sum_{i=1}^{n} h(E_{ij}) / (n \times m) \tag{3-6}$$

4. 一致性计算方法

一致性等于所有满足一致性值的数据与所有数据的比值。设集合 $Q_i = \{Q_{i1}$，Q_{i2}，$\cdots$，$Q_{ij}\}$ 表示 E_{ij} 可能的取值范围。设 $d(x)$ 为评价对象 E_{ij} 的取值情况到 $(0，1)$ 的映射，若 E_{ij}

的值等于 Q_i 中的任一值，则取值为 1，反之为 0，如公式 (3-7) 所示。

$$d(E_{ij}) = \begin{cases} 1 & E_{ij} = Q_{ij} \\ 0 & E_{ij} \neq Q_{ij} \end{cases} \tag{3-7}$$

这样，便得到数据集 P 的一致性计算方法，如公式 (3-8) 所示。

$$\sum_{i=1}^{n} d(E_{ij}) / n \tag{3-8}$$

5. 唯一性计算方法

唯一性等于所有没有重复的数据与所有数据的比值。设 $w(x)$ 为评价对象 E_{ij} 的取值情况在 (0，1) 的映射，设区间 $[1, \infty)$ 为数据出现的次数，若 E_{ij} 的值为 1，则取值为 1，反之为 0，如公式 (3-9) 所示。

$$w(E_{ij}) = \begin{cases} 1 & E_{ij} = 1 \\ 0 & E_{ij} \neq 1 \end{cases} \tag{3-9}$$

这样，便得到数据集 P 的唯一性计算方法，如公式 (3-10) 所示。

$$\sum_{i=1}^{n} w(E_{ij}) / n \tag{3-10}$$

6. 有效性计算方法

有效性等于所有符合约束范围的数据与所有数据的比值。设 $q(x)$ 为评价对象 E_{ij} 的取值情况在 (0，1) 的映射，若 E_{ij} 的值为集合 S 内的任一值，则取值为 1，反之为 0，如公式 (3-11) 所示。

$$q(E_{ij}) = \begin{cases} 1 & E_{ij} = S_{ij} \\ 0 & E_{ij} \neq S_{ij} \end{cases} \tag{3-11}$$

这样，便得到数据集 P 的有效性计算方法，如公式 (3-12) 所示。

$$\sum_{j=1}^{m} \sum_{i=1}^{n} q(E_{ij}) / (n \times m) \tag{3-12}$$

3.4　数据质量管控技术

本节从数据生命周期 (含采集、存储、处理、应用等) 去阐述在每个阶段中常用的数据管控技术，包括数据标准建立、数据质量问题监控、数据质量预警、数据质量改进等。

需要注意的是，数据质量管控不仅是技术问题，还涉及数据质量管理相关的组织架构、管理制度、操作规范、人员培训等综合管理手段。数据质量管控框架如图 3-4 所示。

对处于不同数据生命周期过程的数据，其质量控制侧重点不一样。在数据采集和数据存储阶段，数据质量管控的重点是提前发现数据质量问题，侧重于数据质量问题预防；在数据处理阶段，数据质量管控的主要目的是对问题数据进行优化或者修复，侧重于数据质量问题处置；在应用阶段，数据呈现在最终用户面前，侧重于数据质量监控预警。

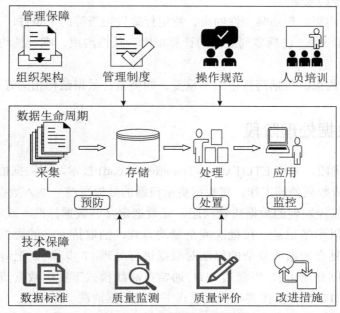

图 3-4　数据质量管控框架

3.4.1　数据采集阶段

在数据采集阶段，采集的数据分为业务系统在运行过程中产生的数据 (例如通过系统人工录入的数据、埋点采集数据和后台日志数据等) 和外部接入的数据。

(1) 业务系统自己产生的数据，需要检验人工录入的数据质量。对于用户输入或批量导入的数据，需要在产品功能层面进行校验。例如，通过设置必填项、限制数值输入范围、检查数据内容形式、交叉对比数据正确性或验证数据一致性等方式提高录入数据的质量。

(2) 外部接入的数据 (含抽样数据或全量数据)，可通过数据质量监控规则和数据质量评价方法，及时发现数据质量问题并提高数据质量；也可通过建立数据标准来增强数据的一致性和准确性，减少系统建设和维护的工作量。数据标准是通过元数据管理来落地实施的，元数据定义了数据业务含义、分类和编码体系，统一了数据的字段命名标准、数值格式、内容约束标准，更新了时间规范，等等。

3.4.2　数据存储阶段

数据存储阶段主要通过数据模型设计来提高数据存储的数据质量，可在数据库结构设计上通过单列、单行、跨列或跨行等各种约束条件提高入库数据的完整性、及时性、准确性、一致性、唯一性和有效性。

（1）单列存储约束，包括非空约束、语法约束、格式约束、长度约束、值域约束、事实参照标准约束等约束条件。

（2）单行存储约束，包括唯一性约束、特定行缺失检查等约束条件。

（3）跨列存储约束，包括多列之间的计算逻辑一致性约束、唯一性约束、时间约束等约束条件。

（4）跨行存储约束，包括跨行记录不重复、同类型行数据结构相同等约束条件。

3.4.3　数据处理阶段

在数据处理阶段，采用 ETL(Extract-Transform-Load) 技术，即数据抽取、转换、装载的过程技术来完成数据处理工作，对数据质量问题的处置可统一纳入数据清洗范畴。ETL 技术是根据数据监控发现的数据质量问题、元数据定义、数据标准，或者根据业务需求，从存储的数据中以单条记录、按批次或全量的方式，抽取待清洗的数据 (E 步骤)，然后通过单一规则、复合规则或复杂的算法对数据进行处理 (T 步骤)，把清洗后的数据再次装载到指定的存储介质中 (L 步骤)。ETL 通常在离线模式下实现数据清洗，但随着流处理技术的进步，ETL 也可以在实时在线模式下实现数据清洗。

ETL 的 T 步骤 (数据清洗计算) 的过程是对存在数据质量问题的数据进行处置的过程，常见的数据清洗操作如表 3-7 所示。

表 3-7　数据清洗规则

数据质量特性	数据质量问题举例	数据修复措施	示例
完整性	数据缺失	采用平均值、中值、众数、指定缺省值等方式填充，对于不能填充的则用空值替代，例如 NULL	性别缺失字段统一用"未知"填充
	数据为空	根据实际业务判断该字段是否应当为空，否则视为缺失，采用数据缺失的处理方式	出生年月字段不应为空，若为空，则从身份证号抽取出生年月
及时性	未及时录入数据库	增加同步数据的频率	将原来每天同步一次数据改为每小时增量同步一次
准确性	日期格式标准化	按照要求的时间格式进行转化	原格式"2021/3/21"转化成格式"2021-03-21"
	存在异常字符	明确字段内容形式标准，剔除异常字符	剔除公司名中非中文、英文字母和数字外的异常字符，"北京某某＃￥有限公司"清洗后为"北京某某有限公司"
	内容错误	用正确的数据替代，通常涉及寻求其他数据源或者多个数据源融合处理的逻辑	企业的统一社会信用代码错误，通过调用权威数据接口替换成正确的代码
一致性	同一记录数据不一致	用最新或权威的数据源替换	同一行记录数据若在 A 表和 B 表中不一致，采用 B 表的记录替换 A 表该行记录

数据质量特性	数据质量问题举例	数据修复措施	示例
唯一性	语义重复	从句子或段落语义的角度判断文本是否重复，只保留其中一条记录	若同一客户两次商品购买投诉留言表达同一含义，视为重复投诉的记录
	整行重复	删除重复行	删除重复行，只保留一行
	唯一 ID 重复	重新赋予新的 ID	对重复的 ID 值重新赋予其他的 ID 值
有效性	存在异常值	通常异常值做剔除处理，或采用填充的方式	身高数据超过 3 米的异常数据，置为空
	数值范围超限	用默认值替换或置空	收入字段为负值，用最低收入的缺省值替代
	数值逻辑错误	数据值与其属性约束条件不一致	商品总金额不等于商品单价乘以商品采购数量，总金额字段重新计算

在实际应用中，应当结合对具体业务的理解选择合适的数据修复措施。有时能真正修复的数据有限，因为修复后的数据可能破坏了数据的准确性而不会被用户采纳。例如，通过移动电话数据质量监测规则发现电话号码不为 11 位标准号码，若不知道真实电话号码，则无法采用数据修复技术纠正数据。数据修复实际应用中最有效的方式是：用更高质量的数据源替代，或人工干预修正数据。

为提高数据清洗效率和方便维护，可以采用 ETL 工具来完成，开源的工具有 Kettle、NIFI、DataX、Informatica 等。这些 ETL 工具，通常以图形界面配置化的方式支持多种数据库操作，例如 Mysql、SQLServer、Oracle、Postgres、Hive 和 Mongodb 等，支持内嵌清洗规则 (含数据格式校验、值域校验、数据范围校验、正则表达式校验、空值校验等) 和自定义脚本语言进行复杂的数据清洗规则开发 (含 Python 脚本、正则表达式和 SQL 语句)，通常还支持数据治理监测规则任务调度管理、数据治理执行结果报告 / 报表可视化，以及数据质量开发过程中的审批流程管理和权限管理等辅助功能。

3.4.4　数据应用阶段

经过数据采集、存储、处理后的数据依然不能保证数据质量一直满足业务需求。数据的变化会导致新的数据质量问题出现，如更换外部采购的数据源。所以，有必要在数据应用阶段通过前文所述的数据质量监控规则和数据质量评价技术，定期地或实时地监控数据质量变化，进而从技术、管理和业务等各个方面去响应这些变化。通常地，采用的方法包括调整数据录入校验规则、优化存储的数据结构、更新数据清洗方法等。此外，为了更直观地展示数据质量监测结果，开发者还可以借用数据可视化展示工具，以图形化的方式直观地展示数据质量分析结果，并可以设置预警功能 (例如邮件或短信等方式) 提醒相关数据管理和开发人员及时处理。

3.5 数据质量管控案例

3.5.1 项目背景介绍

某省工业园区招商引资部门，为了增强大数据应用水平，促进该园区招商引资业务的数字化转型，投资建设了"智慧招商大数据平台"。该平台的核心功能是：汇集园区已有各业务系统数据，并采购所需的外部数据，通过大数据分析技术为园区招商引资提供智能决策支持。

经项目前期驻场调研，发现该平台目前拥有数据存在以下几个突出问题：

(1) 业务系统比较多但绝大部分为独立建设，由不同信息化厂商设计和开发，"数据孤岛"现象比较严重；

(2) 部分系统建设完成后使用频率不高，后台积累的数据价值不大；

(3) 数据库设计文档缺失，部分库表字段只能猜测其含义，而且数据字段缺失比较严重；

(4) 数据量大，但约 1/3 的表的历史数据只能追溯到前两年，1/4 的表的数据只有几十到几百条记录；

(5) 跟相关业务员访谈核实后，了解到部分数据库的数据和正确数据有较大偏差；

(6) 部分重要的数据以纸质方式线下查阅和管理；

(7) 原业务系统的数据无法完全支撑"智慧招商"新的数据应用需求，必须采购外部数据作为补充，同时未对外部采集的数据源进行质量评估。

该平台的问题是典型的大数据创新应用项目面临的数据问题：其一，历史数据量大，但完整的(完整性)、持续更新(及时性)的数据并不多；其二，对于存在错误的数据(准确性)，需进行大量数据清洗的工作；其三，对于外部采集的数据，除了要与已有系统数据准确关联(一致性)，还存在采集的数据的质量本身不确定的问题。因此，有必要根据业务需求对已有系统历史数据和外采数据进行质量评估，选取数据质量相对较高的数据作为数据分析的基础，并且在系统上线后持续地使用数据监测规则对数据质量进行监测。

3.5.2 大数据平台数据架构

智慧招商大数据平台的数据架构如图 3-5 所示。

该大数据平台包括数据采集、存储、计算、共享和管理等功能。其中，数据采集包括外部接入的企业工商、舆情、司法、政策、专利、人才、园区资源、招投标等信息，通过数据治理工具接入到数据仓库中，数据仓库实现了贴源层(ODS)、数据仓库层(DW)和数据应用层(DA)典型分层设计，大数据平台还提供多种数据分析工具和可视化工具用于招商模型分析，经过数据清洗的数据和模型分析结果通过数据接口、可视化工具、报告等不同的形式对其他系统提供服务。

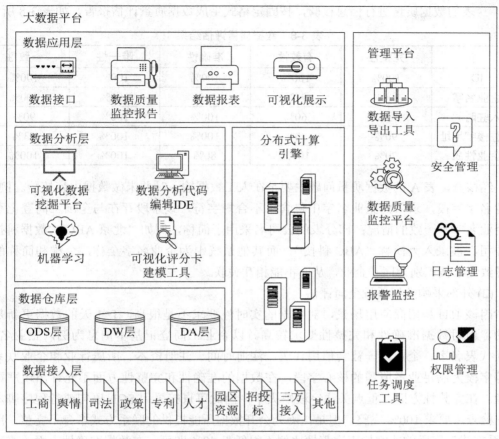

图 3-5 大数据平台的数据架构

数据质量管理方面，该平台通过数据治理工具实现数据标准管理、数据质量监测规则的开发、部署和执行时间的任务调度，并提供数据质量报告输出。数据质量监测规则通过 SQL 或 Python 脚本编写完成，最终通过 Spark 计算引擎计算获取结果。

3.5.3 数据质量管控技术实施

针对以上调研发现的数据质量问题，按照项目开展时间顺序，分步骤实施以下数据质量管控措施。

(1) 通过评估确定可使用的数据

从本章所述的 6 个数据质量评价维度对已有业务系统的数据质量进行评估，最终确定可以使用的数据有哪些。对不符合数据质量要求的数据，不再同步到大数据平台数据仓库进行维护，减少"垃圾"数据产生量。

以入驻企业登记基本信息表 A 为例，数据质量报告样例如下。

* 数据及时性：表 A 按入库时间计算，最新一条记录入库时间为 30 天前。经核查，最近申请入驻的企业证实为该时间完成登记，因此认为数据及时性满足要求。
* 其他数据质量维度：均采用在 Python 脚本中提交 SQL 的查询方式自动地对数据

表的数据质量进行信息核验，按固定格式生成数据质量评估报告，如表 3-8 所示。

表 3-8　数据质量评估结果

	完整性	有效性	准确性	唯一性	一致性
ID	100%	100%	100%	100%	100%
企业名字	100%	97%	86%	100%	100%
入驻时间	85%	60%	100%	100%	90%
入驻楼宇地址	90%	90%	100%	100%	93%
企业性质	70%	100%	80%	100%	100%

经核查，表 A 的数据质量问题主要是在人工数据输入时并未做数据内容核验。例如，企业名字字段，录入的企业名字中包含了不合规字符，该字段存在与全国工商登记系统的企业名字不一致的情况；部分表的公司名采用了简称，例如"北京 ABC 大数据科技有限公司"被录入为简称"ABC 科技"，而其他系统中为企业名字全称，全称和简称的差别导致无法被识别为同一企业，从而不能相互关联。

(2) 外部采购数据质量全面评估

因该项目是招商应用场景，对数据的实时性要求不是很高，T+1 天的数据更新是允许的，但对数据准确性和完整性要求较高。以企业工商登记基本信息为例，企业名字、法人代表名字、企业统一社会信用代码、注册时间、注册资本、所属行业和企业联系方式等字段为满足业务所需的核心字段，在数据的准确性和完整性方面不允许出现严重的问题。在完整性方面，重点关注字段缺失率，因此可直接采用 SQL 语句或者程序脚本做非空检查，要求 100% 完整。但是，因为公开数据所能提供的联系方式本身不完整，所以"联系方式"字段的非空检查完整性比例不得低于 40% 即可。在数据准确性方面，需准备对应的标准数据样本集，对比标准集和被测的供应商数据，通过差异性来判断数据的准确性是否存在问题，所有字段要求 100% 准确。

(3) 建立数据标准对此项目本身的数据质量控制起关键作用

此项目中无对应的国家或行业标准可供参考，因此根据需求制定本项目的数据标准。其主要包括以下三个方面。

- 采集数据往数据仓库流转过程中的数据交换标准，主要包括数据存储位置、格式规范、数据推送时间标准、推送过程异常处理标准、数据对账标准和数据传输安全标准等。
- 数据内容规范，主要包括文件 / 数据库命名规范、字段命名规范、数据编码格式规范、数据去重标准、时间字段格式规范、数据唯一标识规范和数据加密规范等。例如，不同子系统之间主要通过企业名字关联，因此数据标准要求企业名字数据库中名字统一采用 company_name，该列不允许为空，且公司名字与企业在国家企业信用信息公示系统的名字完全一致，若需要使用简称可用另外的列存储，且该列名必须为 company_shortname。
- 接口标准，主要包括接口入参和出参命名标准、错误代码标准和分页标准等。

(4) 采购数据治理工具软件提高开发效率和降低维护成本

将本项目制定数据标准和数据质量监控规则以脚本形式实现，并配合任务调度工具定期执行，执行结果和日志存入指定的数据库。

(5) 数据质量监控和报告

监控数据仓库中各个数据表单的数据质量，采用 T+1 的频率定期更新数据的质量情况，通过可视化图表的方式直观地显示数据质量统计报表，并设定预警指标和对应的阈值，以短信或邮件的方式告知数据质量管理人员进行处理。

参考文献

[1] 张坦，黄伟，石勇 . ISO 8000(大) 数据质量标准及应用 [J]. 大数据，2017，3 (01):3-11.

[2] 中华人民共和国国家标准 GB/T 36344—2018，信息技术 数据质量评价指标 [S].

[3] 华为公司数据管理部 . 华为数据之道 [M]. 北京：机械工业出版社，2020.

[4] DAMAINTERNATIONAL 著；马欢，刘晨等译 . DAMA 数据管理知识体系指南 [M]. 北京：清华大学出版社，2012.

[5] 李晶晶 . 数据质量评估模型及评估工具研究 [D]. 东华大学，2018(06).

[6] 中华人民共和国国家标准 GB 11643—1999，公民身份证号码 [S].

[7] 郭晓军，宋朝霞 . 对公民身份证号编码的探讨及其应用研究 [J]. 价值工程，2007 (10):114-116.

[8] 张胜 . 数据质量评价指标和评价方法浅析 [J]. 科技信息，2014(02):259.

[9] 蔡莉，梁宇，朱扬勇，何婧 . 数据质量的历史沿革和发展趋势 [J]. 计算机科学，2018，45(04): 1-10.

[10] 蔡莉，朱扬勇 . 大数据质量 [M]. 上海：科学技术出版社，2017.

[11] 张楠 . 基于生命周期的政府开放数据质量管理研究 [D]. 郑州航空工业管理学院，2020.

复习题

一、单选题

1. 数据质量是指在指定条件下使用时，数据的特性满足明确的和隐含的 (　　)。

A. 要求　　　　　　　　B. 要求的程度　　　　　C. 程度　　　　　　　　D. 用户要求

2. 数据质量可从 (　　) 维度来衡量。

A. 4 个　　　　　　　　B. 5 个　　　　　　　　C. 6 个　　　　　　　　D. 7 个

3. 若关系数据库中数据记录缺失，则说明其数据质量的 (　　) 不好。

A. 完整性　　　　　　　B. 及时性　　　　　　　C. 准确性　　　　　　　D. 一致性

4. 在填写人体身高的时候，若输入 3.5 米有效，则说明其数据质量的 (　　) 有问题。

A. 完整性　　　　　　　B. 及时性　　　　　　　C. 唯一性　　　　　　　D. 有效性

5. 字段为 NULL 值的检验属于 (　　) 监控规则。

A. 一致性　　　　　　　B. 及时性　　　　　　　C. 准确性　　　　　　　D. 完整性

6. 基于时间点的延迟检验属于 ( ) 监控规则。

A. 一致性　　　　　B. 及时性　　　　　C. 准确性　　　　　D. 完整性

7. 数据长度检查属于 ( ) 监控规则。

A. 一致性　　　　　B. 及时性　　　　　C. 准确性　　　　　D. 完整性

8. 数值精度检查属于 ( ) 监控规则。

A. 一致性　　　　　B. 及时性　　　　　C. 准确性　　　　　D. 完整性

9. 数值取值范围约束属于 ( ) 监控规则。

A. 有效性　　　　　B. 及时性　　　　　C. 准确性　　　　　D. 完整性

10. 记录唯一性约束属于 ( ) 监控规则。

A. 一致性　　　　　B. 及时性　　　　　C. 唯一性　　　　　D. 完整性

11. 数据清洗计算属于 ETL 的 ( )。

A. E 步骤　　　　　B. F 步骤　　　　　C. L 步骤　　　　　D. T 步骤

二、多选题

1. 数据质量是指在指定条件下使用时，数据的特性满足 ( ) 要求的程度。

A. 明确的　　　　　B. 公开的　　　　　C. 秘密的　　　　　D. 隐含的

2. 数据的特性一般可从 ( ) 维度来进行衡量。

A. 完整性　　　　　B. 及时性　　　　　C. 准确性　　　　　D. 一致性

3. 影响数据质量的原因包括 ( )。

A. 技术方面　　　　B. 业务方面　　　　C. 管理方面　　　　D. 标准方面

4. 数据质量监控规则主要有 ( ) 监控规则。

A. 完整性　　　　　B. 及时性　　　　　C. 准确性　　　　　D. 一致性

5. 数据质量评价技术的基本方法包括 ( )。

A. 比率法　　　　　B. 最小值法　　　　C. 最大值法　　　　D. 加权平均法

6. 数据质量管控涉及数据生命周期的 ( ) 阶段。

A. 采集　　　　　　B. 存储　　　　　　C. 处理　　　　　　D. 应用

7. 数据采集阶段采集的数据包括 ( )。

A. 业务系统自身产生的数据　　　　　B. 外部接入的数据

C. 系统管理员录入的数据　　　　　　D. 业务操作员录入的数据

8. ETL 技术包括数据的 ( )。

A. 采集　　　　　　B. 抽取　　　　　　C. 转换　　　　　　D. 装载

9. 数据清洗规则包括数据 ( )。

A. 格式校验　　　　B. 值域校验　　　　C. 空值校验　　　　D. 范围校验

10. ETL 通常采用 ( ) 实现数据清洗。

A. 离线模式　　　　B. 人工模式　　　　C. 在线模式　　　　D. 智能模式

三、判断题

1. 处理数据的时间越长，其及时性越好。　　　　　　　　　　　　　　( )

2. 数据质量是项目交付的关键要素。　　　　　　　　　　　　　　　　( )

3. 数据质量对数据产品的体验至关重要。　　　　　　　　　　　　　　( )

4. 记录缺失校验属于数据质量的及时性监控规则。　　　　　　　　　(　)

5. 基于时间点的记录数检验属于数据质量的及时性监控规则。　　　　(　)

6. 基于时间段的记录数检验属于数据质量的准确性监控规则。　　　　(　)

7. 数据长度检查属于数据质量的准确性监控规则。　　　　　　　　　(　)

8. 数据内容检查属于数据质量的唯一性监控规则。　　　　　　　　　(　)

9. 记录唯一性约束属于数据质量的一致性监控规则。　　　　　　　　(　)

10. 数值取值范围约束属于数据质量的有效性监控规则。　　　　　　 (　)

11. 在数据采集阶段，数据质量管控的重点是提前发现数据质量问题。 (　)

12. 在数据应用阶段，数据质量管控侧重于数据质量问题处置。　　　 (　)

13. 数据质量管控仅仅是技术问题。　　　　　　　　　　　　　　　 (　)

四、简答题

1. 简述数据质量问题产生的原因。

2. 简述数据质量管控的重要性。

3. 简述准确性监控规则的重要性。

4. 简述有效性监控规则的重要性。

5. 简述数据质量管控技术如何落地实施。

五、论述题

就你熟悉的 IT 工具，论述监控规则的技术实现方法。

第 4 章
数据采集技术

数据采集是数据全生命周期的首要阶段，只有通过数据采集获得了数据以后，才能开展数据安全与治理的相关工作。本章将介绍数据采集概念、技术，以及质量控制技术、安全控制策略等，并给出数据采集综合案例。

4.1 数据采集的概念

4.1.1 数据采集的定义

数据采集是指采用技术手段从数据源中获得原始数据，并形成数据资产或转化成满足数据共享和利用需求的过程。

数据采集流程如图 4-1 所示，它主要由数据源、数据采集技术、数据采集成果、数据质量控制、数据安全控制等构成。

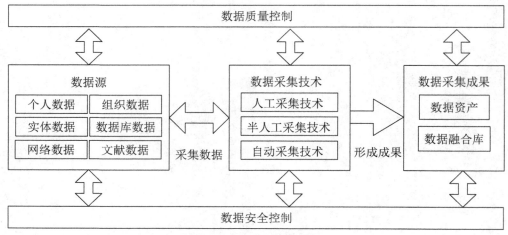

图 4-1　数据采集流程

- 数据源：包括个人数据、组织数据、实体数据、数据库数据、网络数据、文献数据 6 种数据类型，详见 4.2 节。
- 数据采集技术：包括人工采集技术、半人工采集技术、自动采集技术 3 类技术，详见 4.3 节。

- 数据采集成果：包括数据资产和数据融合库两类。其中，数据资产是指经过数据采集形成的数据资产产品，包括一次数据资产产品、二次数据资产产品、三次数据资产产品等，该产品可以在数据资产交易市场进行交易，详见第 8 章；数据融合库是指集成多个数据源以产生比单个数据源更有价值的数据库。
- 数据质量控制：数据采集周期内，应保证数据的完整性、及时性、准确性、一致性、唯一性、有效性。
- 数据安全控制：数据采集周期内，应按数据安全要求，实现授权访问、可定位溯源、数据加密、安全审计及监测等。

4.1.2　数据采集的原则

数据采集原则主要有以下 5 个：时效性原则、真实性原则、安全性原则、适用性原则、系统性原则。

1. 时效性原则

数据是有生命周期的，不论是采用哪种技术 (含人工、半自动或半人工、自动) 采集到的数据源数据，都应该是最新数据，且该数据能实时或准实时地反映事物发展的最新动向。只有这样，数据的资产价值才能得到最大发挥。

2. 真实性原则

真实可靠的数据是正确决策的基本前提和重要保证。因此，在进行数据采集时，应采用科学采集方法及质量保障技术 (如去伪存真、数据清洗、噪声滤波等)，以确保数据的真实性。

3. 安全性原则

不是所有数据都可以任意采集的，如个人敏感数据、国家安全数据等。因此，在进行数据采集时，应遵照《中华人民共和国数据安全法》《中华人民共和国个人信息保护法》等法律法规及相关数据采集标准规范，以确保数据的安全性。

4. 适用性原则

大数据时代，数据数量庞大、内容繁杂，进行全样本采集既是不现实的，也是不可能的。因此，在进行数据采集时，要根据实际情况，有目的、有重点、有选择地采集能满足用户需求的相关数据。

5. 系统性原则

数据采集的系统性原则体现在两个方面：一是数据采集在空间上的完整性，二是数据采集在时间上的连续性。即在空间方面，要把与某一问题有关的散布在各个领域的信息搜集齐全；在时间方面，要对同一事物在不同时期、不同阶段的发展变化数据进行跟踪搜集，以反映事物的真实全貌。

4.2 数据源

数据源是指在信息采集工作中借以获取数据的来源，通常包括个人数据、组织数据、实体数据、数据库数据、网络数据、文献数据 6 类。

4.2.1 个人数据

个人数据由两部分构成：一是个人本身的数据（即个人自然数据），二是个人掌握的数据（即个人衍生数据）。

1. 个人自然数据

个人自然数据，简称个人信息 (personal information)，是指以电子或者其他方式记录的能够单独或者与其他信息结合识别特定自然人身份或者反映特定自然人活动情况的各种信息，例如个人基本信息、个人身份信息、个人生物识别信息、个人网络标识信息、个人医疗信息、个人身体信息、个人工作信息、个人教育信息、个人财产信息、个人通信信息、个人联系人信息、个人上网记录、个人常用设备信息、个人位置信息、个人其他信息等。关于个人自然数据的内容详见第 2 章 2.4 节。

2. 个人衍生数据

个人衍生数据，是指个人在实践过程中掌握的并通过口头交流或问卷调查方式传递的各种数据。个人，特别是处于关键位置的行业专家，不仅拥有大量的经验数据，而且还在不断地创造出新的信息（数据），他们本身就是数据的凝聚点和发射源。

个人衍生数据在社会信息共享、交换中具有重要的地位和作用。调查发现，三成以上数据是通过交流（如问卷调查、问题访谈、咨询活动等）获得的。

个人衍生数据的主要特点如下。

- 及时性。通过与个人直接交流或问卷调查，可以快捷地获取相关数据。
- 新颖性。在与个人交谈中，许多信息（数据）往往是对方不知道的。
- 感知性。在与个人进行面对面交流中，除接收到语言信息（数据）外，还可根据被访谈者发出者的声调、语气、肢体语言等，接受到"言外之意"的相关数据。
- 随意性。个人间口头交流，往往按照自己的好恶对数据进行加工取舍，或根据个人意志对客观事物进行曲解和割裂，这种主观上的随意评价易导致数据失真。

4.2.2 组织数据

组织数据由两部分构成：一是公益型组织数据，二是商业型组织数据。

1. 公益型组织数据

公益型组织数据，又称公共数据，是指公共管理和服务机构在依法履行公共管理和服务职责过程中产生、收集的数据，以及其他组织和个人在提供公共服务中产生、收集的涉及公共利益的数据，例如政务数据及供水、供电、供气、供热、公共交通、养老、教育、医疗健康、邮政等公共服务中涉及公共利益的数据等。

2. 商业型组织数据

商业型组织数据，又称法人数据，是指组织在生产经营和内部管理过程中产生和收集的数据，如企业的业务数据、工艺数据、经营管理数据、财务数据、市场销售数据、系统运行和安全数据等。

3. 组织数据源的特点

一般地，组织数据的主要特点如下。

- 权威性。各种组织机构(含政府、企业)专门开展某一方面的业务工作，或从事研究开发，或从事生产经营，或从事监督管理，它们所产生发布的数据相对集中有序，也比较准确可靠，具有相当的权威性。
- 垄断性。有些组织机构由于保守或者竞争等方面的原因，常常把本部门所拥有的数据看成是自己的私有财产而不愿对外公开。

4.2.3 实体数据

实体数据是指各种实物中产生、收集的数据。其中，实物是指客观存在的各种物体，如工业现场设备(如数控机床、加工中心等)、城市物联网设备(如井盖、路灯、消防栓、水表等)、无机物(如水、空气、土壤、岩石、矿石等)样品、有机物(如动物、植物等)化石或标本，以及其他可能出现新的数据"火花"的场所。

实体数据给人们提供了充分认识事物的物质条件，其主要特点如下。

- 直观性。实物的最大优势就是直观、生动、全面、形象，能提供全方位、多角度的数据。
- 真实性。实物是客观存在的各种物体，组织或个人可从中获取第一手的、完整的、可靠的数据。
- 隐蔽性。实物中包含的数据往往是潜在的、隐蔽的，往往需要采用科学的技术方法(如传感设备)去获取。

4.2.4 数据库数据

数据库数据是指组织或个人利用数据库管理工具开发形成的某行业或某领域的数据集。其中，数据管理工具包括(不限于)达梦(DM)、甲骨文(Oracle)、SQL Server、My SQL、Mongo DB、Excel 等；数据集是指相关行业的结构化数据、半结构化数据或非结构化数据的专用数据库，如人口数据库、宏观经济数据库、网约车数据库、AI 训练数据集、视频数据库等。

数据库数据的主要特点如下。

- 技术依赖性。数据库数据强依赖于 ICT 信息与通信技术，包括数据库管理工具、高性能计算机设备、大容量的存储设备。
- 动态管理性。数据库数据能根据需要，随时进行建库、修改、扩充、更新等。

- 多种服务性。数据库数据是从整体系统的理念来组织数据的，内容丰富、数据可靠、存储量大，可为多种应用场景提供服务，如数据交换、数据共享、数据应用等。

4.2.5　网络数据

网络数据是指有关组织机构官方网站公开发布的相关数据。例如，某高等学校网站发布的学校概况、机构设置、招生就业、教育教学、师资队伍、科学研究等数据。

网络数据是目前全球最大的公共数据源，其主要特点如下。

- 类型多样性。网络数据通常以网页的形式呈现，网页中既有一定结构的文本数据，也有丰富的图形、音频、视频等非结构化数据。
- 动态性。网络数据源中的数据可以根据组织机构的要求，定期或不定期地进行修改、完善、更新。
- 质量差异性。网络的共享性、开放性和自由访问的特点，使得每个组织、个人都可以在网络上存取数据，由于缺乏有效的数据质量管理和控制机制，导致提供的数据质量参差不齐，甚至产生一些垃圾数据。

4.2.6　文献数据

文献数据是指以文字、图形、符号、音频、视频等方式记录在各种载体上的知识（数据）。其中，载体包括（不限于）图书、连续出版物（期刊、报纸等）、学位论文、专利、标准、会议集，以及相关文献服务平台，例如期刊《计算机学报》、文献服务平台《中国知网》、文献服务平台《维普资讯》等。

文献数据是社会文明发展历史的客观记录，是人类思想成果的重要存在形式，更是科学与文化传播的主要手段。正是借助于文献数据，科学研究才得以继承和发展，社会文明才得以发扬光大，个人知识才能变成社会知识。

文献数据作为现代社会最常用的、最重要的数据源，其主要特点如下。

- 系统性。文献所记载的数据内容往往是经过人脑加工的知识型信息，是人类在认识世界、改造世界的过程中所形成的认知成果，经过选择、比较、评价、分析、归纳、概括等一系列思维的数据加工活动，并以人类特有的符号系统表述出来。因此，其大多比较系统深入，宜于表达抽象的概念和理论，更能反映事物的本质和规律。
- 稳定性。文献数据是通过文字、图形、音像或其他代码符号固化在纸张、化学材料或磁性材料等物质载体上的，在传播使用过程中具有较强的稳定性，不易变形、失真，从而为人们的认识与决策活动提供了准确可靠的依据。
- 易用性。由于文献数据源不受时空的局限，利用过程也比较从容。用户可根据个人需要随意选择自己感兴趣的数据内容，决定自己利用文献的时间、地点和方式。遇到问题时，有充分的时间反复思考，并可对照其他文献数据进行补充印证。
- 可控性。文献信息的管理和控制比较方便。数据内容一旦被编辑出版成各种文献，就很容易对其进行加工整理，控制其数量和质量、流速和流向，达到文献数据有序流动的目的。

- 时滞性。由于文献生产需要花费一定的时间，因而出现了文献时滞问题。文献时滞过长将导致文献内容老化过时，丧失其作为数据源的使用价值。

4.3 数据采集技术简介

4.3.1 数据采集技术的分类

数据采集技术总体可分为三大类：人工采集技术、半人工采集技术（或半自动采集技术）、自动采集技术，如图 4-2 所示。其中，人工采集技术包括问卷调查法、文献检索法、网络爬虫法、现场采集法；半人工采集技术包括 RFID 法、二维码法、条形码法；自动采集数据包括感知设备法、OPC 通信法、程序接口法。

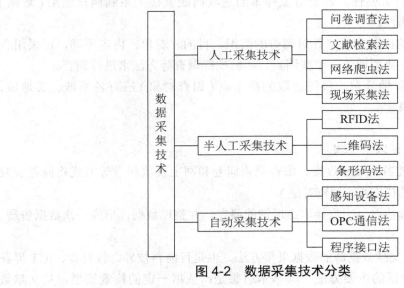

图 4-2 数据采集技术分类

4.3.2 人工采集技术

人工采集技术，又称手工采集技术，是指以人工（或手工）方式获取数据所涉及的相关技术。人工采集技术主要包括（不限于）问卷调查法、文献检索法、网络爬虫法、现场采集法 4 种方法。

1. 问卷调查法

问卷调查法是面向个人数据源的一种有目的、有计划、有组织的数据采集方法。其基本思想是：数据采集者就某些问题向有关人员（被调查者）发放调查表（问卷），被调查者填妥问卷，数据采集者回收问卷，并由此获取相关数据。

问卷调查法一般包括三个步骤：设计问卷、选取样本、实施调查。

(1) 设计问卷

设计问卷时，可遵循以下步骤。

① 明确问卷目标。围绕调查目的和调查对象来确定调查内容，并以此规划调查项目、编制问卷表。

② 架构问卷内容。一般地，问卷表应包括三类内容：一是前言，即说明调查目的和填写要求等；二是调查项目，即被调查者的基本情况、需要被调查者回答的一系列具体问题等；三是结束语，即谢辞和联系地址等。

③ 密切关注问卷问题。应注意以下三点：

- 设计的问题要通俗易懂，且要避免隐私问题或商业机密问题；
- 回答的问题要言简意赅，尽可能是一些客观题 (如选择题、判断题等)；
- 问题间要体现逻辑性、条理性，避免一张问卷出现重复性问题。

(2) 选取样本

设计问卷时，应注意以下问题。

- 理解样本选取的重要性。调查对象样本的选取问题直接关系到调查结果 (数据) 的代表性和准确性。
- 了解样本选取的相关方法。针对调查的组织、目的、对象、内容不同，可采用普查、重点调查、典型调查、个案调查、随机抽样调查等方法来进行调查。
- 注重样本点的科学分布。最终选取的样本点 (调查对象) 应有各领域、各地域、各层次等的代表。

(3) 实施调查

实施调查时，可遵循以下步骤。

- 发放问卷。通过当面发放收集、邮寄调查问卷和网上发放问卷等方式将问卷表发放给上述选取的样本点 (调查对象)。
- 回收问卷并整理数据。回收样本点反馈的问卷，并整理数据，形成一次数据资产。

2. 文献检索法

文献检索法是面对文献数据源的数据采集方法，也是目前科技界、教育界、ICT 界获取著作、论文等文献数据的主要方法。其基本思想是：依据一定的检索模型，从文献数据源中获取相关文献 (数据)。其中，检索模型是指由布尔运算 (如逻辑或、逻辑与、逻辑非等) 构成的检索表达式；文献数据源是指 4.2.6 节的数据源，目前较为知名的文献数据源有《中国知网》(www.cnki.net)、《维普资讯》(http://lib.cqvip.com/)、《超星图书》(http://www.chaoxing.com/)、国家标准全文公开系统 (http://openstd.samr.gov.cn/bzgk/gb/) 等；相关文献 (数据) 是指论文、图书、专利、标准等。

针对具体的研究课题 (以下简称课题)，使用文献检索法，一般包括 5 个步骤：确定检索目标、选择检索系统、确定检索词、构造检索表达式、实施检索。

(1) 确定检索目标

确定检索目标时，包括以下工作：

- 弄清课题的需求、目的和意图;
- 分析课题涉及的学科范围、主题要求;
- 研究课题所需数据 (信息) 的内容及其特征;
- 思考课题所需数据的特征, 如文献类型、出版类型、年代范围、语种、著者、机构等。

(2) 选择检索系统

选择检索系统时, 包括以下工作:

- 确定文献数据源, 如上述《中国知网》《维普资讯》等;
- 了解研究文献数据源的主要特征。每一种文献数据源具有其特定的检索内容和检索模式, 如《维普资讯》的检索内容是科技期刊, 检索模式有主题检索和高级检索 (包括逻辑与、逻辑或、逻辑非等检索表达式)。

(3) 确定检索词

确定检索词时, 包括以下工作:

- 先选用主题词, 应优先选用与课题相关的规范化主题词;
- 选用常用的专业术语, 优先选用与课题强联度的常用专业术语;
- 选用同义词与相关词, 优先选用与课题弱关联的相关词。

(4) 构造检索表达式

构造检索表达式时, 包括以下工作:

- 使用逻辑"与"算符可以缩小命中范围, 起到缩检的作用, 得到的检索结果专指性强、查准率高;
- 使用逻辑"或"算符可以扩大命中范围, 得到更多的检索结果, 起到扩检的作用、查全率高;
- 使用逻辑"非"算符可以缩小命中范围, 得到更切题的检索效果, 提高查准率。

(5) 实施检索

实施检索时, 包括以下工作:

- 针对课题需求, 完成上述 4 个步骤后, 在某文献数据源上进行文献检索;
- 检查分析检索结果是否与检索要求一致;
- 根据检索结果对"检索表达式"进行修改和调整, 重复检索过程, 直至得到比较满意的结果。

3. 网络爬虫法

网络爬虫法是一种面向网络数据源的数据采集方法。其基本思想是: 依照一定的规则, 利用爬虫软件, 自动地抓取 Web 网址 (URL) 相关数据 (即网页源代码)。

- 规则: 是指 robots 协议 (或机器人协议), 它告诉爬虫和搜索引擎哪些 Web 页面可以抓取, 哪些不可抓取。该协议通常是一个 robots.txt 的文本文件, 放在网站的根目录下。
- 爬虫软件: 是指用相关程序设计工具 (如 C 语言、Python 等) 开发的软件, 该软件的主要功能是爬取网页数据。
- Web 网址 (URL): 是指统一资源定位符 (uniform resource locator, URL), 用于完

整描述 Internet 网页和其他资源地址的一种标识方法，也是爬虫的入口。

- 网页源代码：是指 HTML、CSS、JavaScript 等网页代码，这些源代码被浏览器识别后转换成传统网页。

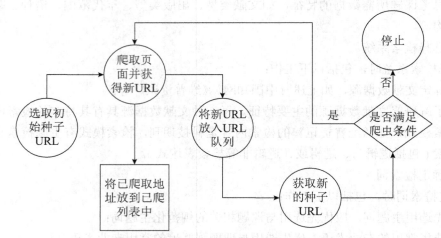

图 4-3　网络爬虫法的基本工作流程

网络爬虫法的基本工作流程如图 4-3 所示，主要包括下述 4 个步骤。

- 第 1 步：首先，选取初始 URL，作为种子 URL。
- 第 2 步：以种子 URL 为基础，爬取网页源代码并将其存入爬虫数据库中；同时，基于种子 URL 获取新的 URL，并将其放入 URL 队列。
- 第 3 步：基于 URL 队列，获取新的种子 URL，并以此判定是否满足爬虫条件，若满足，转第 2 步；否则，转第 4 步。
- 第 4 步：结束爬虫，整理第 2 步获得的爬虫数据库的相关数据，形成一次数据资产。

4. 现场采集法

现场采集法是目前获取实体数据源数据的重要方法。其基本思想是：人需要到现场，并利用相关设施设备 (如手机、专用设备等) 获取有关物体场景 (如物联网设备、安监场所等) 数据。

针对具体的工程项目 (以下简称项目)，使用现场采集法，一般包括 4 个步骤：确定采集目标、设计采集规范、构造采集设备、实施采集过程。

- 确定采集目标。第一，弄清项目目标，例如，熟悉项目合同书或招标书的相关要求，特别是项目验收指标 (即交付指标)。第二，分析项目需要采集的数据，例如《家用水表数据采集》项目包括水表的静态数据 (含位置数据、编码数据、表户数据、关联数据等)、动态信息 (如某月的止码刻度数据)。第三，确定采集范围，即研究需要采集数据的地域范围、行业领域，并由此确定具体的采集数据量。
- 设计采集规范。针对采集目标及其数据要求，编制企业或行业数据采集规范 (或标准)。例如，《家用水表数据采集》项目的采集规范中，需要抽象出该项目涉及的相关动作及每个动作的相关规范，如衣着规范、携带工具规范、入户规范、拍照规范、上传图片规范、数据校核规范等。

- 构造采集设备。不同对象的现场数据采集，需要研制（或构造）相应的数据采集设备。例如，《家用水表数据采集》项目需要专用手机或 PDA 终端，该设备应具备近场通信 (near field communication，NFC) 功能。
- 实施采集过程。针对项目要求，并基于上述工作基础，完成数据采集工作，形成一次数据资产产品。

4.3.3 半人工采集技术

半人工采集技术，又称半自动采集技术，是指基于人工手持设备获取数据所涉及的相关技术。其中，手持设备包括手机、PDA、其他专用终端设备（如超市二维码收款终端）。

半人工采集技术主要包括（不限于）RFID 法、二维码法、条形码法。

1. RFID 法

RFID(radio frequency identification) 法，又称射频识别法，是目前采集实体数据源（如物联网设备）数据的主流方法。其基本思想是：将 RFID 芯片（或电子标签）置入或装配至物理设备上，并利用手持终端或专用设备，获取该物理设备的相关数据。其中，RFID 芯片分为低频、高频、超高频和微波四大类，其主要特性如表 4-1 所示。

表 4-1 RFID 芯片的主要特性

频率分类	低频	高频	超高频	微波
工作频率	125kHz 或 134.2kHz	12.56MHz	860~960MHz	2.45GHz 和 5.8GHz
符合标准	ISO/IEC18000-2 ISO11784/5	ISO/IEC18000-3 ISO14443	ISO/IEC18000-6 ISO/IEC18000-C	ISO10374 ISO/IEC18000-4
数据速率	低 (8kbps)	较高 (106kbps)	高 (640kbps)	高 ($\geq$ 1Mbps)
作用距离	$\leq$ 60cm	1cm ~ 1m	1m ~ 10m	25cm ~ 50cm
应用场景	身份识别、考勤系统等	物流管理公交卡、一卡通等	物流管理、高速公路收费等	集装箱管理、移动车辆识别等

针对具体的工程项目（以下简称项目），使用 RFID 法，一般包括 3 个步骤：置入或装配 RFID 于物理设备、研购 RFID 识别终端、实施数据采集。

- 置入或装配 RFID 于物理设备：将 RFID 芯片安全可靠地置入或装配至物理设备上。该工作涉及 RFID 芯片的封装技术和安全技术。其中，封装技术是研究如何将 RFID "生长到物理设备上" 的相关技术；安全技术则是指确保 RFID 能正常可靠工作的相关技术，如防拆卸技术、防碰撞技术、耐高温技术等。
- 研购 RFID 识别终端：自主研制或在外购置 RFID 识别终端设备，该终端能识别上述物理设备上的 RFID 数据。
- 实施数据采集：针对项目要求，并基于上述工作基础，完成数据采集工作，并形成一次数据资产。目前，主要有两种采集模式：一是物理设备固定、识别终端设备移动（如人工手持终端设备、机器人持终端设备）模式，如家用水表的数据采集；二是物理设备移动、识别终端设备固定模式，如高速公路上的汽车数据采集。

2. 二维码法

二维码法是目前采集实体数据源（如个人手机微信）数据的主流方法。其基本思想是：将二维码图案置入或粘贴至物理设备上，并利用手持终端或专用设备，获取该物理设备的相关数据。其中，二维码是由二维平面内特定分布的黑白图块组成的图案，如图 4-4 所示。

图 4-4　二维码图案

针对具体的工程项目，使用二维码法，一般包括三个步骤：置入或粘贴二维码图案于物理设备，研购二维码识别终端，实施数据采集。

- 置入或粘贴二维码图案于物理设备：将二维码图案安全可靠地置入物理设备或粘贴至物理场景某物体上。例如，将手机微信二维码置于个人手机的微信系统，将停车场收费二维码置于该场地的多个设施（如车库出口处、车库墙上等）。
- 研购二维码识别终端：自主研制或在外购置二维码识别终端设备，该终端能识别上述物理设备上的二维码数据。例如，停车场收费二维码的识别设备是车主的手机。
- 实施数据采集：针对项目要求，并基于上述工作基础，完成数据采集工作，并形成一次数据资产。

3. 条形码法

条形码法是目前采集实体数据源（如超市物品）数据的主流方法。其基本思想是：将条形码图案置入或粘贴至物品上，并利用手持终端或专用设备，获取该物品的相关数据。其中，条形码图案由黑纹、白纹、阔纹、窄纹等 4 类一维条纹组成，如图 4-5 所示。

123456

图 4-5　条形码图案

条形码法的使用步骤与二维码法类似，此处略。

4.3.4　自动采集技术

自动采集技术，又称全自动采集技术，是指不需要人工参与、直接使用 ICT 设施便可获取数据所涉及的相关技术。自动采集方式的重要特点是：在获取数据过程中，不需要人工介入和参与。

针对所采用的 ICT 设施不同，自动采集技术主要包括（不限于）感知设备法、OPC 通信法、程序接口法。

1. 感知设备法

感知设备法是目前采集实体数据源（如物联网设备、工业现场设备等）数据的主流方法。其基本思想是：将感知设备安装在物理设备上或物体场景中，依据这些感知设备实时地获取物理设备上或物体场景中的相关数据，并由此形成一次数据资产。

- 感知设备：是指实体传感器、音频感知设备、视频感知设备等设备。其中，实体传感器是获取实体数据源数据的敏感元件或转换元件，针对被测对象（即实体数据源）不同，它又分为温度、压力、流量、物位、加速度、速度、位移、转速、力矩、湿度、黏度、浓度等不同类别传感器；音频感知设备是指用来接受声音（或声波）的设备，如话筒（麦克风）、录音笔、录音机等；视频感知设备是指用来获取图形、图像的设备，如多谱图像仪、摄像头、摄像机等。
- 安装感知设备在物理设备上：将传感器置入物理设备，以获取相关数据。例如，为了获取锅炉的温度，需要将温度传感器置入锅炉中。
- 安装感知设备在物体场景中：将感知设备置入物体场景，以获取相关数据。例如，为了获取城市某"背街小巷"的视频信息，需要将摄像头安装在该"背街小巷"中某关键设施（如电线杆）上。
- 实时：这里指"及时"，即在规定的短时间内（≤ 1s 或 ≤ 1ms）——近似"同步"地获取感知对象的相关数据。

2. OPC 通信法

OPC(OLE for process control，OLE 即 object linking and embedding) 通信法是目前工业领域自动获取工业实体数据源（如数控机床的）数据的重要方法。其基本思想是：基于 OPC 接口标准、OLE/COM 通信标准，实时采集工业实体数据源数据，并由此形成一次数据资产。

- OPC 接口标准：一套面向工业领域的数据交换接口标准，该标准旨在实现各类工业现场设备（如来自多个厂商的设备）间的互联互通、即插即用。OPC 规范了接口函数，不管现场设备以何种形式存在，用户均可以统一的方式去访问。
- OLE/COM 通信标准：一套可实现与编程语言无关的对象通信而制定的通信标准，该标准将操作系统下的对象定义为独立单元，并且可不受程序限制地访问这些单元，以实现两个应用程序间通过对象化接口进行通信。例如，用户用 C++ 语言创建一个 Windows 对象，它支持一个接口；用户可以用其他语言（如 Visual Basic、Pascal、Smalltalk 等）编写上述对象访问程序，以访问对象提供的各种功能，从而实现两个程序的通信。
- 工业实体数据源：既可以是现场的工业设备，如数控机床、冶金加热炉、工业自动化生产线等；也可以是具体的工业控制系统，如 PLC(programmable logic controller) 可编辑逻辑控制器系统、DNC(distributed numerical control) 分布式数控系统、DCS(distributed control system) 分散控制系统、SCADA(supervisory control and data acquisition) 数据采集与监视控制系统，等等。

3. 程序接口法

程序接口法是目前采集组织数据源 (如关系数据库)、工业实体数据源 (如非标设备) 数据的常用方法。其基本思想是：基于 SDK、API、数据采集软件等，获取组织数据源、工业实体数据源，并由此形成一次数据资产。

- SDK：是指软件开发工具包 (software development kit，SDK)，该工具包提供数据通信功能，用户可以直接用 SDK 获取数据源数据；或者，用户基于 SDK 做简单的二次开发并形成数据采集软件，再由此获得数据源数据。
- API：是指应用程序接口 (application programming interface，API) 函数，用户通过调用 API 函数来形成数据采集软件，再由此获得数据源数据。
- 组织数据源：组织机构的相关数据，如省市城市管理局的市政设施数据库、市容环卫数据库、园林绿化数据库等。
- 工业实体数据源：特指相关非标准化设备 (简称非标设备) 涉及的相关数据 (注：如果工业实体是标准化设备，则可以用 OPC 通信法实现通信)。

4.4　数据采集质量控制技术

鉴于本书第 3 章介绍了数据质量的概念及相关技术，本节仅简略介绍与数据采集强关联的相关质量控制技术。

4.4.1　数据采集质量控制原则

数据采集质量控制原则主要有 6 个：完整性原则、及时性原则、准确性原则、一致性原则、唯一性原则、有效性原则。这 6 个原则体现在了数据质量的 6 个特性，这些原则 (特性) 的内涵、监控规则、评价指标计算方法详见第 3 章。

4.4.2　数据采集质量控制模式

数据采集质量控制模式包括三种：数据清洗、数据转换、数据整理。

1. 数据清洗

数据清洗主要包括分析数据源、定义清洗规则、执行清洗规则、验证清洗结果等 4 个管控过程。

- 分析数据源：对数据源进行分析，及时发现数据源存在的质量问题。
- 定义清洗规则：包括空值的检查和处理、非法值的检测和处理、不一致数据的检测和处理、相似重复记录的检测和处理等。

- 执行清洗规则：依据定义的清洗规则，补足残缺 / 空值，纠正不一致、完成数据拆分、数据合并或去重、数据脱敏、数据去噪等。
- 验证清洗结果：对定义的清洗方法的正确性和效率进行验证与评估，对不满足清洗要求的清洗方法进行调整和改进。

2. 数据转换

即对数据的标准代码、格式、类型等进行转换。必要时，可建立"数据转换规则表"。

3. 数据整理

即通过数据聚合、数据归类、数据关联等方法，分析采集的数据，形成上下文完整有效的数据，进而形成一次数据资产。

4.4.3　数据采集质量评价方法

数据采集质量评价方法主要有两种：定性评价法和定量评价法。其中，定性评价法是指根据事先确定的评价指标，对数据的安全性、目的、用途、日志及用户自定义项目进行评价；定量评价法是指利用相关评价模型，采用全数检查或抽样检查方式，对采集数据进行量化评价，具体评价模型详见第 3 章。

4.5　数据采集安全控制策略

4.5.1　数据采集安全控制要求

数据采集安全控制要求主要包括 6 个方面：数据采集的总体要求、采集数据的分类分级要求、数据资产权属人的授权要求、数据采集人的安全要求、数据采集过程的溯源要求、数据采集工作的审计要求。

- 数据采集的总体要求：应符合国家标准《信息安全技术 网络安全等级保护基本要求》(GB/T22239—2019) 对数据应用安全的相关要求。
- 采集数据的分类分级要求：应对采集对象的相关数据进行分类分级，针对不同类别、级别的数据，采取不同采集措施 (含方法、手段、路径等) 进行采集。
- 数据资产权属人的授权要求：在采用人工采集或半人工采集方式对数据对象 (个人或组织) 进行数据采集前，应获得数据资产权属人的授权方可进行采集；在采用自动采集方式 (如汽车数据采集) 自动获取数据对象 (个人或组织) 数据后，必须采用相关"数据采集后安全措施 (如后授权模式)"方可做后续处理 (如传输、存储、出境、使用等)。

- 数据采集人的安全要求：对于参与采集数据的个人(或组织代表)，应知晓数据采集涉及的相关法律法规(如《中华人民共和国数据安全法》《中华人民共和国个人信息保护法》等)，采取适当的技术手段(如研制数据采集平台)，明确采集人身份及其采集权限，合法合规地采集数据。
- 数据采集过程的溯源要求：应采用相应的措施跟踪、记录数据采集过程，实现数据采集溯源，并且溯源后的数据能重现数据采集相关过程。
- 数据采集工作的审计要求：一项完整的数据采集工作(或数据采集项目)，应经得起数据安全主管部门(如互联网办公室)的合规合法审计。

4.5.2　数据采集安全控制策略

数据采集安全控制策略主要有6种：标识采集数据、设立授权机制、制定管理办法、监控采集数据、制订应急预案、评估过程安全、采用技术手段。

- 标识采集数据：在数据采集前，依据数据资产权属机构的安全要求，对所需采集的数据(简称采集数据)进行分类分级标识。
- 设立授权机制：在数据采集前，针对数据采集人员综合素质(含学历、经历、能力等)，制定其数据权限控制机制(含采集、传输、存储等)，尤其要确定其数据采集权限，明确其采集的具体"分类分级标识"数据，且不能越权采集。
- 制定管理办法：在数据采集前，制定数据采集管理办法，明确数据采集操作规范(如数据格式、数据质量、操作流程等)、采集原则(如目的、用途、合法性、合规性等)、安全要求(如数据传输安全要求、存储安全要求、出境要求等)，等等。
- 监控采集数据：在数据采集中，监控采集数据使用状况，防止采集数据被非法访问、破坏、篡改、丢失、内部泄密等。
- 制订应急预案：制订数据采集安全应急响应预案(含处置措施)，并定期进行应急演练，及时发现并处理数据采集中的安全问题。
- 评估过程安全：定期对数据采集过程的安全性进行风险评估，并据此制订相应的风险处理计划，及时排查安全漏洞。
- 采用技术手段：在数据采集周期内，应尽可能地使用数据安全技术，确保采集的数据资产(含一次数据资产、二次数据资产、三次数据资产)安全，如数据备份与恢复技术、数据审计技术、数据加密技术、数据脱敏技术、数据销毁技术等。

4.6 数据采集综合案例：汽车数据采集及其安全控制策略

1. 案例背景

汽车是当下广大人民群众的基本出行工具，随着互联网汽车、智能汽车的不断发展，汽车的数据采集功能越来越丰富，所采集的数据量也越来越大，甚至包含一些敏感数据（如乘客个人隐私数据、汽车位置数据、运行轨迹数据等），凸显出汽车数据采集的安全风险。因此，研究汽车数据采集技术并分析其安全问题，对提高广大民众的出行效率、保护民众的个人信息安全，意义重大。

2. 汽车数据采集技术

汽车数据采集采用感知设备法。感知设备包括（不限于）车载摄像头、车载雷达、红外传感器、指纹传感器、麦克风、温度传感器、车速传感器、轴转速传感器、压力传感器、PM2.5 传感器等。

3. 汽车数据采集范围

汽车数据采集主要包括 4 类数据：车外数据、座舱数据、运行数据、位置轨迹数据。

(1) 车外数据

车外数据是指通过车载摄像头、雷达等传感器从汽车外部环境采集的数据，如道路数据、建筑数据、地形数据、交通参与者数据等。其中，交通参与者数据包括其他交通工具（如汽车、摩托车、自行车等）的驾驶员与乘员的人脸数据、车牌数据，以及车辆流量数据、物流数据等。

(2) 座舱数据

座舱数据是指通过车载摄像头、红外传感器、指纹传感器、麦克风等传感器从汽车座舱采集的数据，以及对其进行加工后产生的数据。例如，汽车本身的操控记录数据及驾驶员和乘员的人脸、声纹、指纹、心律等个人数据。

(3) 运行数据

运行数据是指通过车载温度传感器、车速传感器、轴转速传感器、压力传感器、PM2.5 传感器等从动力系统、底盘系统、车身系统、舒适系统等电子电气系统采集的数据，包括整车控制数据、运行状态数据、系统工作参数、操控记录数据等。

(4) 位置轨迹数据

位置轨迹数据是指基于卫星定位、通信网络等各种方式获取的汽车定位和途经路径涉及的相关数据。

4. 汽车数据采集安全策略

汽车数据采集安全措施有传输安全策略、存储安全策略、出境安全策略等。

(1) 传输安全策略

传输安全策略包括以下内容。

● 汽车不应通过网络向外传输座舱数据。其中，网络是指移动通信网络、无线局域网、充电桩接口等。

- 未经个人信息主体单独同意，汽车不应通过网络向外传输包含其个人信息的车外数据，有关特殊情形 (如已进行匿名化处理的视频图像数据、行政管理及执法部门要求提供数据等) 除外。

(2) 存储安全策略

存储安全策略包括：车外数据、位置轨迹数据在远程信息服务平台等车外位置中保存时间均不应超过 14 天，有关特殊情形 (如生产经营者可控的位置轨迹数据、专用测试车辆数据等) 除外。

(3) 出境安全策略

出境安全策略包括以下内容。

- 车外数据、座舱数据、位置轨迹数据不应出境 (如跨境进行商业交易)。
- 运行数据如需出境，应当通过国家网信部门组织开展的数据出境安全评估。

其他安全策略有：汽车制造商应对整车的数据安全负责；汽车制造商应全面掌握其生产的整车所含各零部件采集、传输数据的情况，对零部件供应商处理汽车采集数据的行为进行约束和监督；汽车制造商应将汽车采集数据向外传输的完整情况对用户披露。

参考文献

[1] 陈庄，刘加伶，成卫 . 信息资源组织与管理 [M]. 3 版 . 北京：清华大学出版社，2020.

[2] 中华人民共和国国家标准 GB/T 36625.3—2021. 智慧城市 数据融合 第 3 部分：数据采集规范 [S].

[3] 李康，姜开宇，赵骥 . 面向 MES 的数据采集技术综述 [J]. 模具制造，2018，18(03):66-70.

[4] 中华人民共和国国家标准 GB/T 22239—2019. 信息安全技术　网络安全等级保护基本要求[S].

[5] 中华人民共和国国家标准 GB/T 38619—2020. 工业物联网　数据采集结构化描述规范 [S].

[6] 中华人民共和国国家标准 GB/T 35290—2017. 信息安全技术　射频识别 (RFID) 系统通用安全技术要求 [S].

[7] 全国信息安全标准化技术委员会行业标准 TC260—001. 汽车采集数据处理安全指南 [S].

[8] 李萍 . 网络信息资源的采集策略 [J]. 科技情报开发与经济，2006(08):59-60.

复习题

一、单选题

1. 数据采集是数据全生命周期的（　　）。

A. 首要阶段　　　　　　B. 第二阶段　　　　　C. 第三阶段　　　　　D. 最末阶段

2. 个人在实践过程中掌握的并通过口头交流或问卷调查方式传递的各种数据称为（　　）。

A. 个人工作数据　　　　　　　　　　B. 个人衍生数据

C. 个人网络标识数据　　　　　　　　D. 个人身体数据

3. 组织数据包括公益型组织数据和（　　）。

A. 政府组织数据　　B. 事业单位数据　　C. 商业型组织数据　　D. 非营利型数据

4. 各种实物中产生、收集的数据称为（　　）。

A. 组织数据　　　　B. 实体数据　　　　C. 个人数据　　　　D. 网络数据

5. 组织机构官方网站上公开发布的数据称为（　　）。

A. 组织数据　　　　B. 实体数据　　　　C. 个人数据　　　　D. 网络数据

6. 期刊《计算机学报》的论文信息属于（　　）。

A. 实体数据　　　　B. 文献数据　　　　C. 组织数据　　　　D. 个人数据

7. 面向网络数据源的数据采集方法是（　　）。

A. OPC 通信法　　　B. 网络爬虫法　　　C. 程序接口法　　　D. 现场采集法

8. 人需要到现场并利用相关设施设备进行数据采集的方法称为（　　）。

A. 现场采集法　　　B. 网络爬虫法　　　C. 程序接口法　　　D. OPC 通信法

9. 手机微信可通过（　　）进行添加。

A. RFID 芯片　　　　B. 一维码　　　　　C. 二维码　　　　　D. 条形码

10. 在数据采集前，数据采集机构应对所需采集的数据进行（　　）。

A. 分类分级标识　　B. 重要程度标识　　C. 量化等级标识　　D. 安全应急标识

二、多选题

1. 数据采集流程主要由（　　）等构成。

A. 数据源　　　　　B. 数据采集手段　　　C. 数据质量控制　　D. 数据安全控制

2. 数据源包括（　　）。

A. 个人数据　　　　B. 实体数据　　　　C. 数据库数据　　　D. 网络数据

3. 数据采集技术包括（　　）。

A. 机械采集技术　　B. 人工采集技术　　C. 半人工采集技术　　D. 自动采集技术

4. 数据采集成果包括（　　）。

A. 数据资产　　　　B. 数据融合库　　　C. 科技成果　　　　D. 新产品成果

5. 数据采集周期内，应保证数据的（　　）。

A. 完整性　　　　　B. 准确性　　　　　C. 唯一性　　　　　D. 有效性

6. 数据采集原则主要有（　　）。

A. 时效性原则　　　B. 安全性原则　　　C. 真实性原则　　　D. 系统性原则

7. 下述信息中属于个人自然数据的有（　　）。

A. 个人工作信息 B. 个人生物识别信息

C. 个人网络标识信息 D. 个人身体信息

8. 个人衍生数据主要具有（　　）特点。

A. 及时性 B. 新颖性 C. 误导性 D. 随意性

9. 组织数据源具有（　　）特点。

A. 权威性 B. 普适性 C. 安全性 D. 垄断性

10. 网络数据具有（　　）特点。

A. 类型多样性 B. 动态性 C. 质量差异性 D. 安全可控性

11. 文献数据具有（　　）特点。

A. 系统性 B. 易用性 C. 稳定性 D. 时滞性

12. 人工采集技术包括（　　）方法。

A. 问卷调查法 B. 文献检索法 C. 现场采集法 D. 网络爬虫法

13. 自动采集数据包括（　　）方法。

A. 感知设备法 B. 网络爬虫法 C. OPC 通信法 D. 程序接口法

14. RFID 芯片分为（　　）等类别。

A. 微波 B. 超高频 C. 高频 D. 低频

15. 工业控制系统包括（　　）系统。

A. PLC B. DNC C. DCS D. SCADA

16. 数据采集质量控制模式包括（　　）。

A. 数据采集 B. 数据清洗 C. 数据转换 D. 数据整理

17. 数据采集质量评价方法主要有（　　）。

A. 定性评价法 B. 定量评价法 C. 现场评价法 D. 问卷评价法

18. 数据资产包括（　　）。

A. 一次数据资产 B. 二次数据资产 C. 三次数据资产 D. 四次数据资产

19. 汽车数据采集采用的感知设备包括（　　）。

A. 车载摄像头 B. 红外传感器 C. 车速传感器 D. PM2.5传感器

20. 汽车的（　　）数据不应出境。

A. 车外数据头 B. 操控记录数据 C. 座舱数据 D. 位置轨迹数据

三、判断题

1. 数据安全控制是数据采集流程中的重要工作。（　　）

2. 个人数据包括个人掌握的数据。（　　）

3. 企业的工艺数据属于公益型组织数据。（　　）

4. 政务数据属于商业型组织数据。（　　）

5. 工业现场设备产生的数据属于实体数据。（　　）

6. 文献检索法是科技界、教育界的学者获取图书、论文等信息的主要方法。（　　）

7. 实时是指在规定的短时间内获取感知对象的相关数据。（　　）

8. OPC 是一种面向工业领域的数据交换接口标准。（　　）

9. SDK 是一种工业控制系统。　　　　　　　　　　　　　　　　（　　）

10. 应获得数据资产权属人的授权方可对其进行数据采集。　　　　（　　）

11. 数据采集工作应经得起数据安全主管部门的合规合法监管要求。（　　）

12. 汽车驾驶员和乘员的相关数据 (如人脸、声纹等) 不属于汽车座舱数据。（　　）

13. 汽车的位置轨迹数据可以跨境进行商业交易。　　　　　　　　（　　）

四、简答题

1. 简述数据采集技术的分类情况。

2. 简述实体数据的主要特征。

3. 简述数据的人工采集技术的主要方法。

4. 简述 RFID 法的主要步骤。

5. 简述数据采集的质量控制模式。

6. 简述数据采集的安全控制要求。

五、论述题

1. 针对自己的经历或经验，论述你最熟悉的文献数据的使用方法及心得体会。

2. 就你所认知的数据采集安全问题，谈谈个人信息保护的重要性。

第 5 章

数据加密技术

数据加密技术是数据全生命周期安全防护的核心技术，对于防止数据泄露、保护数据完整性具有不可或缺的作用。本章将介绍数据加密的概念、国外主要数据加密算法、国内主要数据加密算法，并给出数据加密综合案例。

5.1 数据加密的相关概念

5.1.1 数据加密的概念

数据加密涉及诸多概念，如加密、解密、密码、商用密码等，以下简单介绍。

1. 加密

数据加密是指将普通数据（明文）转换成难以理解的数据（密文）的过程。

2. 解密

数据解密是指将密文还原成明文的过程。

3. 密码

密码有多种定义，包括学术定义、工程定义、法律定义。

(1) 学术定义

从学术角度，密码是指按约定规则，为隐藏数据原形而生成的一组具有随机特性的特定数据符号。

(2) 工程定义

从工程角度，密码是指使用特定变换对数据等信息进行加密保护或者安全认证的物项和技术。

- 加密保护：是指使用特定变换，将原始信息变成攻击者不能识别的符号序列，从而保护信息的机密性（防泄密）。
- 安全认证：是指使用特定变换，确认信息是否被篡改、是否来自可靠信息源及确认信息发送行为是否真实等，从而保护信息来源的真实性（防假冒）、数据的完整性（防篡改）和行为的不可否认性（抗抵赖）。
- 物项：是指实现加密保护或安全认证功能的设备与系统。
- 技术：是指利用物项实现加密保护或安全认证功能的方法或手段。

(3) 法律定义

从法律角度，《中华人民共和国密码法》给出的定义是：密码是指采用特定变换的方法对信息等进行加密保护、安全认证的技术、产品和服务。

4. 商用密码

商用密码，也称国产密码，是指对不涉及国家秘密内容的信息进行加密保护或者安全认证所使用的密码技术和密码产品。

《中华人民共和国密码法》将密码分为核心密码、普通密码和商用密码。其中，核心密码、普通密码用于保护属于国家秘密的信息；商用密码用于保护不属于国家秘密的信息。

5.1.2 数据加密技术的组成

数据加密技术，简称密码技术，由密码算法、密钥管理、密码协议三部分组成。其中，密码算法是核心，密钥管理是重点，密码协议是保障。

1. 密码算法

常用的密码算法(即数据加密算法)主要包括 4 类：对称加密算法、非对称加密算法、散列算法、随机数生成算法。

(1) 对称加密算法

对称加密算法，又称共享密钥加密算法，其主要特点是：发送者(加密方)和接收者(解密方)均使用同一个密钥对数据进行加密和解密，如图 5-1 所示。

- 数据加密过程：在对称加密算法中，数据发送方将明文(原始数据)和加密密钥一起经过特殊加密处理，生成复杂的加密密文进行发送。
- 数据解密过程：数据接收方收到密文后，若想读取原数据，只有用加密时用的密钥对加密的密文进行解密，才能使其恢复成可读明文。

使用对称加密算法的先决条件：要求加密、解密双方都必须事前知道加、解密的密钥。

国内外常见的对称加密算法有：DES、AES、SM4、祖冲之密码 (ZUC) 等。

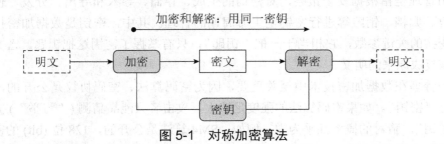

图 5-1 对称加密算法

(2) 非对称加密算法

非对称加密算法，又称公钥密码算法，其主要特点是：发送者(加密方)和接收者(解密方)使用两个成对出现的、不同的密钥对数据进行加密和解密，如图 5-2 所示。其中，对于加密密钥，可以对外公开(又称为公钥)；对于解密密钥，用户自己唯一拥有(称为私钥)。

- 如果使用公钥对数据进行加密，只有用对应的私钥才能进行解密。

- 如果使用私钥对数据进行加密，只有用对应的公钥才能进行解密。

使用非对称加密算法的先决条件：公钥和私钥必须成对出现。

国内外常见的非对称加密算法有：RSA、SM2、SM9 等。

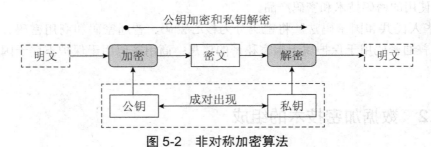

图 5-2　非对称加密算法

(3) 散列算法

散列算法，又称杂凑算法或哈希函数，其主要特点是：把任意长度的输入数据串变成固定长度的输出串的一种函数，即输入长度是任意的、输出长度是固定的，如图 5-3 所示。其中，输出串称为输入数据串的杂凑值或散列值。

国内外常见的散列算法有：MD5、SHA 系列算法、SM3 等。

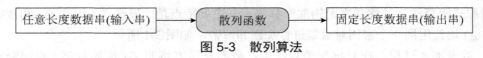

图 5-3　散列算法

(4) 随机数生成算法

随机数生成算法，又称生成伪随机序列算法，它通常由随机数发生器和后续处理函数组成。其中，随机数发生源用于提供随机种子，后续处理函数则用于平衡随机数的质量。

随机数生成算法的主要作用是生成随机密钥，随机密钥要求具备随机性、不可推测性、不可重复性等要求，同时符合密码含义标准《GM/T0005—2012 随机性检测规范》。

2. 密钥管理

密钥管理是指根据安全策略，对密钥的生成、存储、导入和导出、分发、使用、备份和恢复、归档、销毁等进行密钥全生命周期的管理。其中，密钥是数据加密技术中控制密码变换的关键参数，它相当于一把"钥匙"，只有掌握了密钥这把钥匙，密文才能被解密、恢复成原来的明文。

密钥管理在数据加密技术中至关重要，因为密码算法、密码协议是公开的，需要保密的只有"密钥"。如果密码算法的强度足够大，攻击者只能靠猜测（"穷举"）方法进行破译"密钥"，猜对的概率几乎为零。例如，SM4 算法是公开的，128 位 (bit) 的密钥需要保密，若攻击者获取了密文，要破解其密钥，需要试验 2^{128} 次，即使使用超级计算机（每秒试验 10 万亿个密钥），仍需要试验 108 亿亿年。

3. 密码协议

密码协议是指两个或两个以上的参与者为了达到某种特定目的而采取的一系列步骤。

密码协议有三点基本要求：有两个或两个以上的参与者，且有明确的目的；规定了一系列有序执行的步骤，必须依次执行；参与者必须了解、同意并遵循这些步骤。

常用密码协议有：密钥交换协议、IPSec VPN 协议、SSL VPN 协议等。

5.1.3　数据加密技术的作用

数据加密技术的作用是隐藏或保护需要保密的数据，使未授权者不能提取数据。

具体而言，数据加密技术的作用是实现数据的 4 个保护：数据访问的合法性、数据记录的机密性、数据记录的完整性、数据操作行为的不可否认性。

- 数据访问的合法性：防假冒，使非法用户（假冒人员）"访不了"数据。
- 数据记录的机密性：防泄密，使非法用户（假冒人员）"看不懂"数据。
- 数据记录的完整性：防篡改，使非法用户（假冒人员）"改不了"数据。
- 数据操作行为的不可否认性：抗抵赖，使非法用户（假冒人员）"赖不掉"对数据的修改、删除、增加等操作。

5.2　国外主要数据加密算法

5.2.1　DES 对称加密算法

1. DES 概述

DES 是数据加密标准 (data encryption standard) 的简称，是由 IBM 公司于 1970 提出的，也是全球第一个被公布出来的加密算法。

DES 算法的入口参数有三个：Key、Data、Mode。其中 Key 为 8 个字节，共 64 位，是 DES 算法的工作密钥；Data 也为 8 个字节，共 64 位，是被加密或被解密的数据；Mode 为 DES 的工作方式，包括加密和解密方式。

DES 算法的工作模式：如 Mode 为加密，则用 Key 对明文数据 Data 进行加密，生成 Data 的密文数据 (64 位) 作为 DES 的输出结果；如 Mode 为解密，则用 Key 对密文数据 Data 进行解密，将其还原为 Data 的明文数据 (64 位) 作为 DES 的输出结果。

DES 可提供 7.2×10^{16} 个密钥，若用每微秒可进行一次 DES 加密的计算机来破译密码，需要 2000 年。

2. DES 加密流程分析

DES 算法流程如图 5-4(b) 所示，它主要包括下述 4 个步骤。

① 初始化：对输入的明文进行分组，每组为 64 位；对初始密钥进行初始置换，去掉 64 位密钥 (数据块) 中的第 8、16、……、64 位等 8 位奇偶校验位，形成 56 位作为有效的密钥长度。

② 初始置换：将明文分组分成均为 32 位长的左半部分和右半部分。

③ 加密运算：进行 16 轮加密运算 (函数 f 运算)，其中每轮密钥为 48 位。

④ 末置换：又称初始置换的逆置换，产生 64 位的密文。

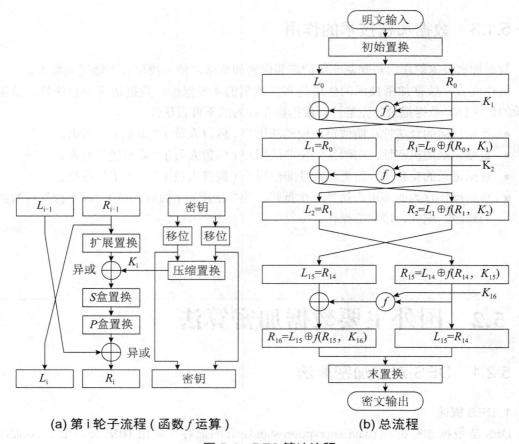

(a) 第 i 轮子流程（函数 f 运算）　　　　(b) 总流程

图 5-4　DES 算法流程

其中，16 轮加密运算（函数 f 运算）的第 i 轮子流程如图 5-4(a) 所示，它主要包括两个子流程：一是子密钥 K_i 的计算，二是函数 $f(R_{i-1}, K_i)$ 的计算。

(1) 子密钥 K_i 的计算

子密钥 K_i 的计算主要包括下述两个步骤。

① 密钥移位：按"移位规则"进行密钥位移位。

② 密钥压缩：按"压缩置换规则"将 56 位密钥压缩成 48 位。

(2) 函数 $f(R_{i-1}, K_i)$ 的计算

函数 $f(R_{i-1}, K_i)$ 的计算主要包括以下步骤。

① 扩展置换：扩展置换是按照"扩展置换规则"将右半部分 R_{i-1} 从 32 位扩展至 48 位。

② 密钥异或：将上述经扩展置换后的 R_{i-1}（48 位）与子密钥 K_i（48 位）按位进行异或运算。

③ S 盒置换：将第②步得到的 48 位数据置换成 32 位。

④ P 盒置换：又称为直接置换或单纯置换，是按照一定的"置换规则"将第③步得到的 32 位数据置换成另外 32 位数据，且任一位不能被置换两次，也不能被忽略。

DES 算法虽然安全系数高，加密速度快，适合对大量数据进行加密，但是随着现代技术的发展和对其研究的深入，它也存在一些缺陷，如密钥长度相对较短、密钥空间容量较小、存在弱密钥和半弱密钥等。

5.2.2 AES 对称加密算法

1. AES 概述

AES 是高级数据加密标准 (advanced encryption standard) 的简称，它由比利时科学家 Joan Daemen 和 Vicent Rijmen 提出，并于 2000 年 10 月由美国国家标准与技术研究院 (National Institute of Standards and Technology，NIST) 正式公布。

AES 属于迭代式的分组密码算法，其分组的长度与密钥的长度处于动态变化之中：当密钥长度为 128 位时，对应的加密轮数设置为 10 轮；密钥长度达到 192 位、256 位时，对应的轮数分别为 12 轮、14 轮。

2. AES 加密流程分析

AES 算法 (128 位) 共包括 10 轮加密处理，每轮均包括轮密钥加、S 盒字节替换、行位移、列混淆等操作。AES 算法加密流程如图 5-5 所示。

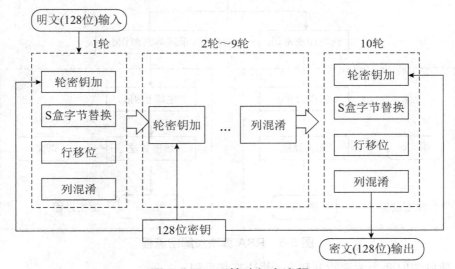

图 5-5 AES 算法加密流程

① 轮密钥加：基于比特对轮密钥与明文实施异或操作，即实现上一轮得到的明文值输出与对应的密钥进行异或，目的是掩盖传输中的明文数据。

② S 盒字节替换：采用非线性 S 盒来完成，为避免传统 S 盒迭代周期过短导致算法抗攻击能力减弱问题，此处为 S 盒更新仿射变换策略以增加迭代的周期，S 盒代数性质得到优化，更好地发挥抵抗数学攻击的作用，保障 AES 加密算法的可靠性。

③ 行移位：基于规则位移方法处理数据加密状态的"行"，以混淆矩阵基本处理单元的字节。

④ 列混淆：为提高加密算法扩散能力，混淆状态矩阵的"列"。

5.2.3　RSA 非对称加密算法

1. RSA 概述

RSA 是由 Rivest、Shamir 和 Adleman 三位学者于 1978 年共同提出并以其名字首个字母命名的一种非对称加密算法。其数学理论依据是：初等数论中的质数分解原理。众所周知，将两个质数相乘，乘积是很容易算出的；但反过来，要将这个乘积值再分解成原来的两个质数却相当困难了。据数学家推算，用可预测的未来计算能力分解两个 250 位长的质数的乘积要用几百万年。因此，如果 RSA 加密密钥长度足够大（如大于 500 位），则破解其解密密钥几乎不可能。

2. RSA 加密流程分析

RSA 算法加解密流程如图 5-6 所示，具体过程描述如下。

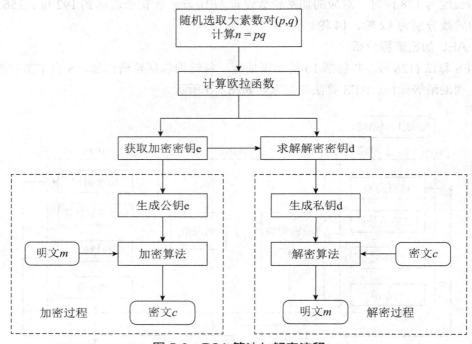

图 5-6　RSA 算法加解密流程

(1) 随机选取两个大素数 p 和 q，并计算其乘积 $n = pq$。

(2) 计算欧拉函数 $\phi(n) = (p-1)(q-1)$。

(3) 获取加密密钥 e(公钥)：随机选取加密密钥 e，使得 e 与 $\phi(n)$ 互素；

(4) 求解解密密钥 d(私钥)：满足

$$ed \equiv 1 \, mod \, \phi(n)$$

根据有关数学知识，可求得解密密钥 d 为

$$d = e^{-1} mod \, \phi(n)$$

(5) 公开 e 和 n，秘密保存 d，丢弃 p 和 q。

(6) 加密算法：将明文 $m(m<n$ 是一个整数) 加密成密文 c，加密算法为

$$c = E(m) = m^e mod n$$

(7) 解密算法：将密文 c 解密成明文 m，解密算法为

$$m = D(c) = c^d mod n$$

5.2.4 MD5 散列算法

1. MD5 概述

MD5 散列算法，简称 MD5 算法，是基于 Hash 函数 (也称散列函数、杂凑函数或哈希函数) 的信息摘要算法 (Message Digest Algorithm 5) 的简称，它是由美国密码学家 Ronald Linn Rivest 设计的，并于 1992 年公开。

MD5 算法的基本功能是将任意长度小于 2^{64} 比特的字符串 (即明文 X) 转化 (输出) 为 128 位二进制数 (即密文 h，$H(X)=h$)。

MD5 算法与其他 Hash 算法 (如 SHA) 一样，具有三个特征。一是单项性 (或不可逆转性)。只能把明文转换为密文，而密文是不能解密得到明文的。即任何给定的密文 h，找到满足 $H(X)=h$ 的 X 在计算上是不可行的。二是唯一性 (或抗弱碰撞性)。同样的明文加密后的密文是唯一的，而不同的明文加密得到的密文永远是不同的。即对任何给定的分组 X，找到满足 $Y \neq X$ 且 $H(Y) = H(X)$ 的 Y 在计算上是不可行的。三是抗强碰撞性。找到任意满足 $H(Y) = H(X)$ 的偶对 (X，Y) 在计算上是不可行的。

目前，MD5 算法广泛应用于数字签名、文件完整性验证 (数字指纹)、口令加密等网络安全领域。

2. MD5 加密流程分析

MD5 算法输入的是长度小于 2^{64} 比特的明文数据，并以 512 比特的分组为单位进行加密处理，输出的是 128 比特的密文数据 (信息摘要)。MD5 算法加密流程主要包括信息填充、结构初始化、文件分组、分组处理、输出结果等过程，如图 5-7 所示。

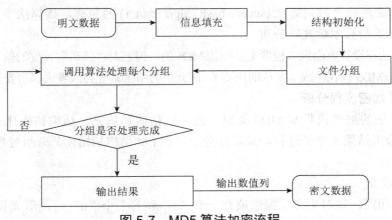

图 5-7 MD5 算法加密流程

(1) 信息填充

对明文数据填充一个"1"和若干个"0"，使其长度模 512 与 448 同余，此时明文长度为 $n \times 512 + 448$(bit)；然后，再将原始明文长度以 64 比特表示附加在上述填充后的明文后面，此时明文长度为 $n \times 512 + 448 + 64 = (n+1) \times 512$(bit)，即明文长度恰好为 512 比特的整数倍。

(2) 结构初始化

结构初始化，又称 MD 缓冲区初始化或链接变量初始化。MD 缓冲区用 4 个 32 位的寄存器 (A，B，C，D) 表示，这 4 个寄存器也称为链接变量 (chaining variable)，这些寄存器用于存储 MD5 函数计算前的初始值、计算出的散列值的中间结果及最后结果。其中，初始值由人工设定，其值 16 进制值分别为：A= 0x01234567，B=0x89ABCDEF，C=0xFEDCBA98，D=0x76543210。

(3) 文件分组

将填充好的文件 (明文数据) 进行分组，每组 512 比特，共有 n 组：$M_1, M_2, \cdots, M_n$。

(4) 分组处理

MD5 算法的分组处理 (压缩函数) 与分组密码 (如 DES、AES) 分组处理相似，对每一组分组数据 $M_1, M_2, \cdots, M_n$ 进行分组处理，共处理 n 次。以下介绍第 i 次处理过程。

将 512 比特的分组信息 M_i 均分为 16 个子分组 (每个子分组为 32bit)，以上轮 (i-1) 的寄存器变量值 A、B、C、D 为初始值，进行 4 轮处理 (每轮 16 步) 合 64 步处理；然后，再将得到的 4 个寄存器值 A、B、C、D 分别与寄存器变量初始值 A、B、C、D 进行模加，得到第 i 次分组处理的寄存器变量值 A、B、C、D。

(5) 输出结果

当全部分组数据处理完后，将最后输出的寄存器值 A、B、C、D 进行级联 ($A \| B \| C \| D$)，该级联结果即为 MD5 处理的结果：128bit 散列值。

5.2.5　SHA1 散列算法

1. SHA1 概述

SHA1 算法是安全散列算法 (secure hash algorithm 1) 的简称，该算法于 1995 年 4 月由美国国家标准与技术研究院公布。

SHA1 算法在设计方面很大程度上是模仿 MD5 的，但它对"任意"长度的信息生成 160 比特的信息摘要 (MD5 仅仅生成 128 位的摘要)，因此抗穷举搜索能力或者说保密安全能力更强。

2. SHA1 加密流程分析

SHA1 算法的加密流程与 MD5 类似，也是包括信息填充、结构初始化、文件分组、分组处理、输出结果 5 个子过程，只是部分子过程 (如结构初始化、分组处理等) 的处理内容不同而已。

(1) 信息填充

与 MD5 相同，将对明文数据经填充一个"1"和若干个"0"后，形成长度是 512 比特的整数倍的规范化新明文信息。

(2) 结构初始化

初始化 5 个寄存器 A、B、C、D、E(MD5 为 4 个): A=0x67452301，B=0 KEFCDAB89，C=0X98BADCFE, D=0x10325476,, E=0XC3D2E1F0

(3) 文件分组

与 MD5 相同，将填充好的文件 (明文数据) 进行分组，每组 512 比特，共有 n 组：$M_1,M_2,\cdots,M_n$。

(4) 分组处理

对每一组分组数据 $M_1,M_2,\cdots,M_n$ 进行分组处理，共处理 n 次。以下介绍第 i 次处理过程。

将 512 比特的分组信息 M_i，同上轮 $(i\text{-}1)$ 的寄存器 A、B、C、D、E 进行相关非线性运算 (含 4 轮处理合 80 步的循环处理、其他处理等)，得到第 i 次分组处理的寄存器变量值 A、B、C、D、E。

(5) 输出结果

当全部分组数据处理完后，将最后输出的寄存器值 A、B、C、D、E 进行级联（ $A\|B\|C\|D\|E$ ），该级联结果即为 SHA1 算法处理的结果：160bit 散列值。

SHA1 算法处理流程示意图，如图 5-8 所示。

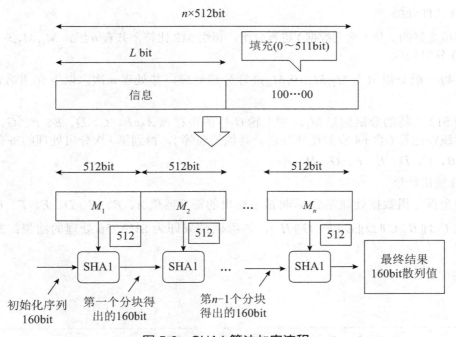

图 5-8　SHA1 算法加密流程

5.2.6　SHA2 散列算法

1. SHA2 概述

SHA2 算法是安全散列算法 (secure hash algorithm 2) 的简称，该算法于 2001 年 4 月

由美国国家标准与技术研究院公布。它属于 SHA 系列算法之一，是 SHA1 的后继者。

SHA2 包含 6 个算法标准，即：SHA224，SHA256，SHA384，SHA512，SHA512/224，SHA512/256。这些算法标准除了生成摘要的长度、循环运行的次数等一些细微差异，基本结构是一致的。本节仅介绍 SHA256。

2. SHA256 加密流程分析

SHA256 算法的加密流程与 SHA1 类似，也包括信息填充、结构初始化、文件分组、分组处理、输出结果等 5 个子过程，只是部分子过程 (如结构初始化、分组处理等) 的处理内容不同而已。

(1) 信息填充

对明文数据经填充一个 "1" 和若干个 "0"，使其长度模 512 与 448 同余。然后，在明文信息后附加 64 比特的长度块 (其值为填充前明文信息的长度)，进而形成长度是 512 比特的整数倍的规范化新明文信息。

(2) 结构初始化

初始化 8 个寄存器 A、B、C、D、E、F、G、H(SHA1 为 5 个)：A= 0x6A09E667，B=0xBB67AE85，C=0x3C6EF372，D=0xA54FF53A，E= 0x510E527F，F=0x9B05688C，G=0x1F83D9AB，H=0x5BE0CD19。

(3) 文件分组

将填充好的文件 (明文数据) 进行分组，每组 512 比特，共有 n 组：$M_1, M_2, \cdots, M_n$。

(4) 分组处理

对每一组分组数据 $M_1, M_2, \cdots, M_n$ 进行分组处理，共处理 n 次。以下介绍第 i 次处理过程。

将 512 比特的分组信息 M_i，同上轮 (i-1) 的寄存器 A、B、C、D、E、F、G、H 进行相关非线性运算 (含 64 步的循环处理、其他处理等)，得到第 i 次分组处理的寄存器变量值 A、B、C、D、E、F、G、H。

(5) 输出结果

当全部分组数据处理完后，将最后输出的寄存器值 A、B、C、D、E、F、G、H 进行级联 ($A \| B \| C \| D \| E \| F \| G \| H$)，该级联结果即为 SHA256 处理的结果：256bit 散列值。

5.3　国内主要数据加密算法

目前，国家已经公开发布的国产商用密码算法，按照类别可以分为三类：一是对称密码算法，主要是指 SM4；二是非对称密码算法，主要包括 SM2 和 SM9；三是密码杂凑算法，主要是指 SM3。本节将概要介绍这 4 种国产数据加密算法。

5.3.1 SM2 公钥密码算法

1. SM2 概述

SM2 公钥密码算法 (简称 SM2 算法)，又称 SM2 椭圆公钥密码算法或 SM2 非对称密码算法，是国家密码管理局于 2010 年 12 月首次公开发布的密码算法。

目前，基于 SM2 算法，已经形成若干中国商用密码行业标准，并上升到中国国家密码标准。SM2 相关国家 / 行业标准如表 5-1 所示。

表 5-1　SM2 相关的国家 / 行业标准

行业标准号	行业标准名称	国家标准号	国家标准名称
GM/T 0009—2012	SM2 密码算法使用规范	GB/T35276—2017	信息安全技术 SM2 密码算法使用规范
GM/T 0010—2012	SM2 密码算法加密签名消息语法规范	GB/T35275—2017	信息安全技术 SM2 密码算法加密签名消息语法规范
GM/T 0015—2012	基于 SM2 密码算法的数字证书格式规范	GB/T20518—2018	信息安全技术 公钥基础设施 数字证书格式
GMT 0034—2014	基于 SM2 密码算法的证书认证系统密码及其相关安全技术规范	GB/T25056—2018	信息安全技术 证书认证系统密码及其相关安全技术规范

随着信创技术个不断推进，SM2 算法已广泛应用于我国电子政务、移动办公、电子商务、移动支付、电子证书等领域，目前已形成商用密码产品 1000 余款、智能密码钥匙 5 亿余个、电子认证证书 1 亿余张。

2. SM2 流程分析

SM2 公钥加密算法可以实现对信息 M 的加解密。信息发送者 A 运用 SM2 加密算法和接收者 B 的公钥 P_B 对信息进行加密运算，形成密文；信息接收者 B 运用 SM2 解密算法和自己所拥有的私钥 d_B 对密文进行解密，还原成明文。

(1) SM2 加密流程

设需要加密的信息为比特串 M，M 的长度为 $klen$。信息发送者 A 使用公钥 P_B 对明文 M 进行加密处理，其加密流程如图 5-9(a) 所示，它需要完成下述操作步骤。

A1：用随机数发生器产生一个随机数 $k, k \in [1, n-1]$。

A2：计算椭圆曲线上的点 $C_1 = [k]$，$G = (x_1, y_1)$，将 C_1 的数据类型先转换成比特串。

A3：计算椭圆曲线上的点 $S = [h]P_B$，若 S 是无穷远点，则报错并退出。

A4：计算椭圆曲线上的点 $[k]P_B = (x_2, y_2)$，将 x_2、y_2 的数据类型转换成比特串。

A5：计算求出 $t = KDF(x_2 \| y_2, klen)$，若判断 t 为全 0 比特串，则返回第一步 A1 重新产生一个随机数。

A6：计算求出 $C_2 = M \oplus t$。

A7：计算求出 $C_3 = Hash(x_2 \| M \| y_2)$。

A8：最后，输出密文 $C = C_1 \| C_3 \| C_2$。

(2) SM2 解密流程

用户 B 作为信息接收者，收到信息 $C = C_1 \| C_3 \| C_2$ 后，使用 B 的私钥 d_B 对其进行解密（密文中 C_2 的长度为 $klen$ 比特），其解密流程如图 5-9(b) 所示，它需要完成下述操作步骤。

B1：从 C 中分解出比特串 C_1，其中将 C_1 的数据类型转换成椭圆上的点，验证 C_1 点是否在椭圆曲线上，如果不在，则报错并退出。

B2：计算椭圆曲线上的点 $S = [h]C_1$，判断 S 点的位置是否为无穷远点，若是，则报错并退出。

B3：计算 $[d_B]C_1 = (x_2, y_2)$，将 x_2、y_2 的数据类型转换成比特串。

B4：计算 $t = KDF(x_2 \| y_2, klen)$，判断 t 是否为全 0 比特串，若是，则报错并退出。

B5：从 C 中取出比特串 C_2，计算求出 $M' = C_2 \oplus t$。

B6：计算求出 $u = Hash(x_2 \| M' \| y_2)$，将 C_3 从 C 中分离出来，如果 $u \neq C_3$，则报错并退出。

B7：输出解密后的明文 M'。

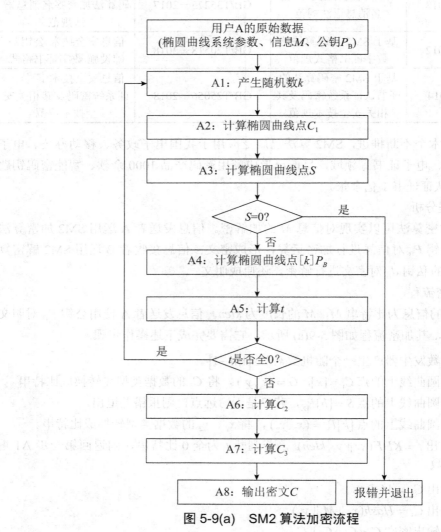

图 5-9(a)　SM2 算法加密流程

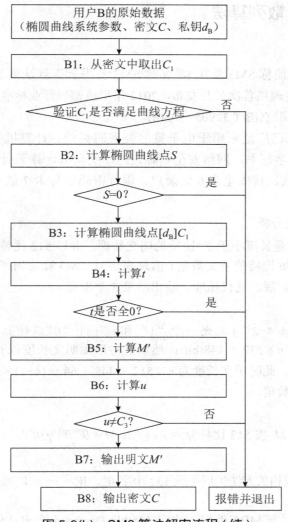

图 5-9(b)　SM2 算法解密流程（续）

3. SM2 算法和 RSA 算法对比分析

与 RSA 算法相比，SM2 性能更优、更安全，主要体现在密码复杂度高、机器性能消耗（存储空间）更小、处理速度快，如表 5-2 所示。因此，SM2 算法常用于替代 RSA 算法。

表 5-2　SM2 算法和 RSA 算法比较

对比分析项	SM2	RSA
算法结构	基于椭圆曲线（ECC）	基于特殊的可逆模幂运算
计算复杂度	完全指数级	亚指数级
存储空间	192 ～ 256bit	2048 ～ 4096bit
密钥生成速度	较 RSA 算法快百倍以上	慢
解密加密速度	较快	一般

5.3.2　SM3 散列算法

1. SM3 概述

SM3 散列算法 (简称 SM3 算法)，又称 SM3 密码杂凑算法或 SM3 杂凑算法，2010 年 12 月由国家密码管理局首次公开发布，2012 年形成密码行业标准 (GM/T 0004—2012)，2016 年上升为国家标准 (GB/T 32905—2016)。

目前，SM3 算法已广泛应用于电子签名类密码系统、计算机安全登录系统、计算机安全通信系统、数字证书、网络安全基础设施、安全云计算平台与大数据等，形成商用密码产品 1100 余款、智能电表 6 亿余户、银行密码芯片卡 7 亿多个、动态令牌 7726 万支。

2. SM3 加密流程分析

SM3 算法输入的是长度小于 2^{64} 比特的明文数据，并以 512 比特的分组为单位进行加密处理，输出的是 256 比特的密文数据 (信息摘要)。SM3 算法加密流程主要包括信息填充、信息分组、信息扩展、迭代压缩、输出结果 5 个步骤。

(1) 信息填充

对明文信息 M(M < 2^{64}) 填充一个 "1" 和若干个 "0"，使其长度模 512 与 448 同余，此时明文长度为 $n \times 512 + 448$(bit)；然后，将原始明文长度以 64 比特表示附加在上述填充后的明文后面，此时明文长度为 $n \times 512 + 448 + 64 = (n+1) \times 512$(bit)，即明文长度恰好为 512 比特的整数倍。

(2) 信息分组

将填充后的信息 M' 按 512 比特分为 $n+1$ 组：$M' = B^{(0)}B^{(1)}\cdots B^{(n)}$。

(3) 信息扩展

将信息分组 $B^{(i)}$ 按相关方法扩展生成 132 个字 W_0, W_1, $\cdots$, W_{67}, W_0', W_1', $\cdots$, W_{63}'。

(4) 迭代压缩

SM3 的迭代过程与 MD5 类似，也是 Merkle-Damgard 结构。但与 MD5 不同的是，SM3 不是直接用信息分组后的信息字进行运算，而是使用信息扩展得到的信息字进行运算，其迭代压缩过程如图 5-10 所示。其中，初始值 IV 置入 A、B、C、D、E、F、G、H 等 8 个变量中，其值由人工设定为

IV =7380166f 4914b2b9 172442d7 da8a0600 a96f30bc 163138aa e38dee4d b0fb0e4e

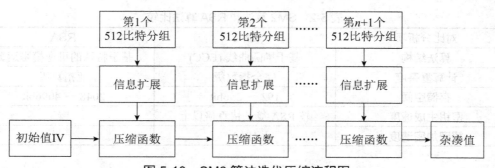

图 5-10　SM3 算法迭代压缩流程图

(4) 输出结果

当全部分组数据迭代压缩处理完后，将最后输出的寄存器值 A、B、C、D、E、F、G、H 进行级联 ($A \| B \| C \| D \| E \| F \| G \| H$)，该级联结果即为 SM3 算法处理的结果：256bit 散列值。

3. SM3 算法和 SHA2 算法对比分析

测试结果表明：在 Win32 和 X64 环境下，当信息长度为 16B、64B 时，SM3 算法的运算速度均快于 SHA2(256) 算法，如表 5-3 所示。

表 5-3 SM3 算法和 SHA2(256) 算法比较

对比分析项		SM3 运算速度 (cycles/B)	SHA2(256) 运算速度 (cycles/B)
测试环境	明文长度		
Win 32	16B	83	104
	64B	40	44
X64	16B	63	76
	64B	30	34

5.3.3 SM4 分组密码算法

1. SM4 概述

SM4 分组密码算法 (简称 SM4 算法)，又称 SM4 对称加密算法。2006 年由国家密码管理局首次公开发布，2012 年形成密码行业标准 (GM/T 0002—2012)，2016 年上升为国家标准 (GB/T 32907—2016)。

目前，SM4 算法已广泛应用于 WAPI 无线局域网、金融系统、可行系统等，形成商用密码产品 700 余款、无线网芯片 7 亿颗、金融智能密码钥匙 1.5 亿支。

2. SM4 算法结构

SM4 算法是一个分组算法。算法的分组长度为 128 比特，密钥长度为 128 比特。加密算法与密钥扩展算法都采用 32 轮非线性迭代结构。数据解密和数据加密的算法结构相同，只是轮密钥的使用顺序相反，解密轮密钥是加密轮密钥的逆序。

3. SM4 算法加密流程分析

SM4 算法主要由相关参数、轮函数、密钥扩展算法、加密 (解密) 算法等构成，其加密流程如图 5-11 所示。

(1) 相关参数

输入为 $X=(X_0, X_1, X_2, X_3)$，其中 $X_i (i=0, 1, 2, 3)$ 为 32 比特；输出为 $Y=(Y_0, Y_1, Y_2, Y_3)$，其中 $Y_i (i=0, 1, 2, 3)$ 为 32 比特。

加密密钥长度为 128 比特，表示为 $MK=(MK_0, MK_1, MK_2, MK_3)$，其中 $MK_i (i=0, 1, 2, 3)$ 为 32 比特。

轮密钥表示为 (rk_0, rk_1, $\cdots$, rk_{31})，其中 $rk_i (i=0, 1, \cdots, 31)$ 为 32 比特。轮密钥由加密密钥生成。

$FK=(FK_0, FK_1, FK_2, FK_3)$ 为系统参数，$CK=(CK_0, CK_1, \cdots, CK_{31})$ 为固定参数，

用于密钥扩展算法，其中 FK_i (i=0，1，2，3)、CK_i (i=0，1，…，31) 为 32 比特。

(2) 轮函数

轮函数 F 为

$$F(X_0, X_1, X_2, X_3, rk) = X_0 \oplus T(X_1 \oplus X_2 \oplus X_3 \oplus rk)$$

式中，T 为合成置换函数，它由非线性变换 t 和线性变换 L 复合而成；符号" $\oplus$ "为异或运算。

(3) 非线性变换 t

非线性变换 t 由 4 个平行的 S 盒构成，每个 S 盒是固定的 8 比特输入、8 比特输出的置换，记为 $Sbox(.)$。

设输入为 A=(a_0，a_1，a_2，a_3)，其中 a_i (i=0，1，2，3) 为 8 比特，则输出为 B=(b_0，b_1，b_2，b_3)，其中 b_i (i=0，1，2，3) 为 8 比特，即

$$B=(b_0, b_1, b_2, b_3)=t(A)=(Sbox(a_0), Sbox(a_1), Sbox(a_2), Sbox(a_3))$$

其中，S 盒的数据表 (16×16) 详见中华人民共和国密码行业标准《SM4 分组密码算法》(GM/T 0002—2012)，其数据采用 16 进制。例如，设 S 盒的输入为 EF，则经 S 盒运算的输出结果为 S 盒表中的第 E 行、第 F 列的值，即 $Sbox(EF)$=0x84。

(4) 线性变换 L

线性变换 L 的输入是上述非线性变换 t 的输出 B，L 变换的输出 C=(c_0，c_1，c_2，c_3) 为

$$C=L(B)=B \oplus (B<<<2) \oplus (B<<<10) \oplus (B<<<8) \oplus (B<<<4)$$

式中，符号" $\oplus$ "为异或运算，符号" $<<<i$ "为 32 位循环左移 i 位。

(5) 密钥扩展算法

SM4 算法的轮密钥由加密密钥通过密钥扩展算法生成，其生成算法为

$$(K_0, K_1, K_2, K_3)=(MK_0 \oplus FK_0, MK_1 \oplus FK_1, MK_2 \oplus FK_2, MK_3 \oplus FK_3)$$

$$rk_i = K_{i+4} = K_i \oplus T'(K_{i+1} \oplus K_{i+2} \oplus K_{i+3} \oplus CK_i), \quad i=0, 1, \cdots, 31$$

式中，T' 与 T 变换基本相同，只是将 T 中的 L 变换置换成 L'，而

$$L'(B)=B \oplus (B<<<13) \oplus (B<<<23)$$

其中，系统参数 FK_i 的取值为

FK_0=(A3B1BAC6)，FK_1=(56AA3350)，FK_2=(677D9197)，FK_3 = (B27022DC)

固定参数 CK_i (i=0，1，…，31) 的具体值为 00070E15，1C232A31，383F464D，545B6269，70777E85，8C939AA1，A8AFB6BD，ACBD2D9，E0E7EEF5，FC030A11，181F262D，343B4249，50575E65，6C737A81，888F969D，A4ABB2B9，C0C7CED5，DCE3EAF1，F8FF060D，141B2229，30373E45，4C535A61，686F767D，848B9299，A0A7AEB5，BCC3CAD1，D8DFE6ED，4FBO209，10171E25，2C33A41，484F565D，646B7279。

(6) 加密算法

SM4 加密算法由 32 次迭代运算和 1 次反序变换 R 组成。

32 次迭代运算算法为

$$X_{i+4} = F(X_i, X_{i+1}, X_{i+2}, X_{i+3}, rk_i), \quad i=0, 1, \cdots, 31$$

反序变换 R 算法为

$$(Y_0, Y_1, Y_2, Y_3)=R(X_{32}, X_{33}, X_{34}, X_{35}) = (X_{35}, X_{34}, X_{33}, X_{32})$$

(7) 解密算法

SM4 的解密结构与加密结构相同，不同的仅是轮密钥的使用顺序。解密时，使用的轮密钥顺序为（ rk_{31} ，rk_{30} ，…，rk_0 ）。

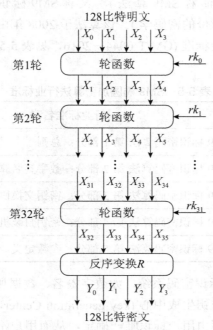

图 5-11　SM4 加密流程

4. SM4 与 DES 对比分析

SM4 算法与 DES 算法的对比分析如表 5-4 所示。

表 5-4　SM4 与 DES 对比分析表

对比分析项	DES 算法	SM4 算法
计算基础	二进制	二进制
算法结构	使用标准的算术和逻辑运算，先替代后置换，不含非线性变换	基本轮函数加迭代，含非线性变换
加解密算法是否相同	是	是
计算轮数	16 轮	32 轮
分组长度	64 位	128 位
密钥长度	64 位	128 位
有效密钥长度	56 位	128 位
实现难度	易于实现	易于实现
实现性能	软件实现慢，硬件实现快	软件和硬件实现都快
安全性	较低	较高

5.3.4 SM9 椭圆加密算法

1. SM9 概述

SM9 椭圆加密算法 (简称 SM9 算法)，又称 SM9 标识密码算法 (Identity-Based Cryptography，IBC，基本身份的密码学)。该算法于 2008 年由国家密码管理局首次公开发布，2016 年形成密码行业标准 (GM/T 0044—2016，见表 5-5)，现正在准备上升为国家标准。

表 5-5 SM9 椭圆加密算法行业标准

行业标准编号	行业标准名称	备注
GM/T 0044.1—2016	SM9 标识密码算法 第 1 部分：总则	现行
GM/T 0044.2—2016	SM9 标识密码算法 第 2 部分：数字签名算法	现行
GM/T 0044.3—2016	SM9 标识密码算法 第 3 部分：密钥交换协议	现行
GM/T 0044.4—2016	SM9 标识密码算法 第 4 部分：密钥封装机制和公钥加密算法	现行
GM/T 0044.5—2016	SM9 标识密码算法 第 5 部分：参数定义	现行

SM9 算法主要应用于标识密码系统，如数字签名、数据加密、密钥交换、身份认证等。其中，用户的私钥由密钥生成中心 (key generation Center，KGC) 根据主密钥和用户标识计算得出，用户的公钥由用户标识唯一确定，从而用户不需要通过第三方保证其公钥的真实性。与基于证书的公钥密码系统 (PKI) 相比，基于 SM9 算法的标识密码系统中的密钥管理环节得到了适当简化。

目前，SM9 算法作为 PKI 技术的有益补充，已在政务系统等相关领域开展了应用工作，形成了 10 余款商用密码产品 (如智能密码钥匙、标识密码机、密钥管理系统等)。

2. SM9 算法加密流程分析

SM9 算法主要包括系统参数组设置、数字签名算法、密钥交换协议、密钥封装机制、公钥加密算法。

(1) 系统参数组设置

系统参数组包括：曲线识别符 cid；椭圆曲线基域 F_q 的参数；椭圆曲线方程参数 a 和 b；扭曲线参数 β (若 cid 的低 4 位为 2)；曲线阶的素因子 N 和相对于 N 的余因子 cf；曲线 $E(Fq)$ 相对于 N 的嵌入次数 k；$E\left(F_q^{d_1}\right)$ (d_1 整除 k) 的 N 阶循环子群 G_1 的生成元 P_1；$E\left(F_q^{d_2}\right)$ (d_2 整除 k) 的 N 阶循环子群 G_2 的生成元 P_2；双线性对 e 的识别符 eid；双线性对 e 的值域为 N 阶乘法循环群 G_T。

① 系统主密钥建立：KGC 产生随机数，$s \in [1, N-1]$ 作为主私钥，计算 G_2 中的元素，$P_{pub}=[s]P_2$ 作为主公钥，则主密钥对为 (s, P_{pub})。KGC 秘密保存 s，公开 P_{pub}。

② 用户密钥生成：KGC 选择并公开用一个字节表示的私钥生成函数识别符 hid。用户 A 的标识为 ID_A，为产生用户 A 的私钥 d_A，KGC 首先在有限域 F_N 上计算 $t_1=H_1(ID_A \parallel hid, N) \oplus s$，若 $t = 0$，则需重新产生主私钥，计算和公开主公钥，并更新已有用户的私

钥；否则计算 $t_2 = s \cdot t_1^{-1}$，然后计算 $d_A=[t_2]P_1$，即 $d_A=[t_2]P_1=[s/(H_1(ID_A\|hid)+s)]P_1$。用户公钥设为 QA，可由系统内任一用户生成 $Q_A=[\ H_1(ID_A\|hid)]P + P_{pub}$，其中 H 为密码杂凑函数。

③ 辅助函数：SM9 算法涉及两类辅助函数，即密码杂凑函数和随机函数。其中，密码杂凑函数采用国家密码管理局批准的密码杂凑算法 SM3；随机函数采用国家密码管理局批准的随机数发生器产生的随机数。

(2) 数字签名算法

① 数字签名生成算法及流程：设待签名的信息为比特串 M，为了获取信息 M 的数字签名 (h, S)，作为签名者的用户 A 应实现以下运算步骤。

A1：计算群 G_T 中的元素 $g = e(P_1, P_{pub})$。

A2：产生随机数 $r \in [1,\ N{-}1]$。

A3：计算群 G_T 中的元素 $w = g^r$，将 w 的数据类型转换为比特串。

A4：计算整数 $h = H_2(M \| w, N)$。

A5：计算整数 $L=(r{-}h) \bmod N$，若 $L{=}0$，则返回 A2。

A6：计算群 G_1 中的元素 $S=[L]d_A$。

A7：将 h 和 S 的数据类型转换为字节串，信息 M 的签名为 $(h,\ S)$。

数字签名生成算法流程，如图 5-12(a) 所示。

② 数字签名验证算法及流程：为了检验收到的信息 M' 及其数字签名 $(h',\ S')$，作为验证者的用户 B 应实现以下运算步骤。

B1：将 h' 的数据类型转换为整数，检验 $h' \in [1,\ N{-}1]$ 是否成立，若不成立，则验证不通过。

B2：将 S' 的数据类型转换为椭圆曲线上的点，检验 $S' \in G$ 是否成立，若不成立，则验证不通过。

B3：计算群 G_T 中的元素 $g = e(P_1, P_{pub})$。

B4：计算群 G_T 中的元素 $t = g^{h'}$。

B5：计算整数 $h_1 = H_1(ID_A \| hid, N)$。

B6：计算群 G_2 中的元素 $P=[h]P_2+P_{pub}$。

B7：计算群 G_T 中的元素 $u=e(\ S',\ P)$。

B8：计算群 G_T 中的元素 $w' =u \cdot t$，将 w' 的数据类型转换为比特串。

B9：计算整数 $h_2 = H_2(M' \| w', N)$，检验 $h_2=h'$ 是否成立，若成立，则验证通过；否则，验证不通过。

数字签名验证算法流程如 5-12(b) 所示。

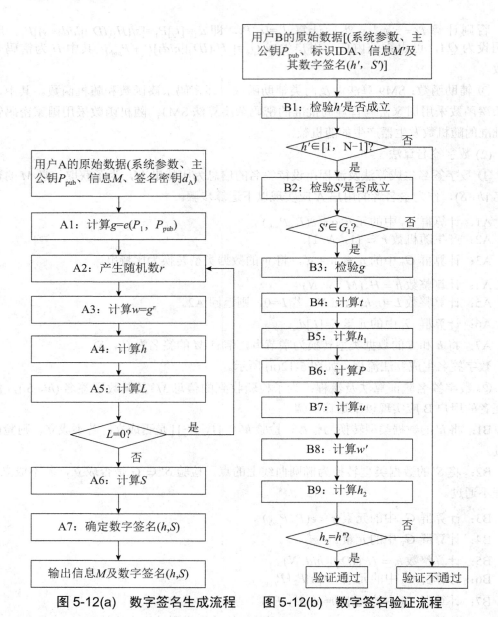

图 5-12(a)　数字签名生成流程　　图 5-12(b)　数字签名验证流程

(3) 密钥交换协议

设用户 A 和 B 协商获得密钥数据的长度为 klen(单位为 bit)，用户 A 为发起方，用户 B 为响应方。用户 A 和 B 双方为了获得相同的密钥，按如下运算步骤实现密钥交换。

用户 A 按以下步骤实现密钥交换。

A1：计算群 G_1 的元素 $Q_B = [H_1(ID_B \| hid, N)]P_1 + P_{pub}$。

A2：产生随机数 $r_A \in [1, N-1]$。

A3：计算群 G_1 中的元素 $R_A=[r_A]Q_B$。

A4：将 R_A 发送给用户 B。

用户 B 按以下步骤实现密钥交换。

B1：计算群 G 中的元素 $Q_A = [H_1(ID_A \| hid, N)]P_1 + P_{pub}$。

B2：产生随机数 $r_B \in [1, N-1]$。

B3：计算群 G_1 中的元素 $R_B = [r_B]Q_A$。

B4：验证 $R_A \in G_1$ 是否成立，若不成立，则协商失败；否则，计算群 G_T 中的元素 $g_1 = e(R_A, d_B)$，$g_2 = e(P_{pub}, P_2)^{r_B}$，$g_3 = g_1^{r_B}$，将 g_1，g_2，g_3 的数据类型转换为比特串。

B5：把 R_A 和 R_B 的数据类型转换为比特串，计算 $SK_B = KDF(ID_A \| ID_B \| R_A \| R_B \| g_1 \| g_2 \| g_3, klen)$。

B6：(选项) 计算 $S_B = Hash(0x82 \| g_1 \| Hash \| g_2 \| g_3 \| ID_A \| ID_B \| R_A \| R_B)$。

B7：将 R_B、(选项 S_B) 发送给用户 A。

用户 A 按以下步骤实现密钥交换。

A5：验证 $R_B \in G_1$ 是否成立，若不成立，则协商失败；否则，计算群 G_T 中的元素 $g_1' = e(P_{pub}, P_2)^{r_A}$，$g_2' = e(R_B, d_A)$，$g_3' = (g_2')^{r_B}$，将 g_1'，g_2'，g_3' 的数据类型转换为比特串。

A6：把 R_A 和 R_B 的数据类型转换为比特串，(选项) 计算 $S_1 = S_B = Hash(ox82 \| g_1' \| Hash \| g_2' \| g_3' \| ID_A \| ID_B \| R_A \| R_B))$，并检验 $S_1 = S_B$ 是否成立，若等式不成立，则从 B 到 A 的密钥确认失败。

A7：计算 $SK_A = KDF(ID_A \| ID_B \| R_A \| R_B \| g_1' \| g_2' \| g_3', klen)$。

A8：(选项) 计算 $S_A = Hash(0x83 \| g_1' \| Hash \| g_2' \| g_3' \| ID_A \| ID_B \| R_A \| R_B)$，并将 S_A 发送给用户 B。

用户 B 按以下步骤实现密钥交换。

B8：(选项) 计算 $S_2 = Hash(ox83 \| g_1 \| Hash \| g_2 \| g_3 \| ID_A \| ID_B \| R_A \| R_B)$，并检验 $S_2 = S_A$ 是否成立，若等式不成立，则从 A 到 B 的密钥确认失败。

密钥交换协议流程，如图 5-13 所示。

(4) 密钥封装机制

密钥封装机制：指封装者利用解封装用户的标识产生并加密密钥给对方，解封装用户则用相应的私钥解封装该密钥。

① 密钥封装算法及流程：为了封装比特长度为 klen 的密钥给用户 B，作为封装者的用户 A 需要执行以下运算步骤。

A1：计算群 G_1 中的元素 $Q_B = [H_1(ID_B \| hid, N)]P_1 + P_{pub}$。

A2：产生随机数 $r \in [1, N-1]$。

A3：计算群 G_T 中的元素 $C = [r]Q_B$，将 C 的数据类型转换为比特串。

A4：计算群 G_T 中的元素 $g = e(P_{pub}, P_2)$。

A5：计算群 G_T 中的元素 $w = g^r$，将 w 的数据类型转换为比特串。

A6：计算 $K = KDF(C \| w \| ID_B, klen)$，若 K 为全 0 比特串，则返回 A2。

A7：输出 (K, C)，其中 K 是被封装的密钥，C 是封装密文。

密钥封装算法流程如图 5-14(a) 所示。

② 解密钥封装算法及流程：用户 B 收到封装密文 C 后，为了对比特长度为 *klen* 的密钥解封装，需要执行以下运算步骤。

B1：验证 $C \in G_1$ 是否成立，若不成立，则报错并退出。

B2：计算群 G_T 中的元素 $w' = e(C, d_B)$，将 w' 的数据类型转换为比特串。

B3：将 C 的数据类型转换为比特串，计算封装的密钥 $K' = KDF(C \| w' \| ID_B, klen)$，若 K' 为全 0 比特串，则报错并退出。

B4：输出密钥 K'。

解密钥封装算法流程如图 5-14(b) 所示。

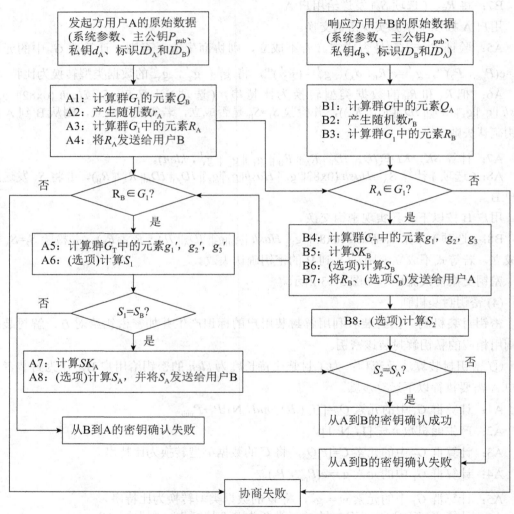

图 5-13　密钥交换协议流程

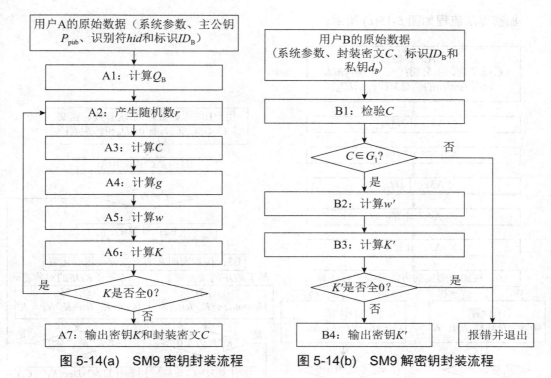

图 5-14(a) SM9 密钥封装流程   图 5-14(b) SM9 解密钥封装流程

(5) 公钥加密算法

① 加密算法及流程：设需要发送的信息为比特串 M，$mlen$ 为 M 的比特长度，K_1_len 为对称密码算法中密钥 K_1 的比特长度，K_2_len 为函数 $MAC(K_2, Z)$ 中密钥 K_2 的比特长度。

为了加密明文 M 给用户 B，作为加密者的用户 A 应实现以下运算步骤。

A1：计算群 G_1 中的元素 $Q_B=[H_1(ID_B \| hid, N)]P_1+P_{pub}$。

A2：产生随机数 $r \in [1, N-1]$。

A3：计算群 G_1 中的元素 $C_1=[r]Q_B$，将 C_1 的数据类型转换为比特串。

A4：计算群 G_T 中的元素 $g =e(P_{pub}, P_2)$。

A5：计算群 G_T 中的元素 $w = g$，将 w 的数据类型转换为比特串。

A6：按加密明文的方法分类进行计算。

如果加密明文的方法是基于密钥派生函数的流密码，则遵循以下步骤。

第一步：计算整数 $klen=mlen+K_2\_len$，然后计算 $K=KDF(C_1\|w\|ID_B, klen)$。令 K_1 为 K 最左边的 $mlen$(单位为 bit)，K_2 为剩下的 K_2_len(单位为 bit)，若 K_1 为全 0 比特串，则返回 A2。

第二步：计算 $C_2 = M \oplus K_1$。

如果加密明文的方法是结合密钥派生函数的对称密码算法，则遵循以下步骤。

第一步：计算整数 $klen=K_1\_len+K_2\_len$，然后计算 $K=KDF(C_1\|w\|ID_B, klen)$。令 K_1 为 K 最左边的 K_1_len (单位为 bit)，K_2 为剩下的 K_2_len(单位为 bit)，若 K_1 为全 0 比特串，则返回 A2。

第二步：计算 $C_2=Enc(K_1, M)$。

A7：计算 $C_3=MAC(K_2, C_2)$。

A8：输出密文 $C=C_1\|C_2\|C_3$。

加密算法流程如图 5-15(a) 所示。

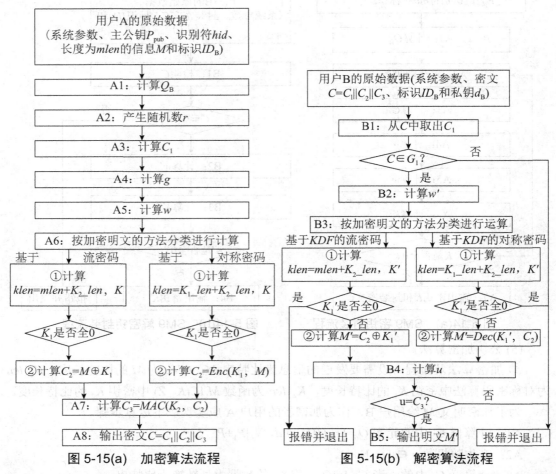

图 5-15(a)　加密算法流程　　　图 5-15(b)　解密算法流程

② 解密算法及流程：设 $mlen$ 为密文 $C=C_1\|C_2\|C_3$ 中 C_2 的比特长度，K_1_len 为对称密码算法中密钥 K_1 的比特长度，K_2_len 为函数 $MAC(K_2, Z)$ 中密钥 K_2 的比特长度。

为了对 C 进行解密，作为解密者的用户 B 应执行以下运算步骤。

B1：从 C 中取出比特串 C_1，将 C_1 的数据类型转换为椭圆曲线上的点，验证 $C \in G_1$ 是否成立，若不成立，则报错并退出。

B2：计算群 G_T 中的元素 $w' = e(C_1, d_B)$，将 w' 的数据类型转换为比特串。

B3：按加密明文的方法分类进行计算。

如果加密明文的方法是基于密钥派生函数的流密码，则遵循以下步骤。

第一步：计算整数 $klen=mlen+K_2\_len$，然后计算 $K' =KDF(C_1\| w' \|ID_B, klen)$。令 K_1' 为 K' 最左边的 $mlen$（单位为 bit），K_2' 为剩下的 K_2_len（单位为 bit），若 K_1' 为全 0 比特串，则报错并退出。

第二步：计算 $M' = C_2 + K_1'$。

如果加密明文的方法是结合密钥派生函数的对称密码算法，则遵循以下步骤。

第一步：计算整数 $klen=K_1\_len+K_2\_len$，然后计算 $K' =KDF(C_1\| w' \|ID_B, klen)$。令 K_1'

为 K' 最左边的 K_1_len(单位为 bit)，K_2' 为剩下的 K_2_len(单位为 bit)，若 K_1' 为全 0 比特串，则报错并退出。

第二步：计算 $M' = Dec(K_1'$，$C_2)$；

B4：计算 $u=MAC(K_2'$，$C_2)$，从 C 中取出比特串 C_3，若 $u \neq C_3$，则报错并退出。

B5：输出明文 M'。

解密算法流程如图 5-15(b) 所示。

5.4　数据加密综合案例：商用密码技术在某政务系统中的应用

5.4.1　背景与现状

1. 系统背景

商用密码是保障网络系统安全的核心技术，是解决网络安全问题的重要手段。《中华人民共和国密码法》的颁布实施，从法律层面为开展商用密码应用提供了支撑。国家标准《信息安全技术　信息系统密码应用基本要求》(GB/T 39786—2021) 的出台实施，从技术层面促进了商用密码的全面应用。为此，某政府机关决定 (以下简称 "A 机关") 采用商用密码技术对其政务系统 (电子公文处理系统) 进行密码应用改造，以期提升其网络安全水平。

2. 系统现状

(1) 系统网络架构

系统的总体网络架构如图 5-16 所示。系统部署在 A 机关机房中，网络划分为网络接入区、业务服务区、统一管理区、环境监控区、业务办公区、数据灾备区共 6 个区。

- 网络接入区：位于政务网络边界，部署了统一认证服务器、统一认证数据库、目录服务器、交换机等设备，实现对接入用户和设备统一认证。
- 业务服务区：是电子公文处理系统的核心服务区域，主要部署了电子公文处理系统应用服务器、数据存储服务器等设备，实现业务审批、公文签批、公文办理、公文管理等业务过程的信息化管理。
- 运维管理区：主要部署了远程运维管理终端、堡垒机、数据库等设备，实现对系统中的设备集中管理。
- 环境监控区：主要部署了门禁系统和视频监控系统等，实现对系统机房的物理安防管理。
- 业务办公区：主要部署了办公终端、交换机等设备，实现 A 机关办公人员通过其政务办公网访问本系统。
- 数据灾备区：主要部署了磁盘阵列等设备，实现重要业务数据的异地备份。

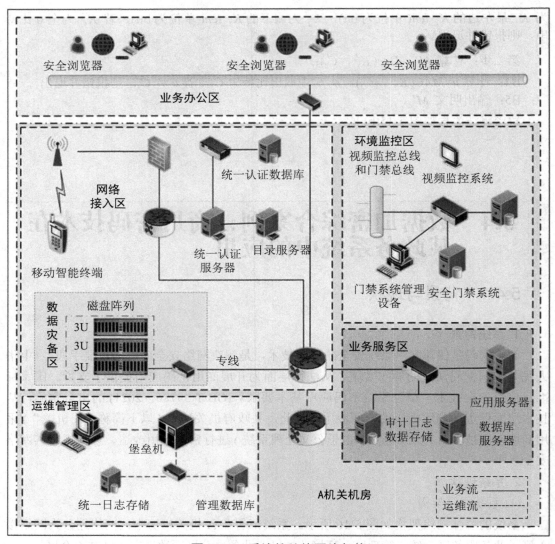

图 5-16　系统的总体网络架构

(2) 应用系统功能

系统承载了 A 机关的电子公文处理系统，该应用系统是 A 机关日常办公的重要业务系统，为 A 机关各级领导及办公人员提供业务审批、公文签批、公文办理、公文管理等业务过程的信息化管理，实现 A 机关下属部门之间横向与纵向业务流转和内部信息资源共享。该应用系统由统一身份认证系统、电子公文处理系统两个应用子系统组成，涉及的关键数据包括用户登录身份鉴别数据、电子公文数据等。

(3) 系统软硬件构成

系统包括计算机终端、服务器、磁盘阵列、堡垒机、防火墙等硬件设备；机房电子门禁系统通过 ID 卡对进出机房人员进行身份鉴别；机房视频监控系统通过摄像头对机房管理人员、进出人员进行安全监管；计算机终端通过 IE 浏览器访问登录电子公文处理系统。

5.4.2　密码应用需求

根据国家标准《信息安全技术 信息系统密码应用基本要求》(GB/T 39786—2021)，按照等级保护"第三级"的密码应用要求，从物理和环境安全、设备和计算安全、应用和数据安全等 4 个层面，进行了系统风险分析，并由此给出了该系统的密码应用需求，如表 5-6 所示。

表 5-6　系统风险分析及密码应用需求

安全层面	指标要求	系统风险分析	系统密码应用需求
物理和环境安全	身份鉴别	存在非授权人员进入物理环境，对软硬件设备和数据进行破坏的风险	确认进入机房人员的身份的真实性，防止假冒人员进入
	电子门禁记录数据完整性	存在非授权人员对物理进出记录篡改的风险	保护电子门禁系统进出记录的完整性，防止被非授权篡改
	视频记录数据完整性	存在非授权人员对视频记录非授权篡改的风险	保护视频监控记录的完整性，防止被非授权篡改
网络和通信安全	身份鉴别	在灾备数据传输通道，存在非法设备从外部接入内部网络及通信数据在信息系统外部被非授权截取、非授权篡改的风险	确认业务服务区和数据灾备区之间通信实体的身份的真实性，防止与假冒实体进行通信
	访问控制信息完整性	在移动端 App，存在通信数据在信息系统外部被非授权截取、非授权篡改的风险	保护业务服务区和数据灾备区之间网络边界设备中的访问控制信息的完整性，防止被非授权篡改；保护通信过程中灾备数据的完整性和机密性，防止数据被非授权篡改，防止敏感数据泄露
	通信数据完整性		
	通信数据机密性		
	集中管理通道安全	在搭建的集中管理通道（通过堡垒机对系统中的安全设备、安全组件进行集中管理），存在被非授权使用，或传输的管理数据被非授权获取和非授权篡改的风险	建立安全的集中管理通道，对安全设备、安全组件进行集中管理，防止集中管理通道被非授权使用，防止传输的管理数据被非授权获取和非授权篡改
设备和计算安全	身份鉴别	因未使用密码技术对管理员登录进行身份鉴别，存在设备被非授权人员登录、身份鉴别数据被非授权获取或非授权使用等风险	对使用政务办公网 PC 端浏览器登录的管理员的身份的真实性进行识别和确认，防止假冒人员登录
	远程管理身份鉴别信息机密性		在远程管理时，对管理员的身份鉴别信息进行加密保护，防止鉴别信息泄露
	访问控制信息完整性	该系统所有重要程序或文件、所有的日志记录（含应用服务器、数据库服务器等），均未使用密码技术对其进行完整性保护，存在被非授权篡改的风险	保护计算机、服务器等设备中的系统资源访问控制信息、日志记录和重要可执行程序的完整性，防止被非授权篡改
	日志记录完整性		
	重要程序或文件完整性		

续表

安全层面	指标要求	系统风险分析	系统密码应用需求
应用和数据安全	身份鉴别	该系统的移动端 App、PC 端登录的用户，均未使用密码技术对其进行身份鉴别，存在应用被非授权人员登录的风险	确认移动端 App、PC 端登录用户的身份的真实性，防止假冒人员登录
	访问控制信息和敏感标记完整性	该系统的用户访问权限控制列表，未使用密码技术对其进行完整性保护，存在应用资源被非授权用户获取的风险	对统一身份认证系统的访问权限控制列表进行完整性保护，防止被非授权篡改
	数据传输机密性	该系统中流转的电子公文数据均是明文传输、存储，未使用密码技术对其进行安全保护，存在电子公文数据被窃取和非授权篡改的风险	保护在客户端与服务器之间、应用系统之间传输和存储的电子公文数据的机密性和完整性，防止数据泄露给非授权的个人
	数据存储机密性		
	数据传输完整性		
	数据存储完整性		
	日志记录完整性	该系统的应用日志记录明文存储在应用服务器中，未使用密码技术进行完整性保护，存在被非授权篡改的风险	保护应用日志记录的完整性，防止被非授权篡改
	重要应用程序的加载和卸载	该系统的重要应用程序的加载和卸载，未使用密码技术进行保护，存在被非授权篡改的风险	保护重要应用程序的加载和卸载，防止重要应用程序在加载过程中被非授权篡改
	抗抵赖	该系统中流转的电子公文数据均未使用密码技术进行保护，存在数据发送者或接收者否认发送或接收到数据的操作风险	保护电子公文数据发送和接收操作的不可否认性，确保发送方和接收方对已经发生的操作行为无法否认

5.4.3　密码应用技术框架

针对上述系统风险分析及密码应用需求，通过部署 USB Key、服务器密码机、签名验签服务器、SSL VPN 安全网关、安全认证网关、IPSec VPN、浏览器密码模块（二级）、移动端密码模块（二级）、电子签章系统、证书认证系统、安全门禁系统、时间戳服务器等密码产品，以满足系统的密码应用需求。

该系统的密码应用技术框架如图 5-17 所示。其中，密码服务器区是在原网络接入区、环境监控区、业务服务区等基础上，根据本次相关密码设备和系统部署的需要新设置的，用于存放服务器密码机、证书认证系统、时间戳服务器、电子签章系统、签名验签系统等。

USBKey： 主要提供签名验签、杂凑等密码运算服务，实现信息的完整性、真实性和不可否认性保护，同时提供一定的存储空间，用于存放数字证书或电子印章等用户数据。

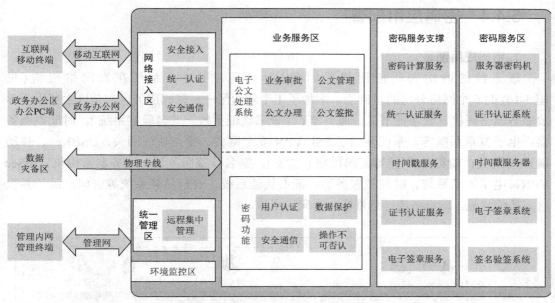

图 5-17　系统的密码应用技术框架

服务器密码机：主要为应用系统提供数据加解密、签名验签、杂凑等密码运算服务，实现信息的机密性、完整性、真实性和不可否认性保护，同时提供安全、完善的密钥管理功能。

SSL VPN 安全网关：主要用于在网络上建立安全的信息传输通道，通过对数据包的加密和数据包目标地址的转换实现加密通信和远程访问。

电子签章系统：主要提供电子公章的签章、验章服务，有效保障电子文件的真实性、完整性和签章行为的不可否认性。

移动端密码模块（二级）：主要提供签名验签、加密解密、杂凑等密码运算服务，实现信息的完整性、真实性和不可否认性保护，同时提供一定的存储空间，用于存放数字证书。

时间戳服务器：时间戳能够唯一地标识某一时刻（通常为一段字符序列），从而可用于应用系统用户证明某些数据的产生时间，支撑公钥基础设施的"不可否认"服务。

安全门禁系统：使用 SM4 算法进行密钥分发，实现门禁卡的"一卡一密"，并基于 SM4 算法对人员身份进行鉴别。

证书认证系统：主要为设备 / 用户的身份鉴别提供真实性保护、身份验证、签名验签等信任服务。

签名验签服务器：提供基于 PKI 体系和数字证书的数字签名、验证签名等运算功能，保证用户身份的真实性、完整性和关键操作的不可否认性。

IPSec VPN：提供通信前通信双方身份鉴别、通信数据传输机密性、完整性保护等功能，对设备在通信前进行双向身份鉴别，保证通信通道的机密性、完整性。

安全认证网关：采用数字证书为电子公文处理系统提供用户管理、身份鉴别、单点登录、传输加密、访问控制和安全审计等服务。

浏览器密码模块（二级）：主要提供签名验签、加密解密、杂凑等密码运算服务，实现信息的完整性、真实性和不可否认性保护，同时提供一定的存储空间，用于存放数字证书。

5.4.4 密码应用部署

1. 密码应用部署

该系统的商用密码应用部署如图 5-18 所示。其中，系统在原网络架构 (见图 5-16) 的 6 个网络分区的基础上，增加了 1 个新的区——密码服务区，该区主要用于存放服务器密码机、数字证书认证服务器 (含证书认证系统、签名验签系统)、时间戳服务器、电子签章系统等。系统使用了 SSL VPN 安全网关、安全认证网关、USBKey、移动端密码模块 (二级)、浏览器密码模块 (二级)、签名验签服务器、服务器密码机、IPSec VPN、电子签章系统、时间戳服务器、证书认证系统、安全门禁系统等密码产品，共包含三条信息流，即业务流、运维流、密码应用流。

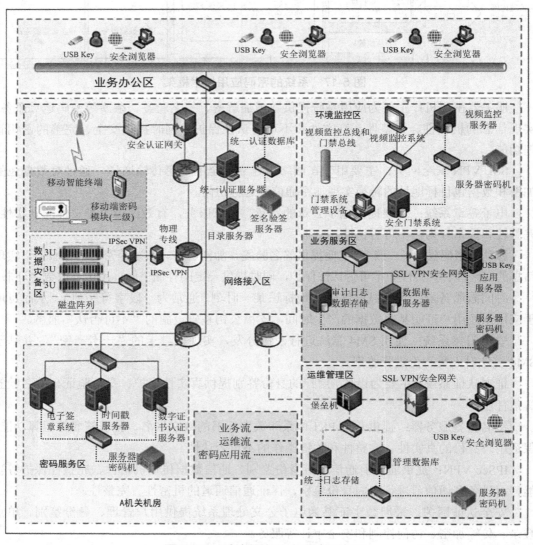

图 5-18　系统的商用密码应用部署

● 业务流：系统用户登录系统并执行业务操作的过程及相关数据流转。

- 运维流：系统运维人员对系统中的相关设备进行运维管理操作的过程及相关数据流转。
- 密码应用流：系统中的应用和设备调用密码服务区相关系统，以实现数据安全传输、存储、身份鉴别等的过程及相关数据流转。

2. 密码应用软硬件产品（含商密算法）清单

系统的密码应用软硬件产品（含商密算法）清单如表 5-7 所示，这些产品均已通过第三方权威机构的检测认证。

表 5-7　密码应用软硬件产品清单

序号	产品名称	部署位置	使用的商密算法	用途
1	USBKey	业务办公区	SM2/3/4	系统用户 / 管理员登录身份鉴别
2	浏览器密码模块（二级）	业务办公区	SM2/3/4	内部人员安全登录系统
3	移动端密码模块（二级）	移动智能终端	SM2/3/4	移动端用户安全接入身份鉴别
4	证书认证系统	密码服务区	SM2/3/4	提供设备 / 用户的身份鉴别真实性服务
5	电子签章系统	密码服务区	SM2/3/4	提供电子公章的签章、验章服务
6	时间戳服务器	密码服务区	SM2/3/4	提供可靠的时间
7	服务器密码机	密码服务区	SM2/3/4	提供数字证书系统密码计算
8	安全认证网关	网络接入区	SM2/3/4	提供移动办公人员安全接入通道
9	签名验签服务器	网络接入区	SM2/3/4	提供统一身份认证系统的用户身份鉴别
10	IPSec VPN	网络接入区	SM2/3/4	为数据灾备的通信双方进行双向身份鉴别，对数据备份传输通道进行传输机密性、完整性保护
11	服务器密码机	环境监控区	SM2/3/4	对电子门禁、视频监控音像记录等数据进行完整性保护
12	安全门禁系统	环境监控区	SM4	对进入机房人员进行身份鉴别
13	服务器密码机	业务服务区	SM2/3/4	对重要业务数据进行存储机密性、完整性保护
14	USB Key	业务服务区	SM2/3/4	对使用或读取应用服务器中的重要程序和文件进行验签，以确认其完整性
15	SSL VPN安全网关	业务服务区	SM2/3/4	配合 PC 端部署的安全浏览器，实现 PC 机到服务端之间数据传输机密性保护
16	USB Key	运维管理区	SM2/3/4	应用 / 设备管理员登录堡垒机
17	服务器密码机	运维管理区	SM2/3/4	对审计日志记录进行完整性保护
18	浏览器密码模块（二级）	运维管理区	SM2/3/4	管理员安全登录堡垒机
19	SSL VPN安全网关	运维管理区	SM2/3/4	建立安全的集中管理通道
20	IPSec VPN	数据灾备区	SM2/3/4	为数据灾备的通信双方进行双向身份鉴别，对数据备份传输通道进行传输机密性、完整性保护

参考文献

[1] 中华人民共和国第十三届全国人民代表大会常务委员会第十四次会议，中华人民共和国密码法 [Z]. 2019.10.

[2] GM/T 0005—2012. 随机性检测规范 [S].

[3] 谷利泽，郑世慧，杨义先. 现代密码学教程 (第 2 版)[M]. 北京：北京邮电大学出版社，2015.

[4] 耿欣月. 基于 DES 算法的文件加密研究 [J]. 信息与电脑 (理论版)，2020，32(3):48.

[5] Yan S.Research on implementation method of key management based on data encryption technology[J].I OP Conference Series: Materials ence and Engineering，2019，677(4):1-6.

[6] 石玲玲，李敬兆. 异构网络中安全数据传输机制的研究与设计 [J]. 微电子学与计算机，2019，36(11):90-94+100.

[7] 高超，郑小妹，贾晓启. 面向云平台的多样化恶意软件检测架构 [J]. 计算机应用，2016(7):1811-1815.

[8] 张星，文子龙，沈晴霓等. 可追责并解决密钥托管问题的属性基加密方案 [J]. 计算机研究与发展，2015(10):133-143.

[9] Cambareri V，Mangia M，Pareschi F，et al. On known-plaintext attacks to a compressed sensing-based encryption: a quantitative analysis[J]. IEEE Transactions on Information Forensics and Security，2015，10(10):2182-2195.

[10] 王依婷，殷旭东. 对称密码与非对称密码体制 [J]. 办公自动化，2021，26(06):16-17+42.

[11] 包伟. 对称密码体制与非对称密码体制比较与分析 [J]. 硅谷，2014，7(10):138-139.

[12] 张猛华，陈振娇，徐新宇. 基于 AES 算法的 DSP 安全防护设计实现 [J]. 微电子学与计算机，2019，36(10):38-42.

[13] 李炽阳，雷倩倩，杨延飞. 全通用 AES 加密算法的 FPGA 实现 [J]. 计算机工程与应用，2020，56(10):88-92.

[14] Pammu A.A.，Ho W.G.，Lwin N.K.Z.，et al. A high throughput and secure authentication-encryption AES-CCM algorithm on asynchronous multicore processor[J].I EEE Transactions on Information Forensics and Security，2018，14(4):1023-1036.

[15] 刘海峰，陶建萍. 基于改进 AES 的一次一密加密算法的实现 [J]. 科学技术与工程，2019，19(13):151-155.

[16] 廖滨华. 网络基础与应用 当代大学生必备必用 [M]. 武汉：湖北科学技术出版社，2014.03，192-193.

[17] 王文海等. 密码学理论与应用基础 [M]. 北京：国防工业出版社，2009.09，80-81.

[18] 胡娟. 电子商务支付与安全 [M]. 北京：北京邮电大学出版社，2018.05，49.

[19] 杨怀，宋俊芳，王聪华. 浅谈 MD5 加密算法在网络安全中的应用 [J]. 网络安全技术与应用，2018(09):40.

[20] 王孟钊. SHA1 算法的研究及应用 [J]. 信息技术，2018，42(08):152-153+158.

[21] 白永祥 .HASH 算法及其在数字签名中的应用 [J]. 福建电脑，2007 (6) :58-59.

[22] 王永，李昌兵，何波 . 混沌加密算法与 Hash 函数构造研究 [M]. 北京：电子工业出版社，2011.

[23] 付小娟，吴洪坤 . 哈希算法在硬件加密技术中的应用研究 [J]. 河南机电高等专科学校学报，2014，22(05):17-20.

[24] 左子飞，赵波 .SHA-3 算法安全性的代数分析 [J]. 武汉大学学报 (理学版)，2016，62(02):183-186.

[25] 李鲁冰 . SM2 算法在数字证书系统上的实现与应用 [D]. 西安电子科技大学，2020.

[26] 王传福 . SM4 与祖冲之算法的优化设计与应用 [D]. 黑龙江大学，2017.

[27] 吴若雪 . ZUC 算法随机序列统计可视化系统检测研究 [D]. 云南大学，2016.

[28] 郑昉昱，林璟锵，魏荣，等 . 密码应用安全技术研究及软件密码模块检测的讨论 [J]. 密码学报，2020，7(3):290-310.

[29] 谢宗晓，李达，马春旺 . 国产商用密码算法 SM2 及其相关标准介绍 [J]. 中国质量与标准导报，2021(01):9-11+22.

[30] 谢宗晓，董坤祥，甄杰 . 国产商用密码算法及其相关标准介绍 [J]. 中国质量与标准导报，2020(06):12-14.

[31] M/T 0054—2018. 信息系统密码应用基本要求 [S].

[32] 国家标准 GB/T 39786—2021. 信息安全技术 信息系统密码应用基本要求 [S].

复习题

一、单选题

1. 数据 (　　) 是指将明文转换成密文的过程。

A. 加密　　　　　　　B. 解密　　　　　　　C. 密钥　　　　　　　D. 协议

2. 数据 (　　) 是指将密文还原成明文的过程。

A. 加密　　　　　　　B. 解密　　　　　　　C. 密钥　　　　　　　D. 协议

3. 加密保护旨在保护信息的 (　　)。

A. 完整性　　　　　　B. 真实性　　　　　　C. 机密性　　　　　　D. 不可否认性

4. 实现加密保护或安全认证功能的设备与系统称为 (　　)。

A. 物资　　　　　　　B. 物质　　　　　　　C. 物品　　　　　　　D. 物项

5. 一般地，工程界将 (　　) 称为国产密码。

A. 核心密码　　　　　B. 普通密码　　　　　C. 商用密码　　　　　D. 基础密码

6. (　　) 用于保护不属于国家秘密的信息。

A. 核心密码　　　　　B. 普通密码　　　　　C. 商用密码　　　　　D. 基础密码

7. 数据加密技术中，(　　) 是核心。

A. 商用密码　　　　　B. 密码算法　　　　　C. 密钥管理　　　　　D. 密码协议

8. 数据加密技术中，(　　) 是重点。

A. 商用密码　　　　　B. 密码算法　　　　　C. 密钥管理　　　　　D. 密码协议

9. 数据加密技术中，(　　) 是保障。

A. 商用密码　　　　　　B. 密码算法　　　　　　C. 密钥管理　　　　　　D. 密码协议

10. (　　) 是加密方和接收者均使用同一个密钥对数据进行加密和解密。

A. 对称加密算法　　B. 非对称加密算法　　C. 散列算法　　　　D. 随机数生成算法

11. (　　) 是加密方和接收者使用两个成对出现的、不同的密钥对数据进行加密和解密。

A. 对称加密算法　　B. 非对称加密算法　　C. 散列算法　　　　D. 随机数生成算法

12. (　　) 属于国产的对称加密算法。

A. DES　　　　　　　B. AES　　　　　　　C. SM2　　　　　　　D. SM4

13. 随机数生成算法的主要作用是生成随机 (　　)。

A. 加密算法　　　　　B. 解密算法　　　　　C. 密钥　　　　　　　D. 加密协议

二、多选题

1. 密码有多种定义，包括 (　　)。

A. 学术定义　　　　　B. 工程定义　　　　　C. 法律定义　　　　　D. 数学定义

2.《中华人民共和国密码法》将密码分为 (　　)。

A. 核心密码　　　　　B. 工程定义　　　　　C. 普通密码　　　　　D. 商用密码

3. 从工程角度，密码是对数据等信息进行 (　　)。

A. 加密保护的物项　　　　　　　　　　　B. 加密保护的技术

C. 安全认证的物项　　　　　　　　　　　D. 安全认证的技术

4. 安全认证旨在保护 (　　)。

A. 信息来源的真实性　　　　　　　　　　B. 数据的完整性

C. 信息的机密性　　　　　　　　　　　　D. 行为的不可否认性

5. 利用物项实现加密保护或安全认证功能的方法或手段称为 (　　)。

A. 加密保护技术　　　　　　　　　　　　B. 安全认证技术

C. 加密技术　　　　　　　　　　　　　　D. 解密技术

6. 从法律角度，密码是采用特定变换的方法对信息等进行加密保护、安全认证的 (　　)。

A. 技术　　　　　　　B. 产品　　　　　　　C. 服务　　　　　　　D. 物品

7. (　　) 用于保护国家秘密的信息。

A. 核心密码　　　　　B. 普通密码　　　　　C. 商用密码　　　　　D. 基础密码

8. 数据加密技术由 (　　) 组成。

A. 商用密码　　　　　B. 密码算法　　　　　C. 密钥管理　　　　　D. 密码协议

9. 常用的数据加密算法有 (　　)。

A. 对称加密算法　　　　　　　　　　　　B. 非对称加密算法

C. 散列算法　　　　　　　　　　　　　　D. 随机数生成算法

10. 国内外常见的对称加密算法有 (　　)。

A. DES　　　　　　　B. AES　　　　　　　C. SM2　　　　　　　D. SM4

11. 国内外常见的非对称加密算法有 (　　)。

A. RSA　　　　　　　B. SM9　　　　　　　C. SM2　　　　　　　D. SM4

12. 国内外常见的散列算法有 (　　)。

A. MD5　　　　　　　B. DES　　　　　　　C. SHA　　　　　　　D. SM3

13. 常用密码协议有 (　　)。

A. TCP/IP　　　　　　B. FTP　　　　　　　C. IPSec VPN　　　　D. SSL VPN

14. 数据加密技术的作用是保护 (　　)。

A. 数据访问的真实性　　　　　　　　　　B. 数据记录的机密性

C. 数据记录的完整性　　　　　　　　　　D. 数据操作行为的不可否认性

15. 国外主要加密算法有 (　　)。

A. AES　　　　　　　B. MD5　　　　　　　C. SHA　　　　　　　D. RSA

16. 国内主要加密算法有 (　　)。

A. SM2　　　　　　　B. SM3　　　　　　　C. SM4　　　　　　　D. SM9

三、判断题

1. 明文是指难以理解的数据。　　　　　　　　　　　　　　　　　　　　(　　)

2. 密文是指难以理解的数据。　　　　　　　　　　　　　　　　　　　　(　　)

3. 密码有多种定义，如学术定义、工程定义等。　　　　　　　　　　　　(　　)

4. 商用密码属于国家秘密。　　　　　　　　　　　　　　　　　　　　　(　　)

5. 商用密码可以用于保护国家秘密信息。　　　　　　　　　　　　　　　(　　)

6. 核心密码属于国家秘密。　　　　　　　　　　　　　　　　　　　　　(　　)

7. SM2 是国产的对称加密算法。　　　　　　　　　　　　　　　　　　　(　　)

8. SM4 是国产的非对称加密算法。　　　　　　　　　　　　　　　　　　(　　)

9. SM3 是国产的散列算法。　　　　　　　　　　　　　　　　　　　　　(　　)

10. 散列算法又称杂凑算法或哈希函数。　　　　　　　　　　　　　　　　(　　)

11. 随机数生成算法又称生成真随机序列算法。　　　　　　　　　　　　　(　　)

12. 密钥管理是对密钥全生命周期的管理。　　　　　　　　　　　　　　　(　　)

13. 密码算法、密码协议是公开的，需要保密的只有密钥。　　　　　　　　(　　)

四、简答题

1. 简述密码的工程定义。

2. 简述密码的法律定义。

3. 简述商用密码的定义。

4. 简述数据加密技术的组成。

5. 简述数据加密技术的作用。

五、论述题

通过学习《中华人民共和国密码法》，论述使用商用密码的重要意义。

第 ⑥ 章
数据脱敏技术

随着信息化的不断推进，组织数据、个人数据越来越丰富，企业商业数据、个人隐私数据等敏感数据也越来越多。如何在不影响信息系统的需求分析、开发测试、决策支持等信息化工作的前提下，保护好这些隐私数据，已经成为当前 ICT 领域的热点研究问题。于是，一种新型的敏感数据保护技术——数据脱敏技术便应运而生。本章将介绍数据脱敏的概念、数据脱敏的类别、敏感数据识别策略、数据脱敏方法、数据脱敏产品及应用案例。

6.1   数据脱敏的概念

6.1.1   数据脱敏的定义

数据脱敏 (data masking) 是指对敏感数据通过一定的规则对其进行数据变形、屏蔽或仿真处理，从而实现对其可靠保护。其中，敏感数据 (sensitive data) 是指组织、个人不适合公开发布的数据，包括组织 (含政府机关及企事业单位) 敏感数据、个人敏感数据等。

例如，企业的有关商业数据 (如产品设计数据、生产工艺数据、市场销售数据、管理经营数据等) 属于组织敏感数据，这些数据一旦被泄露、非法提供或滥用，可能危害企业的声誉、商业模式、经济效益，甚至危害国家安全。

再如，个人的有关隐私数据 (如个人的生物识别、宗教信仰、特定身份、医疗健康、金融账户、行踪轨迹等数据) 属于个人敏感数据，这些数据一旦被泄露、非法提供或滥用，可能导致个人的人格尊严受到侵害或者人身、财产安全受到危害。

6.1.2   数据脱敏的原则

数据脱敏应遵循有效性原则、真实性原则、高效性原则、一致性原则、合规性原则 5 项原则。

1. 有效性原则

数据脱敏有效性原则是指"有效"地"脱掉"了数据中的敏感信息，即达到了去掉敏感数据的要求，保证了数据安全。

数据脱敏有效性原则的基本要求是：经过数据脱敏处理后获得的数据资产中，相关敏感数据已被移除，无法直接从数据资产中获得敏感数据，或者，需通过巨大经济代价、时间代价才能得到敏感信息，其成本已远远超过数据资产本身的价值；在开展数据脱敏工作时，应根据不同的敏感数据或同一敏感数据不同的应用场景，选择合适的数据脱敏方法。

2. 真实性原则

数据脱敏真实性原则是指"脱敏"后的数据仍能体现相关业务的真实特征，包括(不限于)数据结构特征、数据统计特征。其中，数据结构特征是指数据本身的构成遵循一定的规则。例如，身份证号 18 位 = 地区编码 (6 位)+ 生日 (8 位)+ 顺序号 (3 位)+ 校验码 (1 位)；数据统计特征是指大量的数据记录所隐含的统计趋势，例如某高等学校学生地区分布、年龄分布等。

数据脱敏真实性原则的基本要求是：保持原数据的格式；保持原数据的类型；保持原数据之间的依存关系；保持语义完整性；保持引用完整性；保持数据的统计、聚合特征；保持频率分布；保持唯一性。

3. 高效性原则

数据脱敏高效性原则是指数据脱敏的过程可通过程序自动化实现，可重复执行。

数据脱敏高效性原则的基本要求：平衡脱敏工作效率与脱敏时间代价间的关系，将数据脱敏的工作控制在一定的时间范围内；平衡脱敏工作效率与脱敏经济代价间的关系，在确保一定安全底线的前提下，尽可能减少数据脱敏工作所花费的经济代价。

4. 一致性原则

数据脱敏一致性原则是指同一脱敏系统对同一数据的脱敏结果一致。换言之，在同一脱敏系统下，对同一个敏感数据，无论脱敏多少次，其最终的脱敏结果数据均是相同的。

数据脱敏一致性原则的基本要求：脱敏系统 (或产品) 要稳定可靠；脱敏方法 (或算法) 要科学、精准。

5. 合规性原则

数据脱敏合规性原则是指数据脱敏全生命周期过程要符合我国相关法律、法规和标准规范要求。

数据脱敏合规性原则的基本要求：脱敏系统 (或产品) 本身要获得相关资质，如测评资质、销售资质等；脱敏系统 (或产品) 的部署、运行要科学规范；脱敏工作的开展要有相关管理措施做支撑。

6.1.3　数据脱敏的流程

数据脱敏主要包括三个阶段：识别敏感数据、脱掉敏感数据、评价脱敏效果。

- 识别敏感数据：采用相关敏感数据识别策略 (详见 6.3 节)，识别出数据源中的敏感数据，例如结构化数据库中的敏感字段。
- 脱掉敏感数据：采用相关数据脱敏方法 (详见 6.4 节)，脱掉敏感信息。
- 评价脱敏效果：采用相关数据脱敏评价方法 (详见 6.5 节)，对脱敏处理后的数据集进行评价，以确保其符合脱敏要求。对脱敏效果进行评价主要体现在两个方面：一是要满足 6.1.2 节所述的 5 个原则，二是不影响数据分析结果的精准性。

6.1.4 数据脱敏与数据匿名化、数据去标识化间的关系

数据脱敏与数据匿名化、数据去标识化三者间，既有区别，又有联系。

1. 三者间的区别

数据脱敏、数据匿名化、数据去标识化之间的区别主要有4点：术语定义不同、使用领域不同、应用对象不同、处理效果不同。

(1) 术语定义不同

根据国家标准《信息安全技术 个人信息安全规范》(GB/T 35273—2020)，本书给出数据匿名化、数据去标识化的定义如下：

数据匿名化(data anonymization)是指通过对个人数据的技术处理，使得个人数据主体无法被识别或者关联，且处理后的数据不能被复原的过程。

数据去标识化(data de-identification)是指通过对个人数据的技术处理，使其在不借助额外数据的情况下，无法识别或者关联个人数据主体的过程。

(2) 使用领域不同

数据脱敏概念是大数据科学领域的纯技术术语，在法律语境下很少使用。

数据匿名化、数据去标识化概念既是网络安全领域、法学领域的技术术语，又是法律界的法律术语，更是社会公众领域(如新闻界)通俗易懂的常用术语。

(3) 应用对象不同

数据脱敏的对象可以是任何数据源数据，如结构化数据的关系数据库、非结构化的音频/视频数据、个人敏感数据等。

数据匿名化、数据去标识化则主要应用于个人敏感数据，如个人生物识别数据、个人特定身份数据、个人医疗健康数据、个人金融账户数据等。

(4) 处理效果不同

针对个人敏感数据，数据脱敏、数据匿名化、数据去标识化在对其处理效果上的区别如表6-1所示。表中，"有条件满足"所说的条件是指用户相关要求，若用户要求满足，则可以满足。

表 6-1 数据脱敏、数据匿名化、数据去标识化在处理个人敏感数据效果上的区别

区别项	数据脱敏	数据匿名化	数据去标识化
处理后数据无法指向特定个人	满足	满足	满足
处理后数据结合其他数据无法指向特定个人	有条件满足	满足	不满足
处理后数据不能复原为个人信息	有条件满足	满足	不满足

2. 三者间联系

从技术视角，数据去标识化、数据匿名化均属于数据脱敏的范畴，只是数据脱敏内涵更丰富、外延更广。

从技术内容来看，数据去标识化、数据匿名化涉及的相关技术(如加密、哈希函数等)均可视为数据脱敏技术。

6.2　数据脱敏的类别

从数据脱敏对象的角度来看，数据脱敏总体可分为两大类：结构化数据脱敏、非结构化数据脱敏，如图 6-1 所示。其中，结构化数据脱敏包括数据库脱敏 (含静态数据脱敏、动态数据脱敏)、结构化文本脱敏；非结构化数据脱敏包括图像数据脱敏、视频数据脱敏、非结构化文本脱敏。

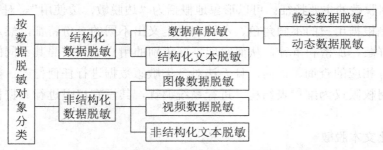

图 6-1　基于脱敏对象的数据脱敏分类图

6.2.1　结构化数据脱敏

1. 结构化数据及结构化数据脱敏的概念

结构化数据，也称行数据，是指由二维表结构来逻辑表达和实现的数据，它严格地遵循数据格式与长度规范。其中，二维表中的每行 (条) 记录对应一个数据主体，二维表中的每列 (字段) 对应一个属性。

结构化数据脱敏是指遵照一定的规则对上述二维表结构中的敏感字段数据进行数据变形、屏蔽或仿真处理，从而对其实现可靠保护。

结构化数据脱敏对象是各类关系数据库。例如，传统数据库，包含 Oracle、SQL Server、Informix、MySQL、DB2、Postgre SOL、Sybase、MongoDB 等；国产数据库，包含 GBase、达梦、巨杉、人大金仓等。

2. 数据库脱敏

从脱敏模式来看，数据库脱敏包括静态数据脱敏和动态数据脱敏。

(1) 静态数据脱敏

静态数据脱敏的基本思想：在保证数据之间的关联关系条件下，对数据文件进行脱敏处理；处理后的数据文件不包含敏感字段数据；处理后的数据文件不影响数据分析结果。

静态数据脱敏的技术路线：采用 ETL 的技术→从源数据库抽取数据→将抽取的数据采用特定算法进行变形→将变形后的数据加载至目标数据库→形成脱敏后的数据文件 (简称脱敏文件)。

静态数据脱敏的主要应用场景：测试、开发、培训、数据分析、数据交易等。

静态数据脱敏的主要特征：可以形象地概括为"搬移并仿真替换"，即业务系统的开发、测试、培训、分析等相关人员可以随意调用、读写脱敏文件中的相关数据，仿真业务系统和数据分析；同时，脱敏数据文件与生产环境物理隔离。

(2) 动态数据脱敏

动态数据脱敏的基本思想：在不脱离生产环境条件下，对后台数据库敏感数据的查询和调用结果进行实时脱敏；脱敏后的数据可以在用户前端进行呈现。

动态数据脱敏的技术路线：采用 SQL 技术→查找包含敏感字段的查询语句→采用函数运算，处理敏感字段查询语句→数据库自动返回改写后不包含敏感数据的结果。

动态数据脱敏的主要应用场景：数据库系统使用人员、数据库系统运维人员。

动态数据脱敏的主要特征：可以形象地概括为"边脱敏，边使用"。对于数据库系统使用人员，先根据用户的不同角色、不同职责定义出不同的身份特征，然后对敏感数据进行隐藏、屏蔽、加密和审计，从而实现不同级别的用户必须按照其不同的身份特征对敏感数据进行相应的查询、访问，且无法对各类敏感数据进行任何修改；数据库系统运维人员的使用权限仅为维护表结构、进行系统调优，其没有权限进行数据检索或导出真实数据。

3. 结构化文本脱敏

结构化文本，又称结构文本，是指 txt、csv、xls、python、xml、dbf、dmp 等文本文件，因此结构文本又简称文件。

结构化文本脱敏（简称文件脱敏）的基本思想：在不脱离生产环境条件下，对生产数据源的文本文件进行脱敏；处理后的文本文件不包含敏感数据；处理后的数据文件不影响数据分析结果。

结构化文本脱敏的技术路线：设置脱敏规则并输入文本文件→采用相关技术（如加密、替换、偏移等）对文本文件进行脱敏→输出脱敏结果（脱敏后的文本文件或脱敏后的关系数据库）。

结构化文本脱敏的主要应用场景：测试、开发、培训、数据分析等。

结构化文本脱敏的主要特征：与静态数据脱敏相似，也是"搬移并仿真替换"。

6.2.2 非结构化数据脱敏

1. 非结构化数据的概念

非结构化数据是指没有明确结构约束（或数据结构不规则、不完整）、没有预定义的数据模型、不方便用二维逻辑表来表现的数据。

非结构化数据主要包括图像数据、视频数据、非结构化文本数据等。

2. 图像数据脱敏

图像数据脱敏是指采用相关技术手段，对图像中的文字、图形进行去标识化、遮罩、添加噪声等处理，从而对其实现可靠保护。其中，图像脱敏的相关技术手段包括 AI 技术（如深度学习）、差分隐私技术等；去标识化是指去掉图像中的敏感文字信息，如自然人隐私数据；遮罩是指对图像进行类似"打马赛克"处理；添加噪声是指使原图像变得"面目全非"，以期实现脱敏目标。

例如，在互联网医疗领域，对医疗影像图像脱敏处理就是一种典型的图像脱敏场景。

医院医疗影像设备会产生大量的医疗图像数据，这些图像可能会把患者 ID、患者姓名等个人敏感信息以文字形式打印在图像中，在医疗影像数据处理之前为了保护用户隐私，需要对图像中的患者信息进行脱敏处理，以实现医疗影像数据的去标识化。

3. 视频数据脱敏

视频数据是由一系列相关联的图像帧数据构成，其中的每一个图像帧是一个静态的图像数据。换言之，视频数据 = 图像数据 1+ 图像数据 2+……+ 图像数据 N。

视频数据脱敏是指采用相关技术手段，对图像数据 1 ~ N 中的文字、图形进行去标识化、遮罩、添加噪声等处理，从而实现对视频数据的可靠保护。

例如，智能安防用户行为分析便是典型的图像脱敏场景。智能安防中，一般都会安装若干个摄像头，这些摄像头会实时产生大量的视频数据，这些视频数据中可能会包含人脸等个人隐私信息，因此在进行异常行为分析时，需要对这些隐私数据进行脱敏，以实现个人隐私保护。

4. 非结构化文本脱敏

非结构化文本脱敏是指采用相关技术手段，对非结构化文本中的文字进行去标识化处理，从而实现对其可靠保护。其中，相关技术手段包括 AI 技术 (如深度学习)、差分隐私技术等；去标识化是指去掉文本中的敏感文字信息，如自然人隐私数据。

例如，在互联网医疗领域，对电子病历脱敏就属于非结构化文本数据脱敏范畴。在电子病历脱敏场景中，医生有可能会把患者的姓名、年龄、家庭等个人敏感信息伴随着患者陈述一起写入电子病历中。因此，在对电子病历进行数据分析等操作之前，需要对涉及患者个人信息的敏感数据进行脱敏处理，避免用户隐私泄露，以实现个人隐私保护。

6.3　敏感数据识别策略

6.3.1　敏感数据识别的概念

1. 敏感数据识别的定义

敏感数据识别是指数据脱敏产品通过内置的识别策略，自动、准确地识别数据资产中的常见敏感数据。

- 数据脱敏产品是指专门用于数据脱敏并经第三方权威机构测评认证的 ICT 产品。
- 识别策略包括敏感数据源识别策略(详见 6.3.2 节)、敏感数据本身的识别策略 (详见 6.3.3 节)。
- 常见敏感数据包括个人隐私数据、组织敏感数据及其复合数据，如姓名、手机号码、身份证号码、中文地址、银行卡号、公司名称、固定电话、电子邮箱、组织机构代码、纳税人识别号、社会统一信用代码、中文姓名 + 公司名称、身份证 + 组织机构代码，等等。

2. 敏感数据识别的作用

敏感数据识别的作用主要有两个：一是让用户了解自己拥有的数据资产中的敏感数据及其分布情况；二是为下一步对这些数据资产进行脱敏提供依据。

6.3.2　敏感数据源识别策略

敏感数据源识别策略是指能从敏感数据源中自动发现敏感数据的识别策略。其中，识别策略是指敏感数据源的相关识别方法，不同类别的数据脱敏产品，其识别方法是不同的。例如，针对关系数据库的脱敏产品，主要有两类识别方法：字段名称识别和字段内容识别。敏感数据源，又称脱敏数据源（简称脱敏源），是指数据资产中的敏感数据来源，主要有 4 个来源：数据库（含国产数据库、国际主流数据库）、文件（含结构化文件、非结构化文件）、大数据平台、动态数据流（含 API 接口、消息队列等），每个数据来源的详细介绍见 6.5.1 节。

6.3.3　敏感数据识别策略

敏感数据识别策略是指对敏感数据本身进行识别的策略。依照识别的范围不同，其识别策略又分为全量识别、抽样识别、增量识别。

- 全量识别：对数据资产的所有数据源的所有数据项（含表、文件、数据流等）进行识别。
- 抽样识别：对数据资产的部分数据源中的部分数据项进行识别，如只识别某个 schema/ 文件夹、某个表 / 文件。
- 增量识别：对数据资产的新增数据源中的新增数据项进行识别。

6.4　数据脱敏方法

6.4.1　数据脱敏方法的类别

数据脱敏方法总体可分为两大类：一类是经典的常规数据脱敏方法（简称经典数据脱敏方法），另一类是现代的面向个人隐私保护的数据脱敏方法（简称现代隐私保护方法），如图 6-2 所示。其中，经典数据脱敏方法又包括 4 个子类，即泛化类方法（含截断、取整、归类等方法）、抑制类方法（屏蔽或掩码方法）、扰乱类方法（含加密、散列、混淆等方法）、仿真类方法（仿真方法）；现代隐私保护方法主要包括 K- 匿名化、L- 多样化、T- 接近性、ε- 差分隐私等方法。

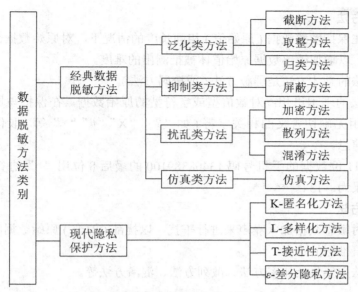

图 6-2 数据脱敏方法分类图

6.4.2 经典数据脱敏方法简介

1. 泛化类方法

泛化是指在保留敏感数据原始值局部特征的情况下,使敏感数据的总体特征被泛化(或模糊化)。换言之,就是使用一般值来替代敏感数据的原始值,以泛化原始数据的精确值,增加敏感数据原始值被推测出的难度。

具体而言,泛化类脱敏方法主要有:截断方法、取整方法、归类方法。

(1) 截断方法

截断方法的基本思想:对数值型或字符型的原始数据,直接舍弃业务不需要的数据位,仅保留部分关键数据位。

例如,将 11 位数据的手机号码 13408389100,截断为 3 位数据(仅保留前 3 位),其截断结果为 134。

(2) 取整方法

取整方法的基本思想:对数值型或时间型的原始数据,按一定的幅度进行向下或向上的偏移取整。

例如,将时间数据 20211118 01:01:09,按 10 秒取整(只舍不入)的结果为 20211118 01:01:00。

再例如,将月工资数据 536 元,按 10 元进行取整(4 舍 5 入)的结果为 540。

(3) 归类方法

归类方法的基本思想:对数字型数据按照大小归类到预定义的多个档位。

例如,若把个人月工资按照收入的原始值分为高(≥10000元)、中(<10000元且≥5000元)、低(<5000元)3 个级别,则当某员工的工资(原始值)为 7888 元时,其脱敏值为中。

2. 抑制类方法

抑制是指在保持敏感数据 (原始值) 相同长度的情况下，对原始数据部分信息或全部信息进行隐藏，以增加敏感数据原始值体被推测出的难度。

抑制类方法的具体方法是屏蔽方法 (或掩码方法)。

抑制类方法的基本思想：对数值型或字符型的原始数据，在保持与原始数据相同长度的情况下，用无确切含义的相关字符 (如 "？" "X" "#" "*" 等) 取代原始数据的局部信息或全部信息。

例如，对 11 位数据的手机号码 13408389100 的最后 8 位用 "*" 进行屏蔽或掩码操作，其脱敏结果为：134*******。

3. 扰乱类方法

扰乱是指对敏感数据加入噪声来进行干扰，以扰乱 (改变) 原始数据的精确值，增加敏感数据原始值推测的难度。

扰乱类方法主要包括加密方法、散列方法、混淆方法等。

(1) 加密方法

加密方法的基本思想：用加密算法对敏感数据项的原始值进行加密，以改变其精准值。其中，加密算法是指相关的对称加密算法，它可以是古典对称密码算法 (如替代、移位、置换等)、现代密码算法 (如 5.2 节的 DES、AES 算法)、国产商密算法 (如 5.3 节的 SM4 算法) 等。

例如，ID 号 12345，可使用古典密码的移位算法或替换算法，使加密 (脱敏) 后的结果为 vwxyz。

加密方法的特点：可以还原 (恢复) 敏感数据的原始值；推测 (或破解) 敏感数据的原始值较难，尤其是使用国产 SM4 算法，破解率几乎为 0。

(2) 散列方法

散列方法，又称哈希方法或 Hash 方法。

散列方法的基本思想：用散列算法对敏感数据项的原始值进行加密，以改变其精准值。其中，散列算法包括 MD5、SHA1、SHA、SM3 等，详见 5.2 节、5.3 节。

散列方法的特点：不同长度的敏感数据的原始值经过 "散列方法" 脱敏后的长度是固定的；不能还原 (恢复) 敏感数据的原始值。

例如，原始数据 "iscbupt" 和 "State Key Laboratory of Networking and Swiching" 使用散列算法 MD5 处理后的结果均是长度为 128 比特值，结果分别为

0x 16838A414 ADAEC12D8D86F735FD183B7

0x 963D49BA01666C8A66AF403FF8B66955

(3) 混淆方法

混淆方法，又称重排方法。

混淆方法的基本思想：将敏感数据的原始值无规则地进行打乱，在隐藏敏感数据的同时能够保持原始数据的组成方式。

例如，将序号 12345 混淆成 53241。

4. 仿真类方法

仿真 (simulation) 是指在对真实数据集的敏感信息脱敏后且仅保留其基本特征前提下，重新构建数据集，以便在数据实验或数据分析过程中，对数据集的关键特征做出模拟的行为过程。

仿真方法则是指根据敏感数据的原始内容，遵照一定的编码标准、校验规则，构建与原数据集内容完全不同的仿真数据集。其中，编码规则、校验规则泛指已经公开的数据编码标准中的编码规则和校验规则，如国家标准《公民身份号码》(GB 11643—1999) 给出了 18 位公民身份号码的编码规则和校验规则。

换言之，构建的仿真数据集 (脱敏数据集)，脱敏后"数据记录内容"与原数据集完全不同，但是脱敏后的"数据记录特征"是相同的，脱敏后的数据项、数据记录仍然是"有意义"的数据：姓名脱敏后仍然是姓名，住址脱敏后仍然为住址，身份号码脱敏后仍然是 18 位的身份号码，等等。

例如，可以采用下述方法来仿真"姓名"数据。

首先，选取部分百家姓中的姓氏 (10 个) 来生成姓氏字典 Fname={ 赵，钱，孙，李，周，吴，郑，王，冯，陈 }，选取部分女性常用字 (10 个) 构成女性名字字典 SFname={ 枝，丽，秀，娟，英，华，慧，巧，美，静 }，选择部分男性常用字 (10 个) 构成男性名字字典 SMname={ 中，华，刚，强，德，军，浩，泓，钧，栋 }。

然后，可以根据上述三类字典进行排列组合，可以随机"仿真生成"相关的男性姓名、女性姓名，如男性 3 字姓名 { 赵华强，李中军，王栋梁，……}、女性 3 字姓名 { 钱丽娟，周巧慧，郑秀英，……}。

6.4.3　现代隐私保护方法简介

1. K- 匿名化方法

K- 匿名化 (K-anonymity) 方法的基本思想：针对关系数据库的原始数据集，通过采用 6.4.2 节的泛化、抑制、扰乱等经典数据脱敏方法，对原始数据集进行脱敏，脱敏后的任意用户标识信息相同组合 (简称等价数据集) 都至少出现 K 次。其中，等价数据集可以是一个敏感属性，也可以是两个甚至多个敏感属性组合；K 值越大，保护个人隐私的强度就越大。

例如，原始数据集如表 6-2 所示，它含有 4 个字段 (含序号、邮编、年龄、疾病)，共有 10 条记录。采用经典数据脱敏方法，脱敏后的数据集如表 6-3 所示。标识符组合 { 邮编，年龄 } 的等价数据集共有 3 类，即：{476***，2*}、{4760**，≥ 40} 和 {476***，3*}；每一类数据集的记录数分别为：{476***，2*}，有 3 条记录；{4760**，≥ 40}，有 4 条记录；{476***，3*}，有 3 条记录。对各类等价数据集的记录数求最小值 =min {3，4，3} =3，即脱敏后的等价类组合 { 邮编，年龄 } 都至少出现 3 次。因此，脱敏后的数据集为：3-匿名化数据集。

表 6-2　原始数据集

序号	邮编	年龄	疾病
1	476770	25	流感
2	476021	28	流感

序号	邮编	年龄	疾病
3	476780	24	哮喘病
4	479020	42	肺癌
5	479051	43	流感
6	479053	46	肝癌
7	479091	50	哮喘病
8	476111	31	哮喘病
9	476222	35	心脏病
10	476333	36	流感

2. L- 多样化方法

L- 多样化 (L-diversity) 方法的基本思想：在 K- 匿名化的基础上，每一个等价类数据集里的敏感属性必须具有多样性，即敏感属性至少有 L 个不同的取值。通过 L- 多样化处理，使得攻击者最多只能以 1/L 的概率确认某个体的敏感信息，从而保证用户的隐私信息不能通过背景知识、同质知识等方法推断出来。其中，L 取值至少大于 1。

等价类数据集是指属性或属性集合取值相同的数据集。例如表 6-3，序号 1～3、4～7、8~10 的 3 个数据集在 {邮编，年龄} 属性组合上属于 3 个不同等价类数据集 d1、d2、d3。

对于 d1，其敏感属性 {疾病} 有两种不同取值 "流感" 和 "哮喘病"，L 为 2，则脱敏后的数据集 d1 为：2- 多样化数据集。

对于 d2，其敏感属性 {疾病} 有 4 种不同取值，即 "肺癌" "流感" "肝癌" 和 "哮喘病"，L 为 4，则脱敏后的数据集 d2 为：4- 多样化数据集。

对于 d3，其敏感属性 {疾病} 有 3 种不同取值，即 "哮喘病" "心脏病" 和 "流感"，L 为 3，则脱敏后的数据集 d3 为：3- 多样化数据集。

对表 6-3 的全部等价数据集 d1、d2、d3 的 L 取最小值 =min {2，4，3，3} =2，因此脱敏后的数据集为：2- 多样化数据集。

表 6-3 脱敏后数据集

序号	邮编	年龄	疾病
1	476***	2*	流感
2	476***	2*	流感
3	476***	2*	哮喘病
4	4790**	≥ 40	肺癌
5	4790**	≥ 40	流感
6	4790**	≥ 40	肝癌
7	4790**	≥ 40	哮喘病
8	476***	3*	哮喘病
9	476***	3*	心脏病
10	476***	3*	流感

3. T- 接近性方法

T- 接近性 (T-closeness) 方法的基本思想：在 L- 多样化的基础上，如果一个等价类敏感数据集的敏感属性概率分布与全局数据库的敏感数据的敏感属性概率分布的距离比较接近，小于阈值 T，则称该等价类满足 T- 接近性约束。如果数据集中的所有等价类都满足 T- 接近性，则称该数据集满足 T- 接近性。

例如，已知某全局数据集中敏感属性｛疾病 X｝出现阳性的概率分布比例是 1/10，并设置阈值 T=20% =0.2。

先对其进行脱敏处理。表 6-4、表 6-5 为脱敏后的可公开分布的两个数据子集：子数据集 A、子数据集 B。这两个数据集具有两个共同特征。一是在属性｛邮编｝上都是同一个等价类。其中，子数据集 A 在敏感属性｛疾病 X｝上的 "K- 匿名化"为 "5- 匿名化"，子数据集 B 在敏感属性｛疾病 X｝上的 "K- 匿名化"为 "2- 匿名化"。二是子数据集 A、B 在敏感属性｛疾病 X｝上的 "L- 多样化"均为 "2- 多样化"。

然后计算两个子数据集在敏感属性｛疾病 A｝出现 "阳性"上的 T- 接近性。对于子数据集 A，由于其｛疾病 A｝出现阳性的概率分布比例为 1/2，则 1/2 与 1/10 的距离为 (1/2)-(1/10)=0.4=40% > 阈值 T(=20%)，所以子数据集 A 不满足 T- 接近性；对于子数据集 B，由于其｛疾病 A｝出现阳性的概率分布比例为 1/5，则 1/5 与 1/10 的距离为 (1/5)-(1/10)=0.1=10% < 阈值 T(=20%)，所以子数据集 A 满足 T- 接近性。

4. ε- 差分隐私方法

ε- 差分隐私 (ε-differential privacy) 方法的基本思想：对于差别只有一条记录的两个数据集 D 和 D' (neighboring datasets，近邻数据集)，查询它们获得结果相同的概率非常接近。换言之，对于一个数据集任意删除一条记录或任意添加一条记录，不影响查询结果，即数据集的查询结果与任何一条记录无关。

若从数理统计学科的角度，ε- 差分隐私可以定义为：针对上述两个仅差一条记录的数据集 D 和 D'，设有随机查询算法 A，Range(A) 为算法 A 所有可能的输出结果，若算法 A 在数据集 D 和 D' 上任意输出结果 $O(O \in$ Range(A)) 满足的不等式，为

$$P_r\big[A(D)=O\big] \leq e^\varepsilon \times P_r\big[A(D')=O\big]$$

则称算法 A 满足 ε- 差分隐私。其中，P_r[*] 为事件发生的概率，参数 ε 为隐私预算，ε 越小，隐私保护程度越高。当 $\varepsilon=0$ 时，隐私保护程度达到最高。

ε- 差分隐私涉及较深入的数理统计理论，有兴趣的读者可参考相关书籍和论文。

6.5 数据脱敏产品及应用案例

6.5.1 数据脱敏产品总体架构

依照数据敏感源 (或脱敏源) 类别 (详见 6.3.2 节)，数据脱敏产品可细分 4 类：数据库脱敏产品 (含静态数据库脱敏产品、动态数据库脱敏产品)、文件脱敏产品、大数据脱敏产品、动态数据流脱敏产品。

在当下大数据时代，相关组织机构的敏感数据源往往包括数据库、文件、大数据平台、动态数据流全部 4 个数据源或其中的 1 ～ 3 个数据源组合。因此，在对数据脱敏产品进行架构时，应总体考虑 4 个数据源，并根据具体需求进行配置，以满足用户的数据脱敏目标。

基于上述分析，数据脱敏产品的总体架构如图 6-3 所示，它由脱敏数据源、脱敏过程、脱敏目标、应用场景 4 部分构成。以下简要介绍每一部分的相关内容。

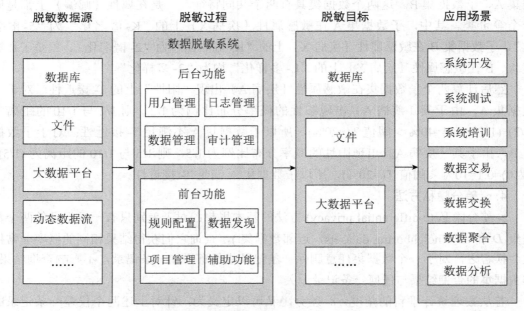

图 6-3　数据脱敏产品的总体架构

1. 脱敏数据源

脱敏数据源是指需要进行脱敏的数据源，主要包括 4 个数据源：数据库、文件、大数据平台、动态数据流。

- 数据库：分为国产数据库和国际主流数据库。国产数据库，包括武汉达梦、人大金仓、神舟通用、南大通用、OceanBase、GaussDB、GoldenDB、海冬青等；国际主流数据库，包括 Oracle、SQL Server、Informix、MySQL、DB2、Postgre SQL、Sybase、MongoDB、AS/400 等。
- 文件：包括 txt 文件、CSV 文件、Excel 文件、Oracle dump、XML、html 等结构化和非结构化文件。
- 大数据平台：包括 Teradata、Impala、Hive、HBase 等。
- 动态数据流：包括网络流量、数据库在线数据、API 接口数据、SDK 接口数据、消息队列等。

2. 脱敏过程

所谓脱敏过程，就是利用数据脱敏系统（或平台）对脱敏数据源相关敏感数据进行"脱敏"处理的过程，以期实现对其可靠保护。

一般地，数据脱敏平台主要功能如图 6-3 所示，它由后台功能和前台功能构成。其中，后台功能主要包括用户管理、日志管理、数据管理、审计管理等；前台功能主要包括规则配置、数据发现、项目管理、辅助功能等。

(1) 后台功能

- 用户管理。其包括用户注册管理、用户身份鉴别管理、用户角色管理、用户权限管理、用户口令管理等功能。
- 日志管理。其包括登录和注销日志、数据脱敏审批流程日志、数据脱敏任务的执行日志、安全策略变更日志、用户及角色进行增加/删除/修改等操作日志、事件发生的日期和时间日志等。
- 数据管理。其包括脱敏数据源管理、脱敏目标数据管理、数据查询/浏览等功能。
- 审计管理。其包括：对上述相关日志数据进行审计的审计记录生成、审计记录查询、审计记录存储/备份等功能；重点审计相关授权用户/角色/权限之间相互制约关系及其审计记录(含操作对象、操作方式、原信息、变更后信息、操作人员、操作时间等)，例如数据脱敏系统的重要功能(含用户/权限管理、审计记录管理、数据脱敏任务管理和对敏感数据进行操作)应由不同用户执行。

(2) 前台功能

- 规则配置。其包括：敏感数据域管理，定义默认个人或企业敏感数据域(或敏感字段)信息，如姓名、年龄、电话号码、社保号码、身份证号、电子邮件、家庭住址、银行账号、企业组织机构代码、企业名称、企业银行账号、账号密码、工资等信息；脱敏方法管理，包括 6.4 节介绍的经典数据脱敏方法(如截断、取整、归类、屏蔽/掩码、加密、散列、混淆、仿真等)、现代隐私保护方法(如 K- 匿名化、L- 多样化、T- 接近性、ε- 差分隐私等)；脱敏规则管理，针对用户的敏感数据域，配置固定、置空、乱序的身份证号码、地址、电话号码、银行卡号、邮箱地址、公司名称、IP 地址、URL 地址、组织机构代码、税务登记号码、日期、邮政编码等敏感数据规则。
- 数据发现。根据用户自定义的脱敏数据域或提前设置好的敏感数据特征，自动发现敏感数据源，包括敏感数据域信息、库表信息、库表列信息、库表约束信息等。
- 项目管理。其包括任务管理、敏感数据扫描、流程管理、数据脱敏、任务状态监控、报告生成、数据抽取、数据迁移等功能。其中：任务管理是指对敏感数据扫描/数据脱敏任务进行管理，主要有任务新增、编辑、删除、启动、复制、停止、刷新等操作项；流程管理主要是指脱敏流程管理，包括脱敏文档流转流程(含库到库、库到文件、文件到文件、文件到库、本地脱敏、可逆脱敏等)管理、脱敏人员操作流程管理；任务状态监控包括脱敏进度、状态、运行时间等信息；报告生成是指脱敏任务完成后自动生成的脱敏报告，该报告主要包括处理的敏感数据总数(行)、处理的非敏感数据总数(行)、敏感表总数、非敏感表总数、错误的表数、开始和结束时间、总用时、行/单元格平均用时等信息；数据抽取、数据迁移是指根据用户需求(含应用场景需求)及脱敏报告，决定抽取或迁移的脱敏后的数据集。

● 辅助功能。其包括：数据定级管理，如将敏感数据按敏感（安全）程度不同，定级为高、中、低；数据水印管理，能够对脱敏后的数据添加数据水印；脱敏粒度控制，能够对敏感数据的单个或多个分段做脱敏处理，且脱敏后数据保持数据业务特征；特殊数据过滤，能够对需要过滤的敏感数据进行配置。

3. 脱敏目标

脱敏目标是指数据源经过脱敏后形成的目标数据，主要有三类目标数据，即数据库、文件、大数据。

4. 应用场景

脱敏后的目标数据主要应用场景为：系统开发、系统测试、系统培训、数据交易、数据交换、数据聚合、数据分析等。

6.5.2 数据脱敏产品应用部署

针对具体的数据脱敏产品，其应用部署模式各不相同，以下仅介绍两种最常用的数据脱敏产品——数据库静态脱敏系统、数据库动态脱敏系统的应用部署。

1. 数据库静态脱敏系统的应用部署

数据库静态脱敏系统的部署方式一般为旁路部署，如图 6-4 所示。它采用"搬移并仿真替换"模式进行脱敏，其主要操作流程为：参照 ETL 技术从脱敏数据源（源数据库）中抽取数据，然后将抽取的数据采用 6.4 节介绍的相关脱敏方法进行脱敏，最后将脱敏后的数据加载至目标数据库，并将其用于系统开发、系统测试、系统培训、数据交易、数据分析等应用场景。

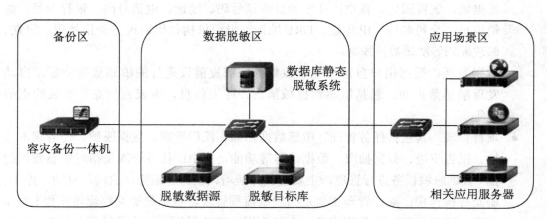

图 6-4 数据库静态脱敏系统部署示意图

2. 数据库动态脱敏系统的应用部署

数据库动态脱敏系统的部署方式一般为代理部署，如图 6-5 所示。它采用"边脱敏，边使用"模式进行实时脱敏，其主要操作流程为：

(1) 确定业务人员身份，即对脱敏人员的身份进行鉴别，其方法包括基于 IP 地址、基于 MAC 地址、基于数据库用户、基于客户端工具、基于操作系统用户、基于主机名等；

(2) 制定脱敏规则，包括基于数据库名脱敏、基于数据表名脱敏、基于字段名脱敏等；

(3) 解析还原 SQL 操作语句；

(4) 形成不包含敏感信息的脱敏目标库，并将其用于数据交换、数据聚合等应用场景。

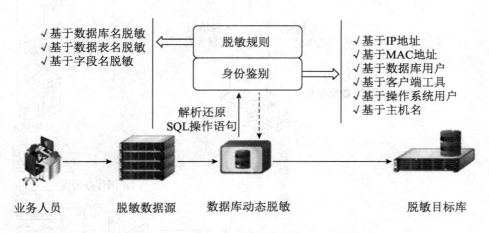

图 6-5　数据库动态数据脱敏部署示意图

6.5.3　数据脱敏产品在金融系统中的应用案例——某银行客户隐私数据脱敏策略

1. 案例背景

银行积累了海量的客户数据，这些数据中包括大量的个人隐私信息和企业商业敏感信息，如个人身份证号、个人银行账号、个人银行存 / 贷款信息、个人银行流水信息、手机号码信息、位置信息、企业银行账号、企业银行存 / 贷款信息、企业银行流水信息等。如何在不影响银行开展其业务系统测试、升级、数据分析的同时，保护好上述敏感数据，是银行决策层必须解决的问题。

于是，银行提出以下几点脱敏需求。

● 脱敏对象：客户 (含个人、组织机构)。

● 脱敏源库：个人基础数据库、个人存 / 贷款数据库、企业基础数据库、企业存 / 贷款数据库、个人操作流水库、企业操作流水库等。

● 脱敏后的数据要求：保持敏感字段间的关联关系；保持与原数据格式、类型相同；保持与原数据相同的统计、聚合特征；保持数据的唯一性；保持数据的可读性 (没有生僻字)。

2. 应用部署

为了实现上述目标，其依照图 6-6 所示的方式部署了银行专用数据脱敏平台，实现了银行的脱敏目标，满足了其脱敏需求。

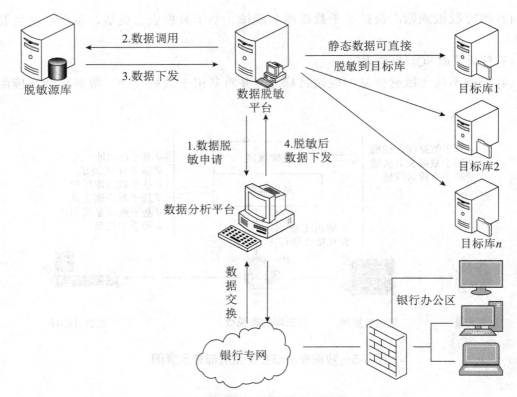

图 6-6　某银行数据脱敏应用部署示意图

参考文献

[1] 邢宇恒，张冰，毛一凡．数据脱敏在海量数据系统中的应用 [J]．电信科学，2017，33(S1):8-14.

[2] 王鑫，王电钢，母继元，常健，张凤．基于机器学习的数据脱敏系统研究与设计 [J]．电力信息与通信技术，2018，16(01): 33-38.

[3] 叶水勇．数据脱敏技术的探究与实现 [J]．电力信息与通信技术，2019，17(04): 23-27.

[4] 叶水勇．数据脱敏全生命周期过程研究 [J]．电力与能源，2019，40 (06):723-727.

[5] 中华人民共和国标准 GB/T 35273—2020．信息安全技术 个人信息安全规范 [S]．

[6] 中华人民共和国标准．信息安全技术 数据脱敏产品安全技术要求和测试评价方法 (征求意见稿)[S]. 2021.

[7] 中华人民共和国标准 GB/T 37964—2019．信息安全技术 个人信息去标识化指南 [S]．

[8] 中华人民共和国标准．信息安全技术 个人信息去标识化效果分级评估规范 (征求意见稿)[S]. 2021.

[9] 全国人民代表大会常务委员会．中华人民共和国个人信息保护法 [Z]. 2021.8.

[10] 王红凯，龚小刚，叶卫，陈超，马新强，姚进强，刘勇．大数据智能下数据脱敏的思考 [J]．科技导报，2020，38(03): 115-122.

[11] 冉冉，李峰，王欣柳，杨立春，丁红发．一种面向隐私保护的电力大数据脱敏方案及应用研究 [J]. 网络空间安全，2018，9(01): 105-113.

[12] 吕军，杨超，王跃东，刘林，王新宁．基于多业务场景的大数据脱敏技术研究及其在电力用户隐私信息保护中的应用 [J]. 电力大数据，2018，21(07): 29-35.

[13] 郑云文．数据安全架构设计与实战 [M]. 北京：机械工业出版社，2019.

[14] 吴英杰．隐私保护数据发布：模型与算法 [M]. 北京：清华大学出版社，2015.

[15] 李洪涛，任晓宇，王洁，马建峰．基于差分隐私的连续位置隐私保护机制 [EB/OL]. 通 信 学 报 https://kns.cnki.net/kcms/detail/11.2102.TN.20210707.1503.036.html，2021-07-07.

[16] 王雁．结构化隐私数据脱敏方法研究与系统实现 [D]. 哈尔滨：哈尔滨工业大学，2019-06.

[17] 李呈祥．大数据与数据脱敏 [EB/OL]. https://zhuanlan.zhihu.com/p/20824603，2016.

[18] 数据脱敏产品安全技术要求和测试评价方法标准研究项目组．数据脱敏产品安全技术要求及测试评价方法标准研究报告 [R]. 2019.

复习题

一、单选题

1. 数据脱敏是指遵照一定的规则对 (   ) 进行数据变形、屏蔽或仿真处理。

A. 个人数据　　　　　B. 敏感数据　　　　　C. 企业数据　　　　　D. 政务数据

2. 数据脱敏的 (   ) 是指数据脱敏的过程可通过程序自动化实现，可重复执行。

A. 有效性原则　　　　B. 真实性原则　　　　C. 高效性原则　　　　D. 合规性原则

3. "脱掉" 后的数据仍能体现相关业务的真实特征体现了数据脱敏的 (   )。

A. 有效性原则　　　　B. 真实性原则　　　　C. 高效性原则　　　　D. 合规性原则

4. 数据脱敏的 (   ) 是指数据脱敏全生命周期过程要符合法规要求。

A. 有效性原则　　　　B. 真实性原则　　　　C. 高效性原则　　　　D. 合规性原则

5. 经 (   ) 处理后，数据不能复原为个人信息。

A. 数据匿名化　　　　B. 数据脱敏　　　　　C. 数据去标识化　　　D. 数据加密

6. 结构化数据，也称 (   )。

A. 静态数据　　　　　B. 行数据　　　　　　C. 列数据　　　　　　D. 动态数据

7. 下述 (   ) 脱敏模式可以形象地概括为 "搬移并仿真替换"。

A. 企业数据脱敏　　　B. 个人数据脱敏　　　C. 动态数据脱敏　　　D. 静态数据脱敏

8. 下述 (   ) 脱敏模式可以形象地概括为 "边脱敏，边使用"。

A. 政务数据脱敏　　　B. 商务数据脱敏　　　C. 动态数据脱敏　　　D. 静态数据脱敏

9. 对数据资产的新增数据源中的新增数据项进行识别称为 (   )。

A. 全量识别　　　　　B. 抽样识别　　　　　C. 增量识别　　　　　D. 统计识别

10. ε- 差分隐私方法属于 (   )。

A. 仿真类方法　　　　B. 泛化类方法　　　　C. 抑制方法　　　　　D. 现代隐私保护方法

二、多选题

1. 数据脱敏应遵循 (　　) 原则。

A. 有效性原则　　　　　B. 真实性原则　　　　　C. 一致性原则　　　　　D. 合规性原则

2. 数据脱敏主要包括 (　　) 阶段。

A. 需求调研数据　　　　　　　　　　B. 识别敏感数据

C. 脱掉敏感数据　　　　　　　　　　D. 评价脱敏效果

3. 数据脱敏、数据匿名化、数据去标识化之间的区别主要有 (　　)。

A. 术语定义不同　　　　　　　　　　B. 使用领域不同

C. 应用对象不同　　　　　　　　　　D. 处理效果不同

4. 从数据脱敏对象的角度，数据脱敏总体可分为 (　　)。

A. 结构化数据脱敏　　　　　　　　　B. 企业数据脱敏

C. 个人数据脱敏　　　　　　　　　　D. 非结构化数据脱敏

5. 非结构化数据脱敏包括 (　　)。

A. 图像数据脱敏　　　　　　　　　　B. 视频数据脱敏

C. 非结构化文本脱敏　　　　　　　　D. 个人隐私脱敏

6. 数据库脱敏包括 (　　)。

A. 个人数据脱敏　　　　B. 静态数据脱敏　　　　C. 动态数据脱敏　　　　D. 政务数据脱敏

7. 下述数据库系统中，属于国产数据库的是 (　　)。

A. 甲骨文　　　　　　　B. 达梦　　　　　　　　C. My SQL　　　　　　　D. 人大金仓

8. 静态数据脱敏的主要应用场景是 (　　)。

A. 测试工作　　　　　　B. 开发工作　　　　　　C. 培训工作　　　　　　D. 数据分析工作

9. 下述格式文件，属于结构化文本的有 (　　)。

A. txt　　　　　　　　　B. xls　　　　　　　　　C. csv　　　　　　　　　D. xml

10. 图像数据脱敏主要采用 (　　) 技术手段。

A. 打马赛克　　　　　　B. 去标识化　　　　　　C. 置换　　　　　　　　D. 添加噪声

11. 常见的敏感数据有 (　　)。

A. 姓名　　　　　　　　B. 手机号码　　　　　　C. 身份证号码　　　　　D. 银行卡号

12. 敏感数据来源主要有 (　　)。

A. 数据库　　　　　　　B. 文件　　　　　　　　C. 大数据平台　　　　　D. 动态数据流

13. 下列数据源属于动态数据流的有 (　　)。

A. 源程序代码　　　　　B. API 接口　　　　　　C. 数据表格　　　　　　D. 消息队列

14. 依照识别的范围不同，敏感数据识别策略分为 (　　)。

A. 全量识别　　　　　　B. 抽样识别　　　　　　C. 增量识别　　　　　　D. 统计识别

15. 数据脱敏方法分为 (　　)。

A. 经典数据脱敏方法　　　　　　　　B. 统计技术脱敏方法

C. 人工智能脱敏方法　　　　　　　　D. 现代隐私保护方法

16. 现代隐私保护方法主要包括 (　　)。

A. K- 匿名化　　　　　　B. L- 多样化　　　　　　C. T- 接近性　　　　　　D. ε- 差分隐私

17. 以下 (　　) 属于大数据平台。

A. Oracle　　　　　　　B. Hive　　　　　　　C. My SQL　　　　　　D. HBase

三、判断题

1. 企业有关商业数据属于敏感数据。　　　　　　　　　　　　　　　　(　　)

2. 个人信息均可公开。　　　　　　　　　　　　　　　　　　　　　(　　)

3. 数据脱敏与数据匿名化、数据去标识化的结果是一致的。　　　　　　(　　)

4. 数据匿名化主要应用于个人敏感数据。　　　　　　　　　　　　　　(　　)

5. 个人身份证号码属于敏感数据。　　　　　　　　　　　　　　　　　(　　)

6. 数据脱敏产品须经第三方权威机构测评认证。　　　　　　　　　　　(　　)

7. 动态数据流是敏感数据来源。　　　　　　　　　　　　　　　　　　(　　)

8. 泛化类方法 (含截断、取整、归类等) 不是脱敏方法。　　　　　　　(　　)

9. 散列方法是一种脱敏方法。　　　　　　　　　　　　　　　　　　　(　　)

10. K- 匿名化方法是一种仿真方法。　　　　　　　　　　　　　　　　(　　)

四、简答题

1. 简述数据脱敏、数据匿名化、数据去标识化之间的区别。

2. 简述泛化类方法的基本思想。

3. 简述抑制类方法的基本思想。

4. 简述仿真类方法的基本思想。

5. 参照本书 6.4.3，设计一个字段数 >4、记录数 >20 的数据集，并对其进行 4- 匿名化。

6. 参照本书 6.4.3，设计一个字段数 >4、记录数 >20 的数据集，并对其进行 2- 多样化。

五、论述题

结合你的所见所闻，论述数据脱敏技术在个人隐私保护中的意义和作用。

第 7 章
数据资产保护技术

数据是资产已经成为 ICT 行业共识，数据资产作为政府机构、企事业单位的重要无形资产，正在发挥越来越重要的作用。因此，采用相关技术，保护好数据资产并确保其保值增值已势在必行。本章将介绍数据资产的概念、数据资产管理的概念、数据资产管理策略、数据资产价值评估技术、数据资产安全保护技术，并给出数据资产保护综合案例。

7.1 数据资产的概念

7.1.1 数据资产的定义

1. 什么是资产

资产是指特定主体拥有或者控制的，由过去的交易或事项形成的，能持续发挥作用且能带来经济利益或提高工作效率的资源。其中，特定主体是指政府机构、法人组织、企事业单位等。

资产按其存在形态分为有形资产和无形资产。其中，有形资产是指有实物形态的资产，如房屋、土地、机器、计算机设备等；无形资产是指没有实物形态的资产，如专利、著作权、商标、数据等。

资产主要具有三个特征：①资产是由特定主体拥有或者控制的资源，如政府机关拥有的计算机终端设备；②资产是由特定主体过去的交易或事项形成的资源，如政府机关通过招投标方式购置的 IT 设备、通过政务管理形成的数据资源等；③资产能持续为特定主体发挥作用且能带来经济利益或提高工作效率，如政府机关公务员借助计算机终端设备、政府数据资源等提高工作效率。

2. 什么是数据资产

数据资产是指特定主体合法拥有或者控制的，能进行计量的，能带来经济和社会效益的数据资源。其中，特定主体是指政府机构、法人组织、企事业单位等；计量是指数据资产的质量、成本、价值可进行计量、评估。

数据资产是典型的无形资产，其分类如图 7-1 所示。其中，按数据结构类别，数据资产分为结构化数据资产、半结构化数据资产、非结构化数据资产，详见 6.2.1 节；按数据产品形态，数据资产分为一次数据资产、二次数据资产、三次数据资产，详见 8.1.2 节。

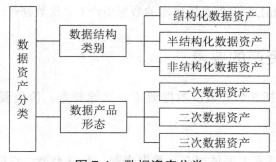

图 7-1　数据资产分类

7.1.2　数据资产的特征

数据资产主要具有增值性、控制性、共享性、计量性、依托性、非实体性、多样性、加工性 8 个基本特征。

(1) 增值性

随着应用场景、用户数量、使用频率等的增加，数据资产的经济价值和社会价值也会持续增长。

(2) 控制性

数据资产应能控制使用权限、追溯操作行为，以期满足风险可控、运行合规的相关要求。

(3) 共享性

数据资产在权限可控的前提下，可进行复制，且被组织内外部多个主体共享和应用。

(4) 计量性

数据资产的质量、成本、价值可进行计量和评估。

(5) 依托性

数据资产必须存储在一定的介质里。介质的种类多种多样，例如，纸、磁盘、磁带、光盘、硬盘等，甚至可以是化学介质或者生物介质。同一数据资产可以以不同形式同时存在于多种介质。

(6) 非实体性

数据资产无实物形态，虽然需要依托实物载体 (如存储设备)，但决定数据资产价值的是数据资产本身。数据资产的非实体性导致了数据资产的无消耗性，即数据不会因为使用频率的增加而磨损和消耗。

(7) 多样性

数据资产的表现形式多种多样，可以是数字、表格、图像、声音、视频、文字、光电信号、化学反应，甚至是生物信息等。

(8) 加工性

数据资产的加工性体现在三个方面：一是它可以被维护、更新、补充，增加数据资产数量；二是它可以被删除、合并、归集，消除数据资产中的冗余数据；三是它可以被分析、提炼、挖掘、加工，得到更深层次的数据资产 (二次数据资产、三次数据资产)。

7.1.3 数据资产的要素

数据资产主要包括 5 个要素：数据要素、法律要素、价值要素、业务要素、类别要素。

(1) 数据要素

数据资产的数据要素主要体现在：数据来源、数据类型、数据结构、数据规模、数据更新周期、数据标准、数据质量等。

(2) 法律要素

数据资产的法律要素主要体现在：数据资产的权利属性及权利限制；数据资产的保护方式，特别是企业数据资产中的商业敏感数据保护、个人数据资产的隐私数据保护，以规避数据资产在使用过程中的安全风险 (如损害国家安全、泄露商业秘密、侵犯个人隐私等)。

(3) 价值要素

数据资产的价值要素主要体现在：数据资产的取得成本、获利状况、金融属性 (如交易价格)、市场应用情况、市场规模情况、市场占有率、竞争情况等。

(4) 业务要素

数据资产的业务要素主要体现在：业务描述、业务指标、业务规则、关联关系等。

(5) 类别要素

数据资产的类别要素主要体现在：资产类型、资产级别等。其中，资产类型是指数据资产分类的类别，资产级别是指数据资产分级的级别，详见第 2 章。

7.2 数据资产管理的概念

7.2.1 数据资产管理的定义

数据资产管理是指采用相关技术，完成数据资产全生命周期管理活动，以期实现其保值增值。其中，相关技术包括数据资产评估技术、数据资产安全管理技术、数据资产审计技术；数据资产全生命周期管理活动包括数据资产的识别、确权、应用、盘点、变更、处置等。

数据资产管理的基本思想如图 7-2 所示。其中，数据资产管理的支撑技术是数据资产安全管理技术和数据资产价值评估技术；数据资产管理的核心活动就是对数据资产进行全生命周期管理，包括数据资产识别、数据资产确权、数据资产应用、数据资产盘点、数据资产变更、数据资产处置 6 项管理活动。

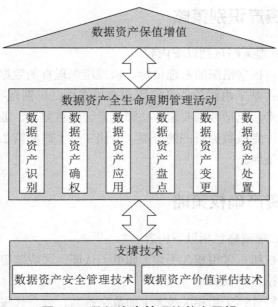

图 7-2 数据资产管理的基本思想

7.2.2 数据资产管理的基本原则

相关组织或机构(含政府部门、企事业单位)在进行数据资产管理时,应遵循 5 项基本原则:治理先行原则、价值导向原则、权责分明原则、成本效益原则、安全合规原则。

- 治理先行原则:组织应首先做好数据治理工作,确保数据资产的规范性、有效性、完整性、一致性。
- 价值导向原则:组织应开展数据资产管理活动,确保实现数据资产保值增值的目标。
- 权责分明原则:组织应明确数据资产权属、权限,做到责权利划分清晰、管理或操作行为可追溯。
- 成本效益原则:组织应关注业务运作的效率和效果,平衡数据资产管理相关活动的投入和产出。
- 安全合规原则:组织依据相关法律法规和行业监管要求,对数据资产进行分级、分类管理,采取有效措施保护数据资产的安全性,防范来自组织内外部的威胁。

7.3 数据资产管理策略

本节将从数据资产全生命周期管理活动,包括数据资产识别、数据资产确权、数据资产应用、数据资产盘点、数据资产变更、数据资产处置等方面,简要介绍相关的管理策略。

7.3.1　数据资产识别策略

数据资产识别的管理策略包括以下内容。

- 梳理数据资源：根据组织的管理目标，梳理组织现有的数据资源。
- 识别数据资产：基于组织的业务应用和市场需求，识别现有数据资源中的数据资产并分析其要素，包括数据要素、法律要素、价值要素、业务要素等。
- 登记数据资产：完成数据资产的分类、分级工作（详见第2章），并将其登入组织的数据资产目录库。

7.3.2　数据资产确权策略

数据资产确权的管理策略包括以下内容。

- 确认数据资产权属：采用相关手段（如电子认证、区块链等），在多方机构共同见证下，确认数据资产权属。
- 存证数据资产特性：采用相关技术（如数字签名、分布式账本等），记录数据资产在提供和使用过程中的相关特性（含身份属性、价值特性、时间属性等），为以后可能产生的司法纠纷提供佐证材料，维护组织数据资产的合法权益。

7.3.3　数据资产应用策略

数据资产应用的管理策略包括以下内容。

- 识别数据资产来源：针对业务应用需求，建立数据资产的应用途径，对需要采用的数据资产的身份属性进行识别和确认。
- 评估数据资产价值：构建数据资产评价体系，对数据资产本身价值及数据资产应用价值（或应用效果）进行评估。
- 溯源数据资产应用过程：建立数据资产应用溯源机制，完整记录数据资产应用的相关操作行为，确保数据资产应用过程合法合规，并能经得起第三方审计。

7.3.4　数据资产盘点策略

数据资产盘点的管理策略包括以下内容。

- 编制数据资产盘点计划：制订数据资产盘点计划，明确数据资产盘点的范围、要求、程序、时间。
- 组织数据资产盘点人员：构建数据资产盘点组织机构，确立数据资产盘点专业人员，并明确其工作职责。
- 实施数据资产盘点计划：盘点人员依据数据资产盘点计划，对数据资产目录与数据资产的一致性、准确性进行核查，并记录盘点结果。
- 处理数据资产盘点问题：盘点人员对盘点中发现的问题（如目录与数据资产不一致等）进行分析，并及时地进行处理（如更新目录等）。

7.3.5　数据资产变更策略

数据资产变更的管理策略包括以下内容。

- 建立数据资产变更机制：通过建立变更机制，确保数据资产信息与实际情况保持一致。变更机制应包括 (不限于) 的工作内容有：设定数据资产变更触发条件，如业务发生变化、重要数据资产发生变化、数据资产管理相关法规政策发生变化等；构建数据资产变更流程，如变更提出流程、变更评审流程、变更审批流程、变更执行流程等；归档数据资产变更相关的佐证文档，如相关变更流程中所需的证明材料 (含签字、盖章、日期等)。

- 评审数据资产变更方案：邀请相关专家 (含技术专家、财务专家、行业专家等) 组成专家组，对数据资产变更相关方案进行评审和确认。其中，数据资产变更方案应包括数据资产权属关系、信息完整性、业务必要性、需求符合度、影响范围等内容。

- 实施数据资产变更方案：依照数据资产变更方案，实施数据变更，并做好下述相关工作：发布数据资产变更影响通知，让相关人员知晓数据资产的变更情况；做好数据资产变更记录，并由此更新数据资产目录；保存数据资产变更相关文档材料，以备查证并为后续优化完善数据资产变更策略提供素材。

7.3.6　数据资产处置策略

数据资产处置的管理策略包括以下内容。

- 建立数据资产处置机制：通过建立处置机制，确保数据资产的处置 (含销毁、迁移等) 合法合规。数据资产处置机制应包括 (不限于) 的工作内容有：设定数据资产销毁 / 迁移条件，如该数据资产价值失效、部分失效或相关法规政策发生变化等；确立数据资产当期的剩余价值，若剩余价值为零，则全部销毁，否则要考虑数据资产迁移工作；构建数据资产处置流程，如处置提出流程、处置评审流程、处置审批流程、处置执行流程等；归档数据资产处置相关的佐证文档，如相关处置流程中所需的证明材料 (含签字、盖章、日期等)。

- 评审数据资产处置方案：邀请相关专家 (含技术专家、财务专家、行业专家等) 组成专家组，对数据资产处置方案进行评审和确认。其中，数据资产处置方案应包括数据资产处置风险及价值评估、数据资产残留价值迁移方案、数据资产销毁方案、数据资产处置工期计划 (含数据销毁留存期) 等内容。

- 实施数据资产处置方案：依照数据资产处置方案，实施数据资产处置，并保存、归档数据资产处置相关文档及佐证材料，以备查证。

7.4 数据资产价值评估技术

7.4.1 数据资产评估方法

数据资产价值评估方法主要有三种：成本评估法、收益评估法和市场评估法。

1. 数据资产成本评估法

数据资产成本评估法(简称成本法)是根据形成数据资产的成本进行评估，即数据资产的价值由该资产的重置成本扣减各项贬值来确定，其计算公式为

$$数据资产评估值 = 重置成本 \times (1- 贬值率)$$

或者

$$数据资产评估值 = 重置成本 - 功能性贬值 - 经济性贬值$$

式中，重置成本是指获得数据的合理成本(如人工工资、场地租金、打印费、存储费、一次数据资产的数据采集费、二次数据资产或三次数据资产的数据加工费等)、利润和相关税费；贬值率是指数据资产现价值与数据资产的原价值的比例；功能性贬值是指由数据资产采集或处理技术相对落后造成的贬值；经济性贬值是指由资产本身的外部影响(如数据资产滞销、数据交易市场竞争加剧等)造成的价值损失。

成本法的应用对象包括一次数据资产、二次数据资产、三次数据资产。

成本法的优点：容易理解，计算简单，便于操作、落地。

成本法的缺点：合理成本难以分摊(或分割)，如二次数据资产、三次数据资产的人工工资、数据加工费等；功能性贬值、经济性贬值等量化数据难以精准获得。

2. 数据资产收益评估法

数据资产收益评估法(简称收益法)是通过预计数据资产带来的收益估计其价值，其计算公式为

$$P - \sum_{t=1}^{n} F_t \frac{1}{(1+i)^t}$$

式中，P——数据资产评估值；F_t——数据资产未来第 t 个收益期的收益额；t——未来第 t 年；n——数据资产经济寿命期；i——数据资产折现率。

收益法的应用对象包括二次数据资产、三次数据资产。

收益法的优点：能充分反映数据资产的经济价值，容易被交易各方接受。

收益法的缺点：数据资产的经济寿命周期难以确定；数据资产直接产生的收益期及其收益额难以区分；数据资产的折现率难以精准确定。

3. 数据资产市场评估法

数据资产市场评估法(简称市场法)是根据相同或者相似的数据资产的近期或者往期成交价格，通过对比分析，评估数据资产价值的方法，其计算公式为

$$数据资产价值评估值 = 可比案例数据资产的价值 \times 技术修正系数 \times 价值密度修正$$
$$系数 \times 期日修正系数 \times 容量修正系数 \times 其他修正系数$$

式中：

- 可比案例数据资产的价值是指类似数据资产 (3 ～ 5 家) 的当期价值的平均值。
- 技术修正系数是指技术因素造成的数据资产价值差异，通常包括数据获取、数据存储、数据加工、数据挖掘、数据保护、数据共享等因素。
- 价值密度修正系数是指有效数据占总体数据比例不同造成的数据资产价值差异。价值密度用单位数据的价值来衡量，价值密度修正系数的逻辑：有效数据 (指在总体数据中对整体价值有贡献的那部分数据) 占总体数据量比重越大，则数据资产总价值越高。如果一项数据资产可以进一步拆分为多项子数据资产，每一项子数据资产可能具有不同的价值密度，那么总体的价值密度应当考虑每个子数据资产的价值密度。
- 期日修正系数是指考虑评估基准日与可比案例交易日期的不同造成的数据资产价值差异。一般来说，离评估基准日越近，越能反应相近商业环境下的成交价，其价值差异越小。期日修正系数的基本公式为

期日修正系数 = 评估基准日价格指数 / 可比案例交易日价格指数

- 容量修正系数是指不同数据容量造成的数据资产价值差异，其基本逻辑为：一般情况下，价值密度接近时，容量越大，数据资产总价值越高。容量修正系数的基本公式为

容量修正系数 = 评估对象的容量 / 可比案例的容量

当评估对象和可比案例的价值密度相同或者相近时，一般只需要考虑数据容量对资产价值的影响；当评估对象和可比案例的价值密度差异较大时，除需要考虑数据容量之外，还需要考虑价值密度对资产价值的影响。

- 其他修正系数是指数据资产评估实务中，根据具体数据资产的情况，影响数据资产价值差异的其他因素。例如，对于市场供需状况差异，可以根据实际情况考虑可比案例差异，从而确定修正系数。

市场法的应用对象包括一次数据资产、二次数据资产、三次数据资产。

市场法的优点：能客观反映数据资产的市场情况；评估参数及指标源于市场，相对真实可靠。

市场法的缺点：需要成熟的多个数据交易平台的数据，而这些数据的获得是很难的；相关 "修正系数" 也难以精准求得。

7.4.2　数据资产评估体系

1. 数据资产评估指标体系

数据资产评估体系，又称为数据资产评估指标体系，包括两个一级指标、6 个二级指标、26 个三级指标，如图 7-3 所示。其中，两个一级指标是指数据资产成本价值、数据资产应用价值。

数据资产成本价值是指数据资产在其全生命周期 (含数据的产生、获得、标识、保存、检索、分发、呈现、转移、交换、保护、销毁等) 过程中产生的直接成本和间接成本所对应的价值，它包括建设成本、运维成本、管理成本三项二级指标，每项二级指标又

包括若干三级指标，合计 12 个三级指标。

数据资产应用价值是指数据资产持续经营所产生的价值，包括数据形式、数据内容、数据绩效三项二级指标，每项二级指标也包括若干三级指标，合计 14 个三级指标。

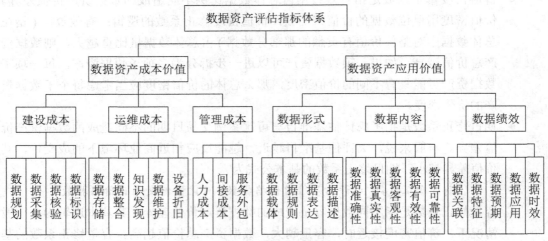

图 7-3　数据资产评估指标体系

2. 数据资产评估相关指标项目说明

(1) 建设成本

建设成本下设数据规划、数据采集、数据核验、数据标识 4 个三级评价指标。

① 数据规划是指挖掘信息及数据间的规律，建立科学的面向实际业务的数据资产体系，以增进信息共享、方便数据使用。数据规划的评价要素主要包括：

- 业务数据量预测规划；
- 数据集空间占用存储量规划；
- 数据库设计语言、数据库字符集规划；
- 数据库备份、还原方案。

② 数据采集是指采用技术手段 (含自动、半自动、人工等) 从数据源中获得原始数据，并将原始数据进行清洗、校验，以期形成数据资产或满足数据共享和利用需求。数据采集的评价要素主要包括：

- 数据采集方式，如人工、半人工、自动采集等；
- 数据采集过程计量情况；
- 数据采样周期情况；
- 数据清洗、校验情况。

③ 数据核验是指对数据质量进行检验，以确保入库数据资产的符合性、完整性、准确性。数据核验的评价要素主要包括：

- 依据数据管理标准，对数据资产的符合性进行评估；
- 依据数据质量标准，对数据资产的完整性、准确性进行核验或测评。

④ 数据标识是指从数据资产中提取要素信息，并为定义的元数据描述进行标识，以方便数据后续合理利用。数据标识的评价要素主要包括：

- 元数据用于统计各要素信息情况；
- 元数据用于识别资源、评价资源、溯源资源情况；
- 元数据用于描述数据对象存在方式及其特征情况。

(2) 运维成本

运维成本下设数据存储、数据整合、知识发现、数据维护、设备折旧 5 个三级评价指标。

① 数据存储是信息的记录载体和表现形式。数据存储的评价因素主要包括：

- 数据存储的密度和使用的存储载体的情况；
- 数据索引及数据检索的效率情况；
- 存储资源管理能力及数据可用性的情况。

② 数据整合是指解决多重数据存储或合并时所产生的数据不一致、数据重复或数据冗余的问题，提高后续数据挖掘的精确度和速度。数据整合的评价因素主要包括：

- 数据整合策略制定的情况；
- 分散数据资源进行整理、组织、挖掘及分析的情况；
- 数据资源进行相互渗透、高度协同、开发利用的情况。

③ 知识发现是指从数据集中提取可信的、创新的信息，且这些信息具有实际或潜在使用价值。知识发现的评价因素主要包括：

- 确定发现何种类型的知识，并对发现知识的潜在价值进行评估；
- 根据目标选择知识发现算法及合适的模型和参数，并从数据中提取出预期所需的知识；
- 将发现的知识呈现给使用者，并对这些知识进行检验和评估。

④ 数据维护是指通过优化、完善数据库的设计，确保存储数据的持续、高效使用；保证数据系统安全、可靠运行，为业务实现提供支撑。数据维护的评价因素主要包括：

- 数据资源维护能力建设和保障情况；
- 数据备份、数据冗余、数据迁移、应急处置等策略的准备及演练情况；
- 数据维护质量系数考核指标的确定，以及指标评价执行的情况；
- 数据销毁过程中对存储载体进行数据擦除、介质消磁、物理处理等过程的实施情况。

⑤ 设备折旧是指用于保障数据资产产生价值的设备在使用过程中逐渐损耗而转移到同产品或服务成本中的部分价值。设备折旧的评价因素主要包括：

- 设备的自然寿命 (有形损耗) 和技术寿命 (无形损耗) 对成本的影响情况；
- 设备的折旧寿命和经济寿命对成本的影响情况；
- 修理、改造、更新等设备损耗的补偿方式对设备经济寿命的影响情况。

(3) 管理成本

管理成本下设人力成本、间接成本、服务外包三个三级指标。

① 人力成本是指在数据资产采集、运维、产品和服务提供活动中，用于支付给人员的全部费用，包括人员的劳动报酬总额、社会保险费用、福利费用、教育费用、劳动保护费用、其他人工成本等。人力成本的评价因素主要包括：

- 人力成本预算的内外部数据收集和分项落实情况；
- 人力资源产出效率的提升策略和绩效考核指标落实情况；
- 人力资源应用与其成本价值的符合度情况；
- 管理流程优化、减少或合并无效环节的情况。

② 间接成本是指在数据建设、运维、产品和服务提供活动中，不能或不便直接计入成本，而需在结算时进行归集，并选择一定分配方法进行分配后计入成本的费用。间接成本的评价因素主要包括：

- 支出风险、隐患、停工等不可控费用的预案制订与执行情况；
- 常规租赁、物料、水电、办公、带宽等费用支出的预算与结算情况；
- 间接成本费用分摊方法的适用性情况。

③ 服务外包是指寻求专业服务商承接非核心的业务，整合利用其外部优秀的专业化资源，以期降低成本、提高效率、充分发挥自身核心竞争力和增强自身对环境的迅速应变能力。服务外包的评价因素主要包括：

- 服务外包在节约成本方面的评估情况；
- 服务外包在技术专业性方面的对比情况；
- 服务外包在安全稳定性方面的评价情况；
- 服务外包在服务与支持方面的响应速度、质量效率情况；
- 服务外包在保障需求、承诺价值方面的兑现情况。

(4) 数据形式

数据形式下设数据载体、数据规则、数据表达、数据描述 4 个三级指标。

① 数据载体是指数据结构、存储载体与实际应用相契合的程度。数据载体的评价因素主要包括：

- 数据检索条件与获得信息的预期契合程度；
- 特定数据检索返回结果的数据脱敏情况；
- 检索返回数据数量符合需求、有效易用的程度；
- 信息检索的人机交互界面或接口设计的易用程度。

② 数据规则是指数据的编码规则。数据规则的评价因素主要包括：

- 数据在加工整理前、后的一致性情况；
- 数据在不同版本之间的一致性情况；
- 数据更新（如增加、删除、修改）的一致性情况；
- 数据一致性校验方案的设计情况。

③ 数据表达是指数据通过逻辑归纳和符号描述，对客观事物表达的准确程度。数据表达的评价因素主要包括：

- 数据分类编码、分级表达的规范化程度；
- 数据表现形式的清晰易懂程度；
- 数据内容和格式与业务逻辑判断的符合程度。

④ 数据描述是指数据能真实、完整、可溯源地描述实体的程度。数据描述的评价因素主要包括：

- 元数据描述的完备性程度;
- 数据入库后的真实性、可溯源情况;
- 数据入库后的完整性情况。

(5) 数据内容

数据内容下设数据准确性、数据真实性、数据客观性、数据有效性、数据可靠性 5 个三级指标。

① 数据准确性是指数据对实体对象的描述、展现是否准确及其准确程度,以及数据形式对数据内容的表述是否准确及其准确程度。数据准确性的评价因素主要包括:

- 数据从采集到入库的过程中,数据准确性核验方案的情况;
- 数据定义的规范性、数据与表达语义的一致性;
- 加工整理后的数据表述准确性。

② 数据真实性是指数据对实体对象的实际情况的真实反映程度。数据真实性的评价因素主要包括:

- 元数据反映实体对象的真实性程度;
- 入库数据偏离实体对象的误差程度;
- 数据抽样检查方案的完备性情况;
- 数据在业务应用中正确性的验证情况。

③ 数据客观性是指数据在采集、生产过程中受到主观因素影响的程度。数据客观性的评价因素主要包括:

- 数据对实体对象描述的符合性程度;
- 数据通过自检或第三方核验的情况;
- 伪造或虚假数据存在的概率情况。

④ 数据有效性是指入库数据对预定义数据要素的符合性程度。数据有效性的评价因素主要包括:

- 预定义数据要素规范情况;
- 入库数据符合规范情况;
- 不符合规范数据的条件验证情况。

⑤ 数据可靠性是指数据可信赖和可信任的程度。数据可靠性的评价因素主要包括:

- 数据加工、编辑过程中的可靠性保障情况;
- 数据追溯来源情况;
- 数据审计过程的情况。

(6) 数据绩效

数据绩效下设数据关联、数据特征、数据预期、数据应用、数据时效 5 个三级指标。

① 数据关联是指数据与数据之间、数据与用户之间的关联匹配程度。数据关联的评价因素主要包括:

- 数据检索结果与用户期望的检索主题之间的关联匹配情况;
- 数据与数据间逻辑关系的关联匹配情况;
- 数据与业务应用实现之间的关联匹配情况。

② 数据特征是指数据的独特性、特有性和其他特征的情况。数据特征的评价因素主要包括：

- 数据采集条件与其他数据供应方的差异化程度；
- 数据经整理、加工、关联之后，满足用户应用需求的契合程度；
- 数据的独特属性带来的增值情况评估。

③ 数据预期是指数据满足使用者需求契合情况。数据预期的评价因素主要包括：

- 数据检索结果与用户检索预期的符合程度；
- 检索结果出现的无关数据对用户决策的干扰程度；
- 检索结果反馈的数据量与预期数据量的匹配程度。

④ 数据应用是指数据在不同应用场景所产生的效果、价值和作用情况。数据应用的评价因素主要包括：

- 基于个性化用户画像开展数据应用的场景情况；
- 面向相关应用场景开展数据应用的充分性和适用程度；
- 针对不同应用场景进行数据清洗、信息加工处理的情况。

⑤ 数据时效是指数据的更新服务的及时性。数据时效的评价因素主要包括：

- 数据的时间戳情况；
- 数据服务请求与响应速度的情况；
- 数据的版本标记情况；
- 数据的更新频次情况。

7.5 数据资产安全保护技术

7.5.1 数据资产安全保护的概念

数据资产安全保护是指基于相关管理手段和技术手段，构建面向数据全生命周期的数据资产权属体系和数据资产技术体系，确保数据资产安全可控。

- 数据资产保护管理手段是指国家颁布的数据安全相关法律法规 (如《中华人民共和国网络安全法》《中华人民共和国数据安全法》《中华人民共和国个人信息保护法》等)、组织内部制定的数据安全相关管理制度、网络安全行业的数据安全相关管理标准等。
- 数据资产保护技术手段是指 ICT 领域相关数据资产保护技术，如边界防护技术、身份认证技术、访问控制技术、安全审计技术、数据加密技术、数据脱敏技术、数据灾备技术、隐私保护技术、区块链技术、数据存证溯源技术等。

数据资产安全保护的核心是构建两大体系：一是面向数据全生命周期的数据资产安全保护权属体系；二是面向数据全生命周期的数据资产安全保护技术体系。

数据资产安全保护的目标是确保数据资产安全可控。具体而言，就是要对数据资产实施以下"4 性"(真实性、机密性、完整性、不可否认性)保护。

- 真实性：是指保护数据资产不被"假冒"人员访问。通俗地讲，就是让拥有权限的用户正常访问权属范围内的数据资产；同时，禁止未授权用户访问，防止有权限用户越权访问。

- 机密性：又称保密性，是指保护数据资产不被"泄密"。通俗地讲，就是要禁止未授权用户看到、拿到数据资产。

- 完整性：是指保护数据资产不被"篡改"。通俗地讲，就是要禁止未授权用户破坏、修改数据资产。

- 不可否认性：又称抗抵赖性，是指对数据资产的非法操作不能"抵赖"。通俗地讲，合法、非法用户均不可否认或"抵赖"其对数据资产进行的各种非法操作，包括访问、修改、删除、增加等。

7.5.2　数据资产安全保护权属体系

数据资产安全保护权属体系主要包括构建数据资产安全保护小组、梳理数据资产管理目录、建立数据资产权限管理机制三项工作，每项工作又包含若干工作内容，如图 7-3 所示。

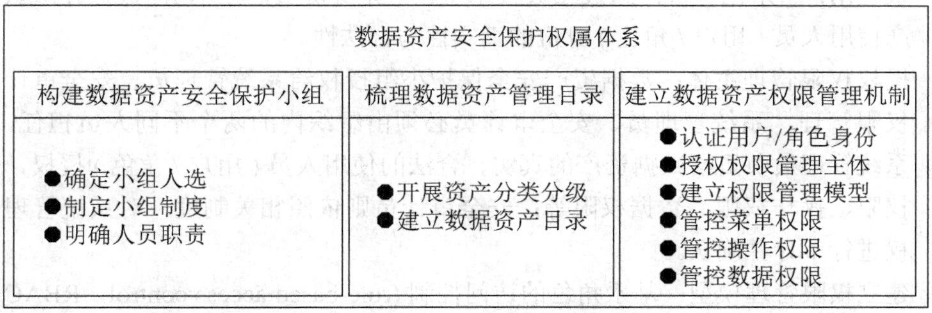

数据资产安全保护权属体系		
构建数据资产安全保护小组	梳理数据资产管理目录	建立数据资产权限管理机制
●确定小组人选 ●制定小组制度 ●明确人员职责	●开展资产分类分级 ●建立数据资产目录	●认证用户/角色身份 ●授权权限管理主体 ●建立权限管理模型 ●管控菜单权限 ●管控操作权限 ●管控数据权限

图 7-3　数据资产安全保护权属体系

1. 构建数据资产安全保护小组

为了确保数据资产安全，组织架构必须先行，即先要构建数据资产安全保护小组。该项工作包括确定小组人选，制定小组制度，明确人员职责。

- 确定小组人选：将相关人员归入数据资产安全保护小组，包括(不限于)组织的数据资产拥有者(如董事长或总经理)、数据资产管理者(如首席信息官或总工程师)、数据资产生产者(如数据采集员或业务管理人员)、数据资产使用者(相关用户)，并且遴选和确立小组领导机构的组长、副组长及重要管理人员(如系统管理员、安全审计员等)。

- 制定小组制度：包括(不限于)数据资产的安全保护制度、人员角色及权限管理制度、效果评价(或绩效评估)制度等。

- 明确人员职责：针对以上数据资产安全保护小组，明确其中的组长、副组长、系统管理员、安全审计员的相关职责。

2. 梳理数据资产管理目录

通过梳理数据资产管理目录，记录组织内所有被识别的数据资产信息，以支撑数据资产标识、应用、变更、盘点和处置等的全过程安全保护。该项工作包括开展资产分类分级、建立数据资产目录。

- 开展资产分类分级：依照第2章介绍的数据分类分级技术，对组织的数据资产进行分类分级。其中，分类的维度可以按主体、主题、业务进行划分，也可以按格式、来源、频率、归属进行划分，还可按其他方式进行划分；分级则是按照数据资产发生泄露、篡改、丢失、滥用后的影响对象、影响程度、影响范围来划分成第1级、第2级、第3级、第4级等。
- 建立数据资产目录：通过梳理组织的数据资源，建立数据资产目录。对每个数据资产均完整记录其信息要素，包括(不限于)数据要素、法律要素、价值要素、业务要素、类别要素等。

3. 建立数据资产权限管理机制

通过使用管理手段与IT技术手段，建立数据资产权限管理机制。该项工作主要包括认证用户/角色身份、授权权限管理主体、建立权限管理模型、管控菜单权限、管控操作权限、管控数据权限。

- 认证用户/角色身份：通过相关技术手段(如身份认证技术)，认证并确认数据资产使用人员(用户/角色)身份的真实性与合法性。
- 授权权限管理主体：数据资产安全保护小组授权给系统管理员、安全审计员进行权限管理，系统管理员、安全审计员必须由组织内的两个不同人员担任。其中，系统管理员负责给数据资产的真实、合法的使用人员(用户/角色)授权，含菜单权限、操作权限、数据权限等；安全审计员则依照相关制度，对系统管理员的授权进行审计并确认。
- 建立权限管理模型：基于角色的访问控制(role-based access control，RBAC)技术，构建RBAC模型，即"用户—角色—权限"模型。其中，用户是发起操作的主体，可以是组织内后端的系统管理员，也可以是组织内相关部门的业务管理人员，还可以是组织外部的客户；角色是连接用户和权限关系的桥梁，每个用户可以关联多个角色，每个角色可以关联多个权限；权限是用户/角色可以访问的资源，包括菜单权限(页面权限)、操作权限、数据权限。
- 管控菜单权限：管理菜单权限又称管理页面权限，即通过管理系统的菜单，控制授权用户/角色登录系统可以看到的页面。
- 管控操作权限：控制授权用户/角色对对象的操作权限，包括对对象的查看权限、创建权限、编辑权限、删除权限等。
- 管控数据权限：控制授权用户/角色对数据库记录对应"字段"属性的操作权限，包括对字段查看权限、可编辑权限；控制用户/角色在同一页面上可查看、可编辑的数据权限。

7.5.3　数据资产安全保护技术体系

数据资产安全保护技术体系是从数据全生命周期范围内对数据资产进行保护，包括数据采集安全保护、数据传输安全保护、数据存储安全保护、数据处理安全保护、数据交换安全保护、数据销毁安全保护 6 项技术工作，如图 7-4 所示。

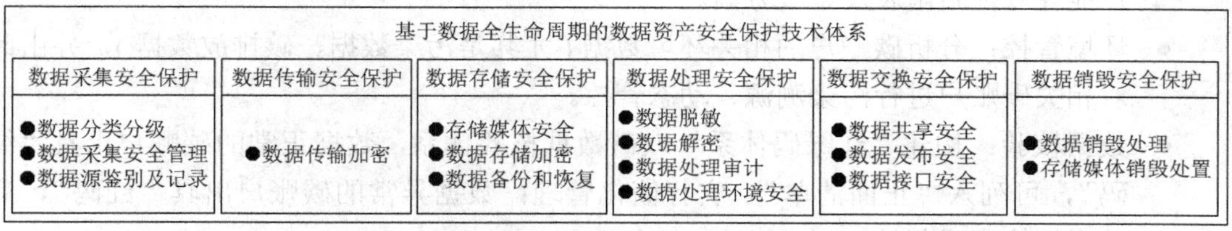

基于数据全生命周期的数据资产安全保护技术体系					
数据采集安全保护	数据传输安全保护	数据存储安全保护	数据处理安全保护	数据交换安全保护	数据销毁安全保护
●数据分类分级 ●数据采集安全管理 ●数据源鉴别及记录	●数据传输加密	●存储媒体安全 ●数据存储加密 ●数据备份和恢复	●数据脱敏 ●数据解密 ●数据处理审计 ●数据处理环境安全	●数据共享安全 ●数据发布安全 ●数据接口安全	●数据销毁处理 存储媒体销毁处置

图 7-4　数据资产安全保护技术体系

7.6　数据资产保护综合案例：面向双碳服务平台的数据资产安全保护技术

7.6.1　双碳服务平台简介

碳达峰、碳中和（简称"双碳"）工作是 2020 年中央经济工作会议确定的 8 项重点任务之一，是当前与未来中国绿色低碳发展工作的核心内容。采用 ICT 技术，构建双碳服务平台，已经成为 ICT 领域的热点研究方向。

基于上述背景，R 公司开发了双碳服务平台，平台的核心功能架构如图 7-5 所示，平台的宗旨是实现"三个来"：将企业数据接进来、将排放清单立起来、将双碳工作管起来。

图 7-5 中，碳账户管理主要是面向碳账户（含政府、企事业单位等相关机构）进行能耗数据监测、环境数据监测；碳账本管理主要是监管机构对上述碳账户机构的能耗数据、环境数据进行智能分析，并由此实现能耗双控、环境管控。平台的具体功能如下：

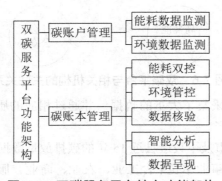

图 7-5　双碳服务平台核心功能架构

● 能耗数据监测：重点监测碳账户的水、电、气、热等能耗数据，监测方式（或数据采集方式）包括自动、半自动、人工等。

- 环境数据监测：重点监测碳账户的二氧化碳、监测噪声、PM2.5（细颗粒物）、甲醛、TVOC（总挥发性有机物）、氨气等环境数据，监测方式（或数据采集方式）包括自动、半自动、人工等。

- 能耗双控：分析碳账户的相关能耗双控（能耗总量、能耗强度）指标，给出碳账户能耗双控晴雨表及整改方案。

- 环境管控：分析碳账户的相关环境数据（尤其是污染数据、碳排放数据），并由此对相关碳账户进行污染溯源、动态管控。

- 数据核验：构建"红绿码体系"双碳数据核验体系，数据正常的碳账户出具"绿码"，可列入"正面清单"，实行简化管理；数据异常的碳账户出具"红码"，启动现场检查或复核。

- 智能分析：包括多源多维分析、单位能耗 GDP 与碳排放内在关系分析、多维度碳排放预测分析等。

- 数据呈现：以多种图表方式，呈现相关双碳数据，包括双碳时间表、路线图、施工图、温室气体清单、碳账户运行情况等。

7.6.2 双碳服务平台涉及的数据资产

双碳服务平台与政府机构（如环保局、住建委、银监局等）、环保行业（包括高污染企业、高耗能企业）、科研院所、社会公众等有强关联关系，如图 7-6 所示。

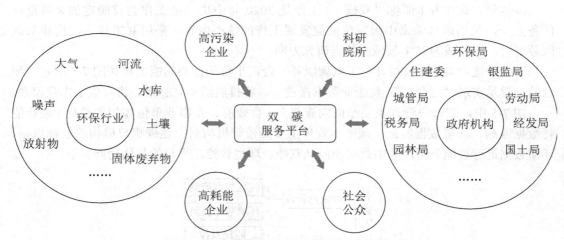

图 7-6 双碳平台与相关机构的关联关系

平台依靠这种关系，采集了大量的数据，并通过相应的质量管控策略、数据分类策略，形成如下 4 类数据资产。

- 碳排放量数据：L 市及下设区县近 15 年的碳排放量数据。
- 能耗数据：L 市企事业单位（含工业、农业、商业、服务业、公共事业等）近 10 年能源消耗量。
- 气象数据：L 市近 10 年的气象数据。

● 其他数据：L 市近 10 年相关区域的环境监测数据、相关企业的排污数据。

7.6.3 面向双碳服务平台的数据资产安全保护系统

以下简要介绍《面向双碳服务平台的数据资产安全保护系统》(以下简称数据安全保护系统) 的技术架构、系统部署、实施效果。

1. 技术架构

针对双碳服务平台的 4 类数据资产，R 公司采用了相关安全保护技术，对双碳服务平台数据资产进行了数据真实性、数据机密性、数据完整性、数据操作抗抵赖性"4 性"保护，以期确保双碳服务平台数据资产安全可控且保值增值，如图 7-7 所示。图中，R 公司的安全保护技术主要包括两类：一是权属体系，包括用户身份认证技术 (指纹密码认证系统)、数据权限操作系统 (数据安全区管理系统)；二是技术体系，包括数据分类分级技术、数据加密解密技术、数据处理审计技术。

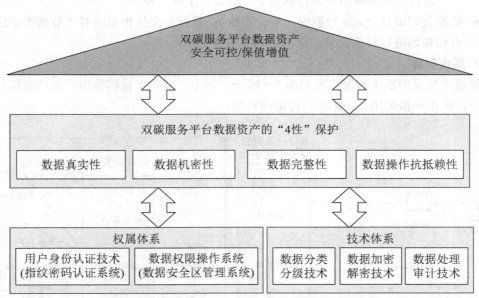

图 7-7 面向双碳平台的数据资产安全保护技术架构图

● 用户身份认证技术 (指纹密码认证系统)：采用 R 公司自主研制的智能认证设备 (见图 7-8)，对用户身份进行"国产密码技术 + 指纹生物特征"双因素认证，以确保用户身份的真实性。

图 7-8 指纹密码认证设备

- 数据权限操作技术(数据安全区管理系统):在终端PC设备上构建"数据安全区",且只有通过智能认证设备认证后的授权用户才有访问该"数据安全区"的相关文件(数据)的权限,包括查看权限、创建权限、编辑权限、删除权限、打印权限、存储权限等。
- 数据分类分级技术:依据相关法规政策、技术标准,对双碳数据资产进行分类分级。
- 数据加密/解密技术(数据加密系统):用户读/写"数据安全区"内的文件(数据)均进行解密/加密"无感知操作"。
  - 加/解密过程自动化,即授权用户在对"数据安全区"进行文件(数据)的"读操作"(含查看、创建、编辑、删除、打印等)时,文件(数据)自动解密;在进行"写操作"(如存储)时,文件(数据)自动加密保存。
  - 用户操作无感知,即数据安全保护系统在对"数据安全区"进行加密/解密操作时,终端用户是感觉不到的,它不改变系统数据结构,不改变用户使用习惯,不影响用户进行其他非"数据安全区"操作。
- 数据处理审计技术(数据安全审计系统):数据安全保护系统对"数据安全区"所有操作均进行日志记录,以满足相关审计要求。

2. 系统部署

数据安全保护系统部署情况如图7-9所示。图中,双碳平台相关用户包括双碳监管部门用户、碳账户相关用户、R公司内部用户等。

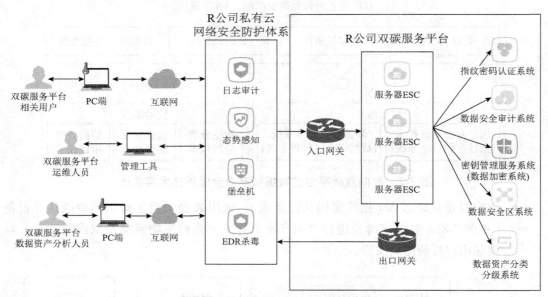

图 7-9 数据资产安全保护系统部署

3. 实施效果

从数据资产安全保护角度,本案例的实施效果主要体现在下述三个方面。

(1) 双碳服务平台的数据资产获得全生命周期保护

采用指纹密码认证系统、数据安全区管理系统、数据加密系统、数据安全审计系统等，确保双碳数据资产在"数据安全区"内的全生命周期保护，包括数据资产的存储安全、处理安全、传输安全等，实现了数据资产的"4 性"（含真实性、机密性、完整性、抗抵赖性）保护目标。

(2) 双碳服务平台的工作效率不受影响

双碳服务平台尽管增加了数据资产安全保护系统，但并不影响相关用户的办公或使用效率：该保护系统的应用模式等同于普通 PC 终端的磁盘分区方式，只是在原系统基础上增加"数据安全区"，"数据安全区"的相关数据操作与磁盘某分区（目录体系）下的文件读写操作相同，只是在用户"无感知"状态下进行了加密或解密操作，不改变和影响用户的使用习惯和操作习惯。

(3) 双碳服务平台的安全性符合国家政策法规要求

数据资产安全保护系统所使用的指纹密码认证系统、数据安全区管理系统、数据加密系统等，均采用国产商用密码算法（含 SM2、SM3、SM4），达到国家密码行业的《PCI 密码卡技术规范》、GMT/T 0018—2012《密码设备应用接口规范》、GMT/T 0027—2014《智能密码钥匙技术规范》、GMT/T 0028—2014《密码模块安全技术要求》等产品标准和技术要求，通过国家密码管理局商用密码监测中心监测，并获得国家商用密码产品认证证书。

参考文献

[1] 任泳然. 数字经济驱动下政务数据资产化与创新策略研究 [D]. 江西财经大学，2020.

[2] 孙彦学. 西安电信数据资产管理系统的设计与实现 [D]. 电子科技大学，2019.

[3] 经鑫华. 我国保险行业的数据资产保护研究 [D]. 华东师范大学，2016.

[4] 段丁阳. 数据资产安全管控技术平台的设计与实现 [D]. 北京交通大学，2016.

[5] 李庆阳. 数据资产安全管理平台关键技术研究与实现 [D]. 北京邮电大学，2015.

[6] 中华人民共和国标准 GB/T 40685—2021. 信息技术服务 数据资产 管理要求 [S].

[7] 中华人民共和国标准 GB/T 37550—2019. 电子商务数据资产评价指标体系 [S].

[8] 中国资产评估协会. 资产评估专家指引第 9 号——数据资产评估 [R]. 2019.12.

[9] 中华人民共和国标准 GB/T 35416—2017. 无形资产分类与代码 [S].

[10] 陈驰，马红霞，赵延帅. 基于分类分级的数据资产安全管控平台设计与实现 [J]. 计算机应用，2016，36(A01): 265-268.

[11] 张友国. 碳达峰、碳中和工作面临的形势与开局思路 [J]. 行政管理改革，2021(3):77-85.

[12] 王宏涛，张隽，李璐. "碳达峰、碳中和"标准解读与认证实践 [J]. 质量与认证，2021(5):38-40.

[13] 罗克佳华科技集团有限公司. 双碳服务平台白皮书 [R]. 2021.

复习题

一、单选题

1. 数据资产按 ( ) 分为一次数据资产、二次数据资产和三次数据资产。

A. 产业形态   B. 产品形态   C. 产品价值   D. 数据类别

2. 数据规模、数据更新周期属于数据资产的 ( )。

A. 数据要素   B. 法律要素   C. 价值要素   D. 业务要素

3. 数据资产的取得成本、获利状况、金融属性等属于数据资产的 ( )。

A. 数据要素   B. 法律要素

C. 价值要素   D. 业务要素

4. 数据资产全生命周期包括了 ( ) 过程。

A. 3 个   B. 4 个   C. 5 个   D. 6 个

5. 数据资产管理的目标是实现其 ( )。

A. 保值增值   B. 安全应用

C. 市场交易   D. 资产变更

6. 数据资产管理的 ( ) 要求是确保数据资产保值增值的目标实现。

A. 治理先行原则   B. 价值导向原则

C. 成本效益原则   D. 安全合规原则

7. 数据资产管理的 ( ) 要求是平衡数据资产管理相关活动的投入和产出。

A. 治理先行原则   B. 价值导向原则

C. 成本效益原则   D. 安全合规原则

8. 数据资产评估指标体系包括数据资产应用价值和 ( )。

A. 数据资产开发价值   B. 数据资产成本价值

C. 数据资产体验价值   D. 数据资产协同价值

9. 数据资产安全保护的目标是确保 ( )。

A. 数据资产安全可控   B. 数据资产管理可控

C. 数据资产成本可控   D. 数据资产市场可控

10. RBAC 模型是指 ( ) 模型。

A. 管理员—用户—权限   B. 用户—角色—权限

C. 管理员—操作员—权限   D. 管理员—操作员—审计员

二、多选题

1. 资产按其存在形态分为 ( )。

A. 企业资产   B. 个人资产   C. 有形资产   D. 无形资产

2. 资产主要具有 ( ) 特征。

A. 特定主体拥有或者控制的资源

B. 特定主体过去交易或事项形成的资源

C. 能持续为特定主体发挥作用

D. 特定主体正在使用的资源

3. 数据资产按数据结构类别分为 ( )。

A. 结构化数据资产 B. 无结构化数据资产

C. 非结构化数据资产 D. 半结构化数据资产

4. 数据资产按产品形态分为 ( )。

A. 零次数据资产 B. 一次数据资产

C. 二次数据资产 D. 三次数据资产

5. 数据资产的特征主要包括 ( )。

A. 增值性 B. 共享性 C. 计量性 D. 依托性

6. 数据资产的要素主要有 ( )。

A. 数据要素 B. 法律要素 C. 价值要素 D. 业务要素

7. 数据资产管理的核心活动包括 ( )。

A. 数据资产识别 B. 数据资产确权

C. 数据资产变更 D. 数据资产处置

8. 数据资产管理的支撑技术包括 ( )。

A. 数据资产安全管理技术 B. 数据资产风险控制技术

C. 数据资产交易确权技术 D. 数据资产价值评估技术

9. 数据资产管理的基本原则包括 ( )。

A. 权责分明原则 B. 价值导向原则 C. 成本效益原则 D. 安全合规原则

10. 数据资产处置策略包括 ( )。

A. 实施数据资产变更方案 B. 实施数据资产处置方案

C. 评审数据资产处置方案 D. 建立数据资产处置机制

11. 数据资产应用策略包括 ( )。

A. 识别数据资产来源 B. 评估数据资产价值

C. 评审数据资产处置方案 D. 溯源数据资产应用过程

12. 数据资产价值评估方法主要有 ( )。

A. 成本评估法 B. 收益评估法 C. 市场评估法 D. 专家评估法

13. 数据资产成本价值包括 ( )。

A. 建设成本 B. 运维成本 C. 市场成本 D. 管理成本

14. 数据资产应用价值包括 ( )。

A. 数据形式 B. 数据内容 C. 数据呈现 D. 数据绩效

15. 数据资产安全保护的核心是面向数据全生命周期构建 ( )。

A. 数据资产安全保护价值体系 B. 数据资产安全保护权属体系

C. 数据资产安全保护技术体系 D. 数据资产安全保护市场体系

16. 数据资产安全保护权属体系主要包括 ( )。

A. 完善数据资产组织架构 B. 构建数据资产安全保护小组

C. 梳理数据资产管理目录 D. 建立数据资产权限管理机制

17. 数据资产安全保护的目标是确保数据资产在 ( ) 方面安全可控。

A. 真实性 B. 机密性 C. 完整性 D. 不可否认性

18. 权限是用户 / 角色可以访问的资源，包括 (　　　)。

A. 菜单权限　　　　　　B. 控制权限　　　　　　C. 操作权限　　　　　　D. 数据权限

三、判断题

1. 资产是能带来经济利益的资源。　　　　　　　　　　　　　　　　　　　　　　(　　)
2. 资产是能持续发挥作用的资源。　　　　　　　　　　　　　　　　　　　　　　(　　)
3. 专利、著作权是有形资产。　　　　　　　　　　　　　　　　　　　　　　　　(　　)
4. 数据资产是能进行计量的数据资源。　　　　　　　　　　　　　　　　　　　　(　　)
5. 数据资产是典型的有形资产。　　　　　　　　　　　　　　　　　　　　　　　(　　)
6. 数据资产具有加工性。　　　　　　　　　　　　　　　　　　　　　　　　　　(　　)
7. 数据资产不具有控制性。　　　　　　　　　　　　　　　　　　　　　　　　　(　　)
8. 随着使用频率等的增加，数据资产的经济价值和社会价值也会持续增长。　　　(　　)
9. 数据资产不存在数据级别之说。　　　　　　　　　　　　　　　　　　　　　　(　　)
10. 数据资产管理应遵守治理先行原则。　　　　　　　　　　　　　　　　　　　(　　)

四、简答题

1. 简述数据资产的基本特征。
2. 简述数据资产的主要要素。
3. 简述数据资产管理的定义。
4. 简述数据资产管理的基本原则。
5. 简述数据资产的管理策略。
6. 简述数据资产安全保护概念。
7. 简述数据资产权限管理机制。

五、论述题

查阅相关资料，论述数据资产安全保护的重要意义。

第 8 章
数据资产交易技术

数据是新型生产要素，是国家、企事业单位、个人的重要资产。但是，数据只有流动（含共享、交换、交易、聚合等）起来，其资产价值才能充分体现。数据资产交易是数据资产市场化、产业化的核心内容，涉及数据资产确权、数据资产定价、数据资产交易监管、数据资产交易平台等方面的管理和技术问题。

8.1　数据资产交易的概念

8.1.1　数据资产交易的定义

数据资产交易（简称数据交易）是一种对数据进行买卖的行为，是数据供给方与数据需求方通过交易机构或者双方契约合法合规地完成数据买卖的过程。

数据交易主要由数据资产、交易平台、数据供给方、数据需求方等组成。

- 数据资产：指由个人或组织拥有或者控制的，能够为其带来未来经济利益的，以物理或电子的方式记录的数据资源，如文件资料、电子数据等。需要注意的是，并非个人或组织的所有数据都构成数据资产，数据资产是能够为个人或组织产生价值的数据资源。
- 交易平台：指为数据交易提供数据资产、数据合规性、数据质量等第三方评估及交易撮合、交易代理、专业咨询、数据经纪、数据交付等专业服务的机构。
- 数据供给方：又称数据资产权属方或数据资产拥有方，即需要将自身数据资产变现的个人、组织等。
- 数据需求方：又称数据购买方，即需要购买外部数据来支持自身业务发展的个人、组织等。

8.1.2　数据资产交易的主要特点

以下从资产形态、交易主体、交易模式、交易内容等方面分析数据资产的交易特点。

1. 数据资产的资产形态

从加工深度视角，数据资产的资产形态（简称数据资产形态）主要包括一次数据资产、二次数据资产、三次数据资产，如图 8-1 所示。

- 一次数据资产：指有价值的原始数据，如个人文献数据（如笔记、手稿等）、企

业业务数据 (如会议记录、生产现场实时数据等)、政务专题数据 (如干部基本信息、窨井盖位置信息等) 等。

- 二次数据资产：指对有价值的原始数据进行初加工 (如标注、加密、脱敏、融合、汇聚等) 后形成的数据集。例如，个人数据集 (如人脸数据、健康数据等)、企业数据集 (如 AI 训练数据集、AI 测试数据集、某城市居民用水记录等)、测绘数据集 (如地图数据集、遥感数据集等)、政务数据集 (如城市管网数据集、行业数据报表等)、文献数据 (如文摘、索引等)、数据算法、数据模型，等等。
- 三次数据资产：指在二次数据资产基础上，对某一范围内的原始数据进行深加工 (如专题分析、研究、开发等) 后形成的数据系统或产品。例如，人脸识别系统、人体体态分析系统、OCR 文字识别系统、语音识别与合成系统、商业数据专题分析报告、文献数据资源平台 (如超星、维普等) 等相关数据产品。

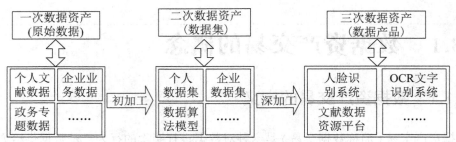

图 8-1 数据资产形态

2. 数据资产的交易主体及交易模式

从交易主体来看，工业时代的商品交易主体主要包括卖方、买方及可能存在的中介。在当今大数据时代，数据交易主体也包括卖方 (数据供给方)、买方 (数据需求方) 及中介方 (数据交易中间商，如数据交易平台)。

数据资产交易从不同视角可划分为不同的交易模式，如图 8-2 所示。图中，按交易对象进行划分，数据资产交易分为企业 / 企业 (B2B) 模式、企业 / 个人 (B2C，C2B) 模式、个人 / 个人 (C2C) 模式；按产权转让进行划分，数据资产交易分为所有权转让模式、使用权转让模式、收益权转让模式；按金融模式进行划分，数据资产交易分为一级市场模式、二级市场模式。

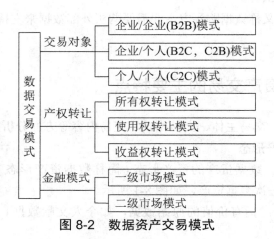

图 8-2 数据资产交易模式

- 企业 / 企业 (B2B) 模式：企业 (数据需求方) 通过数据交易平台，合法合规地购置另一企业 (数据供给方) 数据资产的交易行为。
- 企业 / 个人 (B2C，C2B) 模式：企业 / 个人 (数据需求方) 通过数据交易平台，合法合规地购置个人 / 企业 (数据供给方) 数据资产的交易行为。
- 个人 / 个人 (C2C) 模式：个人 (数据需求方) 通过数据交易平台，合法合规地购置个人 (数据供给方) 数据资产的交易行为。
- 所有权转让模式：企业 / 个人 (数据需求方) 通过数据交易平台，合法合规地购置企业 / 个人 (数据供给方) 数据所有权的交易行为。例如，具有知识产权的数据产品转让。
- 使用权转让模式：企业 / 个人 (数据需求方) 通过数据交易平台，合法合规地购置企业 / 个人 (数据供给方) 数据使用权的交易行为。例如，通过 "维普中文科技期刊数据库" 平台检索相关领域的科技论文。
- 收益权转让模式：企业 / 个人 (数据需求方) 通过数据交易平台，合法合规地购置企业 / 个人 (数据供给方) 数据收益权的交易行为。例如，A 企业购买 B 企业的数据资产，A 企业使用后将得到的利润与 B 企业进行利益分配。
- 一级市场模式：数据资产的卖方、买方按金融一级市场模式进行交易的交易行为。
- 二级市场模式：数据资产的卖方、买方按金融二级市场模式进行交易的交易行为。

3. 数据资产的交易内容

数据资产的交易内容是指交易主体 (数据资产供给方、数据资产需求方、数据资产中介方) 以合法合规的方式获取的一次数据资产 (原始数据)、合法合规初加工后形成的二次数据资产 (如个人数据集、企业数据集、政务数据集等)，以及合法合规深加工后形成的三次数据资产 (如相关数据产品、数据系统等)，可以依法交易。

有下列情形之一的数据资产不能进行交易：

- 包含未依法获得授权的个人信息。
- 包含未经依法开放的公共数据。
- 法律、法规规定禁止交易的其他情形。

8.1.3　数据资产交易面临的问题

数据资产交易主要面临数据真实性、数据合规合法、数据安全，以及数据的确权、定价等其他问题。

1. 数据真实性问题

数据资产在企事业单位的决策活动中确实能够发挥重要支撑作用，但是其前提是获得或购买的这些参考数据是真实可靠的，是组织所处行业领域的真实写照。一旦数据的真实性存在问题，产生的结果可能是颠覆性的，甚至是毁灭性的。就当前用来交易的数据来看，其真实性存在质疑，某些人 (如网络水军) 为了获得私利，采用随意编造的方式进行数据造假，扰乱了数据交易市场秩序。

2. 数据合法合规问题

可持续的数据交易市场，必须保障所交易的数据"合法"(符合相关法律的要求)和"合规"(符合相关规章制度及技术规范)，并经得起历史的倒查和追溯。但是，由于数据资产交易是新生事物，许多法律法规、技术规范等尚未健全，数据交易中在合法合规方面依然存在问题，需要数据交易主体、政府监管部门及社会各界密切关注并深入研究。

3. 数据安全问题

鉴于当下普遍存在国家安全数据跨境交易、个人隐私数据参与交易、公众敏感数据进行交易等数据安全事件，数据安全问题(尤其是参与商业交易的数据安全问题)越来越受到政府及社会各界的密切关注，相关数据安全的法律法规(如 2021 年 6 月颁布了《中华人民共和国数据安全法》、2021 年 8 月颁布了《中华人民共和国个人信息保护法》等)、规范标准(如《个人信息安全工程指南》《信息安全技术 个人信息安全规范》等)正在加速颁布并推进实施。

4. 其他问题

关于数据资产交易的其他问题，包括以下几个方面。

- 交易内容方面：以单纯的原始数据(一次数据资产)或数据集(二次数据资产)买卖为主，而数据算法、数据模型、数据产品等交易尚未起步，数据资产价值得不到有效体现。
- 交易价格方面：交易过程中缺乏对数据定价的统一标准，难以准确衡量数据应有的价值。
- 数据质量方面：部分交易数据存在格式不规范、内容不完整等问题，影响数据交易效果。
- 数据确权方面：部分交易数据权属不清，存在使用权、所有权、收益权等风险和权属纠纷。
- 交易平台方面：各地数据交易平台在建设过程中存在定位重复、各自为政等问题，难以形成平台的综合优势——真正实现数据交易平台化、规模化、产业化发展。

8.2   数据资产确权

数据资产要进行交易，必须解决数据资产确权问题。例如，数据资产的所有权、占有权、使用权，交易收入的收益权，敏感数据(如个人隐私数据)的保护权，等等。

数据确权是一个非常复杂的系统性工程。数据到底是谁的？用户和商业机构，究竟谁才是数据的主人？自从产生数据交易这门生意以来，其便成了数字经济领域的"灵魂之问"。

目前，我国的数据资产确权仍然处于政策萌芽、技术探索阶段，要实现科学的数据确权还需要"政产学研用"协同合作地开展深入研究。

8.2.1　数据资产确权的概念

数据资产确权是一个新生事物，至今没有一个权威、标准的定义。

1. 数据资产确权的定义

根据 2021 年 6 月颁布的《中华人民共和国数据安全法》的相关要求，并综合国内相关学者的学术文献，本书给数据资产确权初步定义如下：数据资产确权是指确定数据在全生命周期过程中产生数据资产的所有权、使用权、收益权、管理权、安全权的归属和职能。

- 数据全生命周期：是指数据采集、数据传输、数据存储、数据处理、数据交换、数据销毁 6 个过程阶段。
- 数据资产：指一次数据资产、二次数据资产、三次数据资产。
- 所有权：指依法对数据资产所享有的占有、处分权利，包含 (不限于) 转让权、修改更正权、被遗忘权、知情同意权、可携带权等。
- 使用权：指对数据进行各种形式的利用的权利，如进行二次清洗加工等。
- 收益权：指对数据资产 (含一次数据资产、二次数据资产、三次数据资产) 获取经济利益的权利。
- 管理权：指对数据进行全生命周期管理的权利。
- 安全权：即免于被剥夺的权利，指数据不被他人非法侵扰、知悉、搜集、利用和公开等的权利。

2. 数据资产确权涉及的相关问题

(1) 数据资产确权不同于物质资产确权

一般地，物质资产 (如机床设备、ICT 设备等) 的所有权和使用权是一致的，即谁拥有它的同时便有了其使用权利，如某企业购买的数控机床设备，则该企业拥有其使用权。而数据资产在大多时候的所有权是与其使用权分离的，如政府机构拥有的公众数据资产，主要是供相关部门或公众使用 (含交换、共享、交易等) 的。

相对于物质资产，数据资产无唯一性，没有明确的所有权约束。物质资产具有唯一性，同一时间只能有一个所有者，所有权与唯一性是相关联的。数据资产不具备唯一性，同一个数据资产可以同时交易给多个对象。

数据资产还具有"看过即拥有"的特征。物质资产的所有权都有一个显式的、公认的证明，比如房产证、股票账户，若交易是安全的，就能顺利保障所有权的转移。而数据资产则没有物质资产所有权的概念，拥有数据资产也更为简单、成本更低：谁看过它，谁就拥有了该数据资产，谁就能获得其相关应用。

(2) 数据资产确权边界难以划分

在数据全生命周期的 6 个阶段 (含数据采集、数据传输、数据存储、数据处理、数据交换、数据销毁) 要对 3 类数据资产 (含一次数据资产、二次数据资产、三次数据资产) 明确其 5 种权利 (含所有权、使用权、收益权、管理权、安全权)，本身就是一个十分困难的"排列组合 (6×3×5 = 90)"确权问题。例如，电子商务平台与用户之间，有人认为，数据是在用户的使用过程中产生的，数据的所有权理应属于用户，而非平台；也有人认为，平台提供了一套收集、存储、处理数据的设备和方法，才产生了数据的概念，才将用户的行为被收集和封装成为数据，因而平台拥有数据的所有权。

(3) 数据资产确权缺乏法律依据

目前，我国关于数据所有权归属问题尚未立法，导致数据交易中存在诸多问题。例如，个人隐私数据权利保护问题、企业商业数据交易纠纷问题、国家安全数据跨境问题等。

8.2.2 数据资产确权的原则及路径

1. 数据资产确权的原则

数据资产确权原则包括利益平衡原则、数据资产分类原则、数据资产分级原则。

(1) 利益平衡原则

数据确权是为了实现不同利益主体的"多赢"格局，即平衡数据价值链中各参与者的权益，实现在用户隐私合理保护基础上的数据驱动经济发展。因此，数据确权的核心是确保"安全权"受到保护前提下的"收益权"。

(2) 数据资产分类原则

根据数据主体的不同，将数据资产分为个人数据资产、企业数据资产、社会数据资产。

- 个人数据资产：指能够识别自然人身份的数据或由于自然人行为产生的数据，如个人的姓名、电话、住址、职业、学历、偏好、习惯、旅游去过的城市、购物的交易记录、上网浏览记录等。个人数据资产有明显的敏感性、隐私性特征，同时通过添附手段可明显提升数据价值。个人数据资产拥有者，如果明确同意企业收集其个人信息，那么当企业通过这些数据获得经济或其他利益时，个人也应该部分享有数据收益权，这种收益权可以以现金或货币的方式体现，也可以以企业为个人提供免费增值服务的方式来体现。

- 企业数据资产：指企业在生产经营管理活动中产生或合法获取的各类数据。企业数据的组成有企业主体数据、经用户授权的企业数据。企业对主体数据享有所有权、使用权、收益权、管理权、安全权；对用户授权的数据，因企业投入人力物力，构建了一套收集、存储、处理数据的设备和方法，并挖掘出其更多的价值，理应与用户(含个人、其他企业)共同分享数据权利(尤其是收益权)；涉及个人隐私数据，企业应在征得用户同意并经脱敏脱密后，方可进行开发利用。

- 社会数据资产：指政府及公共机构在开展活动中依法收集的各类数据，如自然资源数据、经济社会数据等。政府及公共机构对社会数据享有数据的所有权、使用权、收益权、管理权、安全权；社会数据只有充分流动、共享、交换，才能形成所期望的集聚效应和规模效应；政府及公共机构应在不涉及个隐私安全及国家安全的情况下，向社会或公众开放、共享社会数据。

(3) 数据资产分级原则

根据数据资产的竞争性、排他性程度 (级别)，可以将数据资产分为私有品数据资产、公共品数据资产、准公共品数据资产。

- 私有品数据资产：指具有竞争性和排他性价值的数据。其中，竞争性是指某数据资产仅供某组织 (或个人) 消费、使用，当其他组织 (或个人) 消费、使用该数据时，会减少该数据资产的效益或增加该数据资产的成本。例如，两个公司都在尝试获取某套数据，如果这套数据被其中一家公司获取，则可以帮助公司制定有效的策略，带来巨大的价值，而如果这套数据被两家企业所共享，那么这个数据的价值将会贬值；排他性是指数据资产具有阻止其他组织使用的属性。例如，企业为使自身效益最大化，常常阻止其他单位获取其私有数据，如企业的生产制造工艺数据、经营数据等。

- 公共品数据资产：指具有非竞争性和非排他性的数据。非竞争性是指多个组织 (或个人) 消费或使用某数据资产时，并不会减少该数据资产的效益或增加该数据资产的成本。非排他性是指数据资产不具有阻止其他组织 (或个人) 的使用属性。换言之，数据资产一旦产生，就不可能把某些组织 (或个人) 排除在外进行消费、使用。一般而言，国家统计局、财政局、税务局等政府官方网站所公开披露的数据属于公共品数据资产。一方面，当一个人登录政府官方网网查询相关数据时，并不会使得其他人使用该数据所得的效益减少；另一方面，当一个人根据需求对相关数据进行处理时，其他公民可以对相同的数据进行操作，不会受到妨碍。

- 准公共品数据资产：指具有非竞争性、非排他性两个特点中的一个，另一个不具备或不完全具备，即只具有有限的非竞争性或有限的非排他性，或者虽然两个特点都不具备但却有较大的外部收益产生的数据。一般而言，企业内部数据、收费数据库的不限使用次数的数据和政府非涉密的可有限公开数据属于准公共品数据资产。例如，对于仅在企业内部公开和共享的数据，具有非竞争性，即增加一人使用并不会减少其他人对该类数据的效益；同时，该数据还具有有限的非排他性，即仅对企业内部的员工是非排他的，对企业外部员工而言则是排他的。

2. 数据资产确权的路径

要定量并精准地确定数据资产 (含一次数据资产、二次数据资产、三次数据资产) 的相关权利相当困难，以下仅定性地给出数据资产确权准则及确权路径。

(1) 数据资产确权准则

数据资产确权遵守三个准则，即效益优先准则、先易后难原则、先公后私准则。

- 效益优先准则：对有利于实现个人和社会效益最大化的数据资产优先确权。
- 先易后难原则：对较易确权的分类数据资产 (如社会数据资产、个人数据资产) 先确权；对较易确权的分级数据资产 (如公共品数据资产、私有品数据资产) 先确权；对较难确权的分类数据资产 (如企业数据资产)、分级数据资产 (如准公共品数据资产) 后确权。
- 先公后私准则：先确权公有的数据资产 (如公共品数据资产、社会数据资产)，后确权私有的数据资产 (如私有品数据资产)。

(2) 数据资产确权路径

基于上述数据资产确权准则，数据资产确权路径如表 8-1 所示。其中，优先级最高 (标号为①) 的是级别为 "公共品数据资产" 且类别为 "社会数据资产" 的数据资产；优先级最低的是级别为 "私有品数据资产" 且类别为 "企业数据资产" 的数据资产；符号 "/" 表示不存在级别为 "私有品数据资产" 且类别为 "社会数据资产" 的数据资产的确权问题。

表 8-1　数据资产确权路径

资产分级 ＼ 资产分类 确权优先级	社会数据资产	个人数据资产	企业数据资产
公共品数据资产	①	②	③
准公共品数据资产	④	⑤	⑥
私有品数据资产	/	⑦	⑧

8.2.3　数据资产确权的方法

1. 传统的数据资产确权方法

传统的数据资产确权方法是采取 "数据资产权属证明 + 专家评审" 的方法，其主要流程如图 8-3 所示，主要包括下述三个步骤。

- 第 1 步：数据资产权属证明。数据资产拥有者 (单方) 或联合拥有者 (多方) 提供 "数据资产权属证明"，说明该数据资产的权益情况，包括 (不限于) 数据资产的权益平衡情况、分类分级情况等。
- 第 2 步：专家评审。数据交易机构 (如大数据交易所) 组织相关专家 (含 ICT 专家、财务专家等) 对数据资产权属证明进行专家评审。
- 第 3 步：评审结果。若专家 "确认" 数据资产权属证明，则数据交易机构公示 "评审结果"；否则，数据资产方应重新完善 "数据资产权属证明"，再提交专家评审。

图 8-3　传统数据资产确权流程

传统数据资产确权方法的优点：确权过程简单，确权效率较高，可操作性较强。因此，目前我国许多大数据交易平台均采用该方法来进行数据资产确权。

但是，传统数据资产确权方法存在两点不足：一是在专家评审环节，容易出现人为主观因素，专家可能会掺杂个人喜好、经验判断、情感偏见等主观意识，从而对数据资产交易的公平性造成不良影响；二是在提交数据资产权属证明材料环节容易出现数据安全问题，如数据被篡改、数据损坏、数据丢失等。

2. 基于区块链的数据确权方法

区块链技术是密码、分布式数据存储、点对点传输、共识机制、智能合约等 ICT 技术在互联网时代的创新应用模式和融合技术。基于区块链的数据确权方法的主要流程如图 8-4 所示，主要包括下述三个步骤。

图 8-4　基于区块链的数据资产确权流程

- 第 1 步：数据资产标识。区块链业务提供者（链上企业，A 方）按照区块链技术提供者（数据交易平台方，B 方）的要求，对数据资产做唯一标识，给出其 A 方数据资产的 ID 码。
- 第 2 步：数据资产权属判定。基于上述 ID 码，B 方根据区块链中的在前交易信息，判定 ID 数据资产是否属于 A 方。
- 第 3 步：数据资产权属入链。若 ID 数据资产属于 A 方，则权属为 A 方的数据资产交入区块链，可以参与数据交易；否则，A 方不具备 ID 数据资产权属，不能参与数据交易。

基于区块链技术的数据确权方法的优点：确权过程全程留痕、公开透明、抗伪造、防篡改、可溯源。因此，目前基于区块链技术的数据确权方法在数据资产确权、交易方面已开展初步应用。

当然，区块链数据确权方法也有其不足，如技术不够成熟、成本较高等。但是，随着数字经济的不断创新发展，区块链技术在数据资产交易、确权方面的应用将越来越广。

8.3　数据资产定价

8.3.1　数据资产定价的概念

1. 数据资产定价的定义

数据资产定价是指科学制定数据资产（含一次数据资产、二次数据资产、三次数据资产）的价格体系，以期获得最佳的数据资产营销或交易效果。

2. 数据资产的价格与价值间的关系

数据资产定价的价格（以下简称数据资产价格）不同于数据资产本身的价值（以下简称数据资产价值），其间既互相区别又相互联系，主要体现在下述几个方面。

- 数据资产价值是决定数据资产价格的重要依据，而数据资产价格仅仅是数据资产价值的具体变现形式。

- 在完全竞争条件下，数据资产价格主要取决于数据资产的价值和供求关系。
- 在不完全竞争条件下，如存在垄断市场（如单一来源采购）时，数据资产的价值与价格的关系就会出现分离，因为定价权已被独占。
- 数据资产可以在多次交易中按不同数据资产价格进行交易，但交易行为不会造成数据资产价值的减损。
- 某些时候，数据资产价格可以看作数据资产在单次交易中的数据资产价值变现。

3. 数据资产定价与数据资产评估间的关系

数据资产评估（或数据资产价值评估）是对数据资产的价值进行度量，它是数据资产定价的前置工作，也是数据资产定价的重要依据。鉴于在一定时期内数据资产的价值是固定的，因此数据资产价值评估是一个静态行为。而数据资产定价是在数据交易过程中实现的，它是"随行就市"地动态变化的，因此数据资产定价是一个动态行为。

8.3.2 数据资产定价的方法

数据资产定价的方法主要有两类：静态类定价方法和动态类定价方法，如图8-4所示。其中，静态类定价方法包括三种具体定价方法，即固定定价法、差异定价法、拉姆齐定价法；动态类定价方法也包括三种具体定价方法，即自动定价法、协商定价法、拍卖定价法。

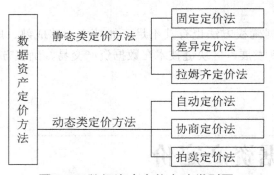

图 8-4 数据资产定价方法类别图

1. 固定定价法

固定定价法的基本思想：数据资产交易平台针对市场供需情况，并结合数据资产产品的评估价值，与数据资产拥有方（卖方）共同设定固定数据资产交易价格，并以此价格开展该数据资产产品交易活动。

固定定价法的优点：交易价格固定，可节省撮合协调的时间成本和沟通成本。

固定定价法的缺点：适用范围较窄，仅限于批量且价廉的数据资产交易。

2. 差异定价法

差异定价法也称需求差异定价法，其基本思想：针对同一个数据资产产品，按照购买者的需求差异，制定两种或两种以上价格来开展该数据资产产品交易（或促销）活动。

其中，需求差异包括 (不限于) 购买者的使用场景差异、购买者所处的地区差异、购买者的购买时间差异等。

差异定价法的优点：交易价格更符合市场需求；能有效促进数据产品销售；能提升数据资产拥有者 (卖方) 的经济效益。

差异定价法的缺点：对顾客需求差异进行科学分析，需要增加数据资产产品的额外成本；对同一数据资产产品，很难制定出精准的需求差异价格。

3. 拉姆齐定价法

拉姆齐定价法的基本思想：在满足"净收益－净损失"最大的前提下，制定高于数据资产产品边际成本的销售价格，并以此价格开展该数据资产产品交易活动。

拉姆齐定价法的优点：运用高于数据资产产品边际成本的价格，开展数据产品交易，使数据资产产品拥有方 (卖方) 获取额外的市场收入，然后卖方又以成倍于该收入的资金投入其技术能力建设，以期为社会创造出更多更好的数据资产产品。

拉姆齐定价法的缺点：适用范围较窄，仅限于公共数据资产产品交易；适用对象往往是面向公益型的服务机构。

4. 自动定价法

自动定价法的基本思想：数据交易平台对每一款数据资产产品设计了自动计价公式，并由此开发了数据交易系统，卖方和买方通过该数据交易系统开展交易工作，自动确定交易价格。

自动定价法的优点：交易价格由平台自动生成，计价效率好；计价相对客观，受买卖双方的影响较小。

自动定价法的缺点：对交易平台有较高的要求；同时，平台还要具有丰富且相对公正的自动计价模型。

5. 协商定价法

协商定价法的基本思想：本着公平自愿的原则，数据资产产品买卖双方通过协商，达成成交价格，并以该价格开展交易活动。一般地，协商后的成交价格低于数据产品的市场价格。

协商定价法的优点：定价方式灵活，买卖双方间可以进行充分的商讨 (讨价还价)。

协商定价法的缺点：协商过程可能缺乏客观性；协商效率可能较低；若出现数据产品质量等纠纷，在仲裁方面存在一定的困难。

6. 拍卖定价法

拍卖定价法的基本思想：按照市场原则，通过拍卖平台 (或交易平台)，形成成交价格，并以该价格开展交易活动。一般地，有两种形式形成拍卖价格：一种是公开竞价拍卖，卖家设置数据资产产品的底价，并以此底价为基线，多个买家轮流报价，出价最高者即为最终的买家，此时的价格即为交易价格；另一种是密封式二级价格拍卖，使用保密的方式来竞标，多个买家中报价最高者中标，成交价格则是多个买家中的报价排名第二的价格。

拍卖定价法的优点：买卖双方在价格上意见一致；实现数据资产产品的价值最大化。

拍卖定价法的缺点：需要成熟的数据资产交易市场环境；需要多个买家参与，且这些买家对拍卖的数据资产产品有刚性需求。

8.3.3　数据资产定价案例

1. 一次数据资产定价案例

(1) 案例名称

本案例名称为《基于 RFID 的城市基础设施数据采集定价方法》。

(2) 案例背景

我国任何一线、二线、三线等城市均有大量城市基础设施，如水、电、气、消防、环保、户外广告、桥梁、照明设施、隧道、地下管网设施、厕所等，这些城市基础设施的安全可靠运行直接关系该城市的经济建设和人民生命财产安全。

目前，许多城市基础设施管理存在"4 个不清"问题：设备数量不准、设备位置不详、设备状态不明、设备关联关系模糊。因此，采用 RFID 技术，采集城市基础设施的相关数据，普查并摸清城市基础设施"家底"，从根本上解决"4 个不清"问题，十分必要。

(3) 案例中的数据采集定价方法

本案例采用成本法对采集到的数据资产 (一次数据资产) 进行评估，并按照固定定价法进行定价，其计价算法为

$$数据采集费 = 数据采集工具费 + 数据采集工作量 × 人月费用单价$$

式中：

- 数据采集费是指甲方 (业主方，数据资产权属机构或城市基础设施权属机构) 支付给乙方 (数据采集服务机构) 的费用。
- 数据采集工具费是指数据采集过程中使用相关工具所产生的费用。例如，将 RFID 标签"生长或置入"城市基础设施设备上的相关费用 (含材料费、设计费、封装费、制造费等)；将普查的城市基础设施设备上的数据 (含设备的 ID 码、位置数据、导航数据、状态数据、关联数据等) 上传至云平台的移动设备 (如具有 NFC 功能的手机)；开启城市基础设施设备的相关专用工具，等等。
- 数据采集工作量是指完成数据采集任务所花费的人力资源数量 (人月数)。
- 人月费用单价依照下述公式进行计算。其中，人月工资按数据采集项目所在地统计局发布的最新的规模以上"信息传输、软件和信息技术服务业"企业全部就业人员平均工资计取；人月费率的取值则满足区间值 [2.265，2.375]。通常情况下，人月费率计取 2.265。若对规模、质量、工期等有较高要求或特别要求，可计取 2.375。人月费用单价公式为

$$人月费用单价 = 人月工资 × 人月费率$$

2. 二次数据资产定价案例

(1) 案例名称

本案例名称为《政务信息化工程的二次数据资产产品定价方法》。

(2) 案例背景

政务信息化工程是智慧城市建设中的核心工程，需要购置大量的二次数据资产产品，

如 AI 训练数据、地图数据、遥感数据、风控数据、气象数据等。因此，科学制定这些二次数据资产价格，对丰富政务数据资源、提升智慧城市建设质量意义重大。

(3) 案例中的二次数据资产定价方法

本案例采用市场法对二次数据资产进行评估，并按照固定定价法进行定价，其计价算法为

$$二次数据资产产品购置费 = \sum (二次数据资产产品（项）市场询价单价 \times 数量)$$

式中，二次数据资产产品购置费是指政府机构采购符合法律法规规定的二次数据资产产品的费用；二次数据资产产品（项）市场询价单价是指拟采购的二次数据资产产品的单价；数量是指拟采购的二次数据资产产品的数量。

(4) 二次数据资产计价说明

考虑到政务信息化工程的特殊性，在购买二次数据资产产品时，需要注意如下事项。

- 项目立项阶段：在《项目概算报告》《项目预算报告》中的"数据资源购置费"栏目中，应明确二次数据资产产品的数据类型、数据项、数据量、采集频率、数据质量等。

- 项目投标阶段：三个或以上同级别不同品牌数据服务商（卖方）的询价报价单，报价单必须含数据类型、数据项、数据量及数据质量、单价、报价单位名称（加盖公章）、联系人及电话等内容；上述服务商提供近 6 个月类似中标项目或项目合同案例中的有效价格。

- 项目合同签署阶段：项目法人单位应在合同中明确二次数据资产所有权或使用权应归购买方所有。

- 项目竣工阶段：在《项目结算报告》中的"数据资源购置费"栏目中，应以项目实际产生的数据类型、数据项、数据量及数据质量进行测算。

8.4　数据资产交易监管

8.4.1　数据资产交易监管的概念

数据资产交易监管是指数据监管机构按照数据相关的法律法规要求，对数据资产交易主体及其交易过程进行监督管理，以规范数据资产交易行为，确保数据资产交易过程合法合规。

- 监管机构：是指政府的数据主管部门及相关责任部门。其中，数据主管部门一般是各省市大数据应用发展管理局 / 大数据中心、国家互联网信息办公室或网络安全和信息化委员会办公室，相关责任部门是各省市的发展和改革、科技、工业和信息化、国有资产监督管理、公安、金融、财政、市场监管、密码管理等部门。

- 数据相关的法律法规：是指国家、省市涉及数据资产交易、数据安全的法律法规

和行业准则,如《中华人民共和国数据安全法》《中华人民共和国个人信息保护法》及各省市数据交易管理办法等。

- 数据资产交易主体:指数据供给方(卖方)、数据需求方(买方)、数据交易服务机构(数据交易平台)。
- 数据资产交易行为:指数据相关的法律法规、行业准则、企业制度等规定的数据资产交易要求的行为。
- 数据资产交易过程:指数据资产交易的相关环节,包括(不限于)交易申请、交易磋商、交易实施、交易结束、交易处理等。

从此定义可以看出,数据资产交易监管主要作用是规范数据资产交易行为,确保数据资产交易全流程的合法合规。

8.4.2　数据资产交易监管原则

数据资产交易监管应遵循3个原则:安全第一原则、权责一致原则、分级监管原则。

- 安全第一原则:数据交易主体(含卖方、买方、交易平台)应协同构建数据资产交易的安全措施(如安全风险评估、交易数据保护、安全事件应急等),确保交易安全;一旦发生泄露、篡改、损毁等数据资产安全事件,应及时补救;若发生重大数据资产安全事件,应启动安全事件应急机制,并报备数据监管机构。
- 权责一致原则:数据交易监管应以法律法规、行业准则为依据,明确监管机构的监管职责与范围,落实监管手段与责任体系,既要赋予监管机构一定的执法权力,又要将监管机构纳入法律法规监督范围,避免过度监管、随意监管。
- 分级监管原则:随着数字经济的不断发展,数据资产交易体量必将快速增长,仅仅依靠监管机构(政府行政部门)开展监管工作,难以覆盖数据资产交易的全部过程、全部内容,还需要开展数据行业的自律监管与交易主体的内部监管,即将数据交易行业协会、交易主体(含卖方、买方、交易平台)吸纳进去,共同开展监管工作。

8.4.3　数据资产交易监管模式

数据资产交易监管模式主要有三种:监管机构宏观监管模式、行业组织自律监管模式、交易主体内部监管模式。

- 监管机构宏观监管模式。该模式是目前数据资产交易的主要监管模式,主要由监管机构完成。其主要工作内容包括:编制数据资产交易规范(或标准),制定数据资产交易规则或管理办法,营造和培育数据资产交易市场体系,实施相关数据交易事件的责任追究,等等。
- 行业组织自律监管模式。该模式是上述宏观监管模式的有力补充,主要由数据资产交易相关的行业协会或其他机构(非交易主体)完成。其主要工作内容包括:制定数据资产交易自律准则,设置数据资产交易前置条件,开展数据资产交易全程管控，配合监管机构完成其他监管工作，等等。

- 交易主体内部监管模式。该模式是上述宏观监管模式、自律监管模式的有益补充，主要由数据资产交易主体（含卖方、买方、交易平台）各自完成或协同完成。其具体工作内容包括：卖方应设置专门机构，该机构遵照宏观监管、自律监管要求，负责合法合规地开展数据采集、数据处理工作，形成高品质的可供交易的数据资产产品（含一次数据资产产品、二次数据资产产品、三次数据资产产品）；买方应按照宏观监管、自律监管要求，合法合规地使用所购买的数据资产产品；交易平台应按照宏观监管、自律监管要求，合法合规地开展数据资产交易工作，并适时适度地披露数据交易信息；交易主体单位随时接受宏观监管、自律监管。

8.4.4 数据资产交易监管内容

数据资产交易监管内容主要有三类：事前监管内容、事中监管内容、事后监管内容。对于每一类监管内容，可以是以上三种监管模式分别完成，也可以由这三种监管模式相互组合、协同完成。

1. 事前监管内容

事前监管是指在数据交易的前置监管，旨在防患于未然。其主要包括交易主体监管和交易数据监管两个方面。

(1) 交易主体监管

① 卖方监管。数据供给方（卖方）应符合下列要求：

- 卖方应是非行政机关及法律法规授权的具有管理公共事务职能的组织；
- 卖方在近一年内无重大数据类违法违规记录；
- 卖方已在数据交易服务机构注册并经审核通过；
- 卖方能够向买方安全交付数据；
- 卖方遵守数据交易服务机构的规章制度。

② 买方监管。数据需求方（买方）应符合下述要求：

- 买方近一年内无重大数据类违法违规记录；
- 买方已在数据交易服务机构注册并经审核通过；
- 买方能够对交易数据实施安全保护；
- 买方按照数据供需双方约定使用数据，禁止进行个人信息的重新识别，完成使用后按照约定及时销毁交易数据；
- 买方遵守数据交易服务机构的规章制度。

③ 交易机构监管。数据交易服务机构（下简称交易机构）应符合下述要求：

- 交易机构已依法申请办理市场主体登记；
- 交易机构近一年内无重大数据类违法违规记录；
- 交易机构具有数据交易服务平台，该平台部署在我国境内，且具有数据交易相关功能，如用户管理、交易管理、订单管理、平台管理等；
- 交易机构能够承担数据交易服务的安全保障，如交易数据具有安全保护措施、交易平台具备相应安全等级保护级别等；

- 交易机构未经授权不擅自使用供需双方的数据或数据衍生品。

同时，交易机构应履行下列义务：

- 组织并监督数据交易、结算和交付；
- 对数据供方提供的数据来源合法性进行审核；
- 对数据违规使用行为进行监测；
- 制定并执行交易违规处罚规则；
- 对数据交易服务平台进行管理；
- 受理解决有关数据交易的投诉；
- 法律法规规定的其他应履行义务。

(2) 交易数据监管

首先，有下列情形之一的数据，不得进行交易。

- 涉及国家安全、公共安全、个人隐私的数据。
- 未经合法权利人授权同意，涉及其商业秘密的数据。
- 未经个人信息主体明示同意，涉及其个人信息的数据；未经年满 14 周岁未成年人或其监护人明示同意，涉及该未成年人个人信息的数据；未经不满 14 周岁未成年人的监护人明示同意，涉及该未成年人个人信息的数据。
- 以欺诈、诱骗、误导等方式或从非法、违规渠道获取的数据。
- 其他法律法规或合法约定明确禁止交易的数据。

其次，买卖双方通过交易平台参与交易的数据资产产品，应符合下述要求。

- 数据资产产品必须确权：卖方应确保交易数据获取渠道合法、权利清晰无争议，能够向交易机构提供拥有交易数据资产相关权益的承诺声明及交易数据采集渠道、个人隐私信息保护政策、用户授权等证明材料。
- 数据资产产品必须真实：数据供给方应确保交易数据的真实性，能够向交易机构提供数据真实性的承诺声明或证明材料。
- 数据资产产品描述要准确：卖方应对交易数据资产产品进行准确描述；交易机构应对卖方提供的交易数据描述信息的准确性、真实性进行审核。
- 数据具有可交易性：卖方依法获取的各类数据经处理无法识别特定数据提供者且不能复原的，可以交易。

2. 事中监管内容

事中监管是指交易过程中的监管，旨在及时发现问题、纠正偏差。事中监管内容主要包括交易安全监管和交易过程监管两个方面。

(1) 交易安全监管

在数据资产产品交易过程中，交易主体应采用下述措施，确保交易数据的安全。

- 安全风险评估：卖方应对交易数据进行安全风险评估，出具安全风险评估报告；交易机构应对交易数据的安全风险评估报告进行审核，确保交易数据不包含禁止交易的数据 (如个人隐私数据、国家安全数据等)。
- 安全防护措施：交易机构应依照法律、行政法规和国家标准的强制性要求，建立健全全流程数据安全管理制度、数据安全防护措施，保障数据资产交易安全。

- 数据保护措施：交易机构应为买卖双方提供数据安全措施 (含数据的匿名、泛化、随机、加密、脱敏等)，保护重要数据和个人敏感信息。
- 数据销毁机制：交易机构应为买卖双方提供数据销毁措施和第三方监督机制，确保数据可按照约定在交易结束后被完全销毁。
- 安全应急机制：交易机构应制定数据交易安全事件应急方案，一旦发生泄露、篡改、损毁等数据安全事件，能采取相应的安全策略及时补救。

(2) 交易过程监管

交易过程监管是对交易主体参与交易相关过程环节进行监管，包括 (不限于) 交易申请、交易磋商、交易实施、交易结束、交易处理等环节。

- 交易申请监管：卖方应明确说明交易数据的来源、内容和使用范围，提供对交易数据的概要描述和样本数据；买方应披露数据需求内容、数据用途；交易机构应对数据供需双方披露信息进行监督，督促其依法及时、准确地披露信息。
- 交易磋商监管：买卖双方应对交易数据的用途、使用范围、交易方式、使用期限和交易价格等协商和约定，形成交易订单；交易机构应对交易订单进行审核，确保符合相关法律法规和标准等合规性要求。
- 交易实施监管：交易机构应与卖方和买方签订三方合同，明确数据内容、数据用途、数据质量、交付方式、交易金额、交易参与方安全责任、保密条款等内容，并对交付数据内容进行监测和核验，如发现违法违规事件，应及时中断数据交易行为。
- 交易结束监管：数据资产交易完成后，卖方应发出数据资产交付完成确认，买方应发出数据接收完成确认；交易机构应为交易过程形成完整的交易日志并安全保存。
- 争议处理监管：交易机构应在数据监管部门的指导下建立争议解决机制，制定并公示争议解决规则，公平、公正地解决买卖双方的争议。

3. 事后监管内容

事后监管是指数据交易结束后的监管，旨在总结经验教训。当数据资产交易活动结束后，交易主体应经得起监管机构、监察机构的审查；同时，监管机构的监管工作本身也应经得起监察机构的审查。若监管机构、交易主体等确实存在问题，甚至存在严重问题，应配合调查，开展整改工作，并依照相关法律法规进行责任追究。事后监管的具体内容如下。

- 组织约谈：监管部门在履行职责中，若发现交易机构管理责任落实不到位的，应按照规定的权限和程序约谈交易机构的主要负责人，指出相关问题并提出整改要求。
- 督促整改：监管部门在监督检查中，若发现数据交易行为或交易平台存在较大安全风险的，应当提出改进要求并督促整改；交易机构应当根据有关部门的要求进行整改，并反馈整改情况。
- 联合监管：公安、网信、市场监管部门会同相关部门建立联合监管机制，依法打击数据交易活动中的违法犯罪行为。

- 协助配合：交易机构应为国家安全机关、公安机关依法维护国家安全和侦查犯罪的活动提供数据支持和协助。
- 非法数据责任追究：在数据交易过程中非法采集、传播、销售涉及国家安全、公共安全、商业秘密、个人隐私等数据的，按照有关法律法规的规定进行处罚。
- 数据安全责任追究：在数据交易中，交易主体违反数据安全保护义务，由监管部门责令限期改正；逾期未改正或造成危害数据安全等严重后果的，对数据交易主体中直接负责的主管人员和其他直接责任人员按照有关法律法规的规定，给予相应的处罚；构成犯罪的，依法追究刑事责任。
- 行政人员责任追究：国家机关及其工作人员在数据交易监督管理工作中滥用职权、玩忽职守、徇私舞弊的，对直接负责的主管人员和其他直接责任人员依法给予处分；构成犯罪的，依法追究刑事责任。

8.5 数据资产交易平台

8.5.1 数据资产交易平台的概念

1. 数据资产交易平台的定义

数据资产交易平台是指为数据资产交易提供相关服务的信息技术 (ICT) 平台。其中，相关服务是指面向数据交易主体 (含卖方、买方、交易机构等)、交易监管机构及公众提供的服务，如用户管理服务、交易管理服务、数据处理服务、平台本身管理服务等；ICT 平台指交易平台是一个 ICT 平台，它包括一套 ICT 设施，如网络设施、安全设施、计算设施、存储设施等。

2. 数据资产交易平台的主要特征

数据资产交易平台特征主要体现在平台类型、数据来源、产品类型、产品领域等方面。

(1) 平台类型

目前，国内外的大数据交易平台主要有两类，即第三方数据交易平台和综合数据服务平台。

- 第三方数据交易平台：仅仅是数据供给方 (卖方) 和数据需求方 (买方) 的中介，不涉及数据的采集、处理、存储、交换等。
- 综合数据服务平台：既作为数据供给方 (卖方) 进行数据的采集、存储、处理等，并形成数据资产产品的平台；也可以作为数据供给方 (卖方) 和数据需求方 (买方) 的中介，为其提供交易服务。

(2) 数据来源

目前，参与交易的数据资产的数据来源主要有 4 类，即数据供给方数据、企业商业数据、政府公开数据和网络爬取数据。

- 数据供给方数据：专门从事数据生产的组织或个人，按数据交易平台要求的规则和流程，提供自己拥有的可供交易的数据。
- 企业商业数据：企业内部产生、沉淀下来的有价值的数据，如生产制造工艺数据、市场营销商业数据等。
- 政府公开数据：政府机构通过官网平台、媒体 (如广播、电视等) 或其他公开出版物 (如年鉴) 公开的数据。
- 网络爬取数据：相关组织或个人利用一定的技术手段，在各个网页爬取的有效数据。

(3) 产品类型

目前，参与交易的数据资产的产品类型主要有三大类，即数据包类产品、API 类产品和其他定制类产品。

- 数据包类产品：指可供交易的完整的数据资产产品，包括一次数据资产产品、二次数据资产产品、三次数据资产产品，这些产品往往由多个字段、多条记录的结构化数据或视频、音频等非结构化数据构成。
- API 类产品：指以 API 接口方式进行 "实时在线交易" 的数据产品，这类产品往往参与交易的数据量较小，如用 "是" 或 "否" 来确认某人的身份信息，用 "有" 或 "无" 来确认某企业的资质信息等。
- 其他定制类产品：按卖方要求，定制的其他数据产品，如供测试的测试数据集、供商业分析的市场数据分析方案等。

(4) 产品领域

目前，参与交易的数据资产的产品领域主要有经济、教育、环境、医疗、人文、交通、商业、农业、工业等。可以预测，随着数字经济的不断发展，参与交易的数据产品将越来越多、越来越广。

8.5.2　数据资产交易平台的总体架构

数据资产交易平台的总体架构如图 8-5 所示，它是一个 "3 纵 6 横" 架构。其中 "3 纵" 是指平台的相关保障体系，包括标准规范体系、网络安全体系、运维保障体系；"6 横" 是指平台的 6 个层面技术及管理工作，即基础层、数据层、支撑层、应用层、接入层、用户层。

1. 标准规范体系

数据资产交易平台的建设和后期运营所需的标准规范，涵盖 (不限于) 数据标准 (如交易数据质量标准、交易数据销毁标准等)、业务标准 (如交易业务流程规范、交易业务操作规范等)、技术标准 (如平台接口标准、平台网络安全标准等)、管理标准 (如平台管理规范、平台运维标准等)。

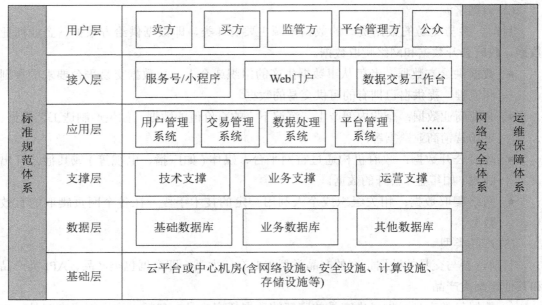

图 8-5　数据交易平台的总体架构

2. 网络安全体系

数据资产交易平台应构建完整的网络安全体系，包括 (不限于) 安全管理策略及制度、物理和环境安全、网络和通信安全、设备和计算安全、软件系统安全、数据信息安全、云安全、移动安全等，以期达到网络安全等级保护 2.0 之 "第三级" 要求。

3. 运维保障体系

数据资产交易平台的运维保障体系包括 (不限于) 硬件的管理与维护、软件的管理与维护、数据的管理与维护、安全的管理与维护等技术和管理工作。

4. 基础层

基础层主要包括数据资产交易云平台 (或中心机房) 的相关软硬件设施，如网络设施、安全设施、计算设施、存储设施等。

5. 数据层

数据层主要包括数据资产交易云平台涉及的相关数据库，如基础数据库、业务数据库、其他数据库。其中，基础数据库主要包括注册用户信息、交易日志信息等数据；业务数据库主要包括参与交易的数据名称、数据种类、数据内容、数据价格、数据积分方式、数据质量评估、数据权属、数据更新频率等数据；其他数据库，包括测试数据库 (即用于测试数据质量特性的数据库)、缓存数据库 (即用于临时存储交易数据且待交易结束后便清空销毁的数据库) 等。

6. 支撑层

支撑层主要包括技术支撑、业务支撑、运营支撑等技术和管理工作。其中，技术支撑是指平台提供视频会议、音视频系统、工作流引擎、区块链、智能 AI 等通用技术服务；业务支撑是指平台提供统一用户接入、统一 Web 门户、统一内容发布、统一数据交换、身份认证平台、内容发布等通用业务服务；运营支撑是指平台提供数据资产交易能力、运营数据展示等。

7. 应用层

应用层主要包括用户管理系统、交易管理系统、数据处理系统、平台管理系统等系统。其中，用户管理系统应具有用户注册、用户登录、用户中心 (含注册信息修改、订单查询、订单导出、密码找回等) 等功能；交易管理系统应具有信息检索、采购管理、交易数据发布、订单管理、交易支付、数据支付、售后服务等功能；数据处理系统应具有交易数据的匿名、泛化、随机、脱敏、加密、销毁等功能；平台管理系统应具有数据分类、数据审计、交易数据计费、运营管理、安全管理、系统管理、结算管理等功能。

8. 接入层

接入层包括多种接入方式接入数据交易平台，如服务号 (小程序)、Web 门户、数据交易工作台等。其中，服务号 (小程序) 是用户利用移动手机通过微信公众号或微信小程序接入交易平台；Web 门户是指用户利用 PC 终端或手机通过 Web 门户接入交易平台；数据交易工作台是指交易主体在数据资产交易中心现场，通过工作台 PC 机接入交易平台。

9. 用户层

用户层是指涉及交易平台的相关用户，包括卖方 (数据资产供给方)、买方 (数据资产需求方)、监管方 (数据资产交易监管机构)、公众用户等。

参考文献

[1] 姜奇平 . 数据确权的产权原理改变 [J]. 互联网周刊，2021，(8):70-71.

[2] 银昕 . 谁的数据？聚焦数据确权与交易 [J]. 法人杂志，2021，(7): 68-70.

[3] 闫境华，石先梅 . 数据生产要素化与数据确权的政治经济学分析 [J]. 内蒙古社会科学，2021，42(5): 113-120.

[4] 中国资产评估协会 . 资产评估专家指引第 9 号——数据资产评估 [R]. 2019.12.

[5] 尹传儒，金涛，张鹏，王建民，陈嘉一 . 数据资产价值评估与定价：研究综述和展望 [J]. 大数据，2021，7(4):14-27.

[6] 刘滔，徐静 . 信息商品的拉姆齐定价机制初探 [J]. 情报理论与实践，2006(05):544-546.

[7] 重庆市首席信息官 (CIO) 协会 . 政务信息化项目造价规范 [S]. 2021.10.

[8] 天津市互联网信息办公室 . 天津市数据交易管理暂行办法 (征求意见稿)[S]. 2020.7.

[9] 刘航 . 大数据交易安全与法律监管 [J]. 法制博览，2019(16):108-109.

[10] GB/T 37728—2019. 信息技术 数据交易服务平台 通用功能要求 [S].

[11] 王卫，张梦君，王晶 . 基于数据社区的综合服务大数据交易平台设计[J]. 图书情报导刊，2019(3):40-45.

[12] 杜振华 . 大数据应用中数据确权问题探究 [J]. 移动通信，2015，39(13):12-16.

[13] 彭云 . 大数据环境下数据确权问题研究 [J]. 现代电信科技，2016，46(05):17-20.

[14] 涂燕辉 . 大数据的法律确权研究 [J]. 佛山科学技术学院学报 (社会科学版)，2016，34(05):83-87.

[15] 王文平 . 大数据交易定价策略研究 [J]. 软件，2016，37(10): 94-97.

[16] 陈筱贞 . 大数据交易定价模式的选择 [J]. 新经济，2016，18: 3-4.

[17] 张敏 . 大数据交易的双重监管 [J]. 法学杂志，2019，40(02):36-42.

[18] 张敏 . 交易安全视域下我国大数据交易的法律监管 [A]. 中国政法大学互联网金融法律研究院 .

[19] 李爱君 . 金融创新法律评论 (2018 年第 1 辑·总第 4 辑)[C]. 中国政法大学互联网金融法律研究院，2018:12.

[20] 王卫，张梦君，王晶 . 国内外大数据交易平台调研分析 [J]. 情报杂志，2019，38(02):181-186+194.

[21] 中国信息通信研究院政策与经济研究所 . 数据价值化与数据要素市场发展报告 [R]. 北京：中国信通院，2021.

[22] 孙世友，谢涛，姚新，刘锐著 . 大地图：测绘地理信息大数据理论与实践 [M]. 北京：中国环境科学出版社，2017.

复习题

一、单选题

1. 数据资产交易是数据供给方与数据需求方通过交易机构或 (　　) 完成数据买卖的过程。

　　A. 双方契约　　　　　　B. 口头约定　　　　　C. 数据资产方　　　D. 政府监管机构

2. 个人文献数据属于 (　　)。

　　A. 零次数据资产　　　B. 一次数据资产　　　C. 二次数据资产　　　D. 三次数据资产

3. AI 训练数据集属于 (　　)。

　　A. 零次数据资产　　　B. 一次数据资产　　　C. 二次数据资产　　　D. 三次数据资产

4. 商业数据专题分析报告属于 (　　)。

　　A. 零次数据资产　　　B. 一次数据资产　　　C. 二次数据资产　　　D. 三次数据资产

5. 排名最先需要确权的是级别为公共品数据资产且类别为 (　　)。

　　A. 个人数据资产　　　B. 企业数据资产　　　C. 社会数据资产　　　D. 交易数据资产

6. 排名最后需要确权的是级别为私有品数据资产且类别为 (　　)。

　　A. 个人数据资产　　　B. 企业数据资产　　　C. 社会数据资产　　　D. 交易数据资产

7. 数据资产定价是指科学制定数据资产的 (　　)。

　　A. 产品体系　　　　　B. 市场体系　　　　　C. 价格体系　　　　　D. 人事体系

8. 目前数据资产交易的主要监管模式是 (　　)。

　　A. 监管机构微观监管模式　　　　　　B. 监管机构宏观监管模式

　　C. 行业组织自律监管模式　　　　　　D. 交易主体内部监管模式

9. 数据销毁机制属于 (　　) 内容。

　　A. 事前监管　　　　　B. 事中监管　　　　　C. 事后监管　　　　　D. 宏观监管

10. 督促整改属于 (　　) 内容。

A. 事前监管　　　　　B. 事中监管　　　　　C. 事后监管　　　　　D. 宏观监管

11. 组织约谈属于 (　　) 内容。

A. 事前监管　　　　　B. 事中监管　　　　　C. 事后监管　　　　　D. 宏观监管

二、多选题

1. 数据交易主要由 (　　) 构成。

A. 数据资产　　　　　B. 数据供给方　　　　C. 数据需求方　　　　D. 交易平台

2. 数据交易机构是指 (　　) 机构。

A. 第三方评估　　　　B. 交易撮合　　　　　C. 数据经纪　　　　　D. 数据开发

3. 数据交易主体是 (　　)。

A. 数据供给方　　　　B. 数据需求方　　　　C. 数据产品　　　　　D. 数据交易平台

4. 数据资产交易模式可以从 (　　) 等不同视角来划分。

A. 产品定价　　　　　B. 交易对象　　　　　C. 产权转让　　　　　D. 金融模式

5. 数据资产交易内容包括 (　　)。

A. 零次数据资产　　　B. 一次数据资产　　　C. 二次数据资产　　　D. 三次数据资产

6. 下述 (　　) 情形的数据资产不能进行交易。

A. 包含未依法获得授权的个人信息　　　B. 包含未经依法开放的公共数据

C. 个人开发的二次数据资产　　　　　　D. 法律、法规规定禁止交易的数据

7. 数据资产交易主要面临 (　　) 问题。

A. 数据的确权　　　　B. 数据真实性　　　　C. 数据合规合法　　　D. 数据安全

8. 数据资产权益包括数据资产的 (　　)。

A. 所有权　　　　　　B. 使用权　　　　　　C. 收益权　　　　　　D. 安全权

9. 数据资产确权的原则有 (　　)。

A. 利益平衡原则　　　　　　　　　　　B. 数据资产分类原则

C. 数据资产分级原则　　　　　　　　　D. 数据资产安全原则

10. 数据资产按 "级别" 可分为 (　　)。

A. 私有品数据资产　　　　　　　　　　B. 企业数据资产

C. 公共品数据资产　　　　　　　　　　D. 准公共品数据资产

11. 数据资产按 "主体" 可分为 (　　)。

A. 个人数据资产　　　B. 企业数据资产　　　C. 社会数据资产　　　D. 公共数据资产

12. 数据资产确权应遵守的准则有 (　　)。

A. 先私后公准则　　　　　　　　　　　B. 效益优先准则

C. 先易后难原则　　　　　　　　　　　D. 先公后私准则

13. 在 (　　) 条件下，数据资产的价值与价格关系会出现分离。

A. 不完全竞争　　　　　　　　　　　　B. 单一来源采购

C. 垄断市场　　　　　　　　　　　　　D. 公平竞争

14. 数据资产的静态类定价方法有 (　　)。

A. 固定定价法　　　　B. 差异定价法　　　　C. 官方定价法　　　　D. 拉姆齐定价法

15. 数据资产的动态类定价方法有 ( )。

A. 固定定价法   B. 自动定价法   C. 协商定价法   D. 拍卖定价法

16. 数据资产交易监管是指数据监管机构对 ( ) 进行监督管理。

A. 数据资产交易主体   B. 数据资产交易市场

C. 数据资产交易环境   D. 数据资产交易过程

17. 数据资产交易监管应遵循的原则有 ( )。

A. 安全第一原则   B. 数据资产交易市场原则

C. 权责一致原则   D. 分级监管原则

18. 数据资产交易监管模式主要有 ( )。

A. 监管机构微观监管模式   B. 监管机构宏观监管模式

C. 行业组织自律监管模式   D. 交易主体内部监管模式

19. 数据资产交易监管内容主要有 ( )。

A. 事前监管内容   B. 事中监管内容   C. 事后监管内容   D. 宏观监管内容

20. 事前监管内容主要包括 ( )。

A. 交易安全监管   B. 交易过程监管   C. 交易主体监管   D. 交易数据监管

21. 事中监管内容主要包括 ( )。

A. 交易安全监管   B. 交易过程监管   C. 交易主体监管   D. 交易数据监管

三、判断题

1. 数据资产交易是一种对数据进行买卖的行为。 ( )

2. 维普的科技文献数据库产品属于一次数据资产。 ( )

3. 测绘数据集属于三次数据资产。 ( )

4. 数据模型属于一次数据资产。 ( )

5. 数据资产交易存在数据资产安全问题。 ( )

6. 数据资产交易不存在定价问题。 ( )

7. 安全权不属于数据资产权属范畴。 ( )

8. 数据资产确权缺乏法律依据。 ( )

9. 传统的数据资产确权方法是"数据资产权属证明＋专家评审"的方法。 ( )

10. 基于区块链技术的数据确权方法是确权过程全程留痕。 ( )

11. 数据资产定价是一个静态行为。 ( )

12. 数据资产交易监管作用之一是规范数据资产交易行为。 ( )

13. 数据资产交易监管作用之一是确保数据资产交易全流程的合法合规。 ( )

14. 涉及国家安全、公共安全、个人隐私的数据不得进行交易。 ( )

15. 数据具有可交易性是数据交易监管的内容。 ( )

四、简答题

1. 简述数据资产交易面临的问题。

2. 简述数据资产确权涉及的相关问题。

3. 简述数据资产的交易内容。

4. 简述数据资产确权的路径。

5. 简述数据资产定价方法的基本思想及其优缺点。

6. 简述数据资产交易监管模式。

7. 简述数据交易平台的概念及其基本功能。

五、论述题

1. 查阅相关资料，论述数据资产确权涉及的相关问题。

2. 搜集相关文献，论述数据资产交易的现状与未来。

第 9 章

数据审计技术

数据审计在数据安全中具有非常重要的意义及作用，通过数据审计技术可以有效防范数据泄露、数据篡改、数据违规操作等安全事件，并为后续的事件溯源及加固工作提供支撑。掌握好数据审计分析方法和应用是今后从事数据安全及其相关工作的一项必备技能。本章将介绍数据审计的概念、数据库审计技术、主机审计技术、网络审计技术、应用审计技术，并给出数据审计应用案例。

9.1 数据审计的概念与作用

9.1.1 数据审计的背景

1. 审计源于财务系统

审计源于财务系统，用来审核企事业单位管理、经营行为是否合法，它主要从财务的账本入手，基于借贷平衡原则，对财务数据本身及其形成过程相关内部控制和流程进行检查、评价，发表审计意见，并提出改进意见和建议。

把审计概念引入网络安全可以追溯到早期对 IDS(入侵检测系统)的研究，IDS 的目的是检测攻击行为。由于 IDS 不存放任何原始数据，因此若想后期重现某个客户当时的行为，一般是很难做到的。于是，IDS 便借用了"财务审计"理念，将主机的所有操作行为(含攻击行为)均存入主机"账本"——操作日志中，一旦出现安全事件，便可以从"账本"中寻找"凭证"——"攻击"证据并重现"攻击"过程。

2. 安全事件频发需要数据审计技术

近年来，数据安全事件频发，表 9-1 列出了部分事件，这些事件造成了个人隐私数据、商用数据甚至国家安全数据的泄露，影响极其恶劣。

因此，如何通过 ICT 设施设备(含终端设备、网络设备、安全设备、存储设备、业务系统等)中的日志记录，审计违规操作行为，规避数据安全风险，已是当务之急。

表 9-1 数据安全事件

年份	所属行业	数据安全事件	造成影响
2021	互联网企业	2021 年 1 月，疑超 2 亿国内已泄露用户信息在暗网上兜售，经分析这些数据很可能来自微博、QQ 等多个社交媒体，其中还发现了大量湖北省公安县的公民数据	身份数据泄露

年份	所属行业	数据安全事件	造成影响
2020	系统设备厂家	2020 年 1 月，微软披露了其存储客户支持分析的服务器上的数据泄露；该漏洞发生在 2019 年 12 月，约 2.5 亿个条目，包括电子邮件地址、IP 地址和支持案例详细信息，在没有密码保护的情况下意外在线暴露	服务数据泄露
2020	国外医疗健康机构	据 Bitglass 的数据显示，2020 年美国的医疗保健数据泄露事件数量较 2019 年呈两位数倍数增长，受影响的人数超过 2600 万人，造成 130 亿美元损失	健康数据泄露
2020	通信运营商	运营商超 2 亿条用户信息被卖；2013 年至 2016 年 9 月，被告人陈某华从号百信息服务有限公司数据库获取区分不同行业、地区的手机号码信息提供给陈某武，被告人陈某武以人民币 0.01 元 / 条至 0.2 元 / 条不等的价格在网络上出售，获利金额累计达人民币 2000 余万元，涉及公民个人信息 2 亿余条	个人信息泄露
2019	国内医疗健康机构	国内医疗 PACS 服务器泄露涉及中国近 28 万条患者记录，这些患者数据记录非常详细，大多包括姓名、出生日期、检查日期、调查范围、成像程序的类型、主治医师、研究所 / 诊所和生成的图像数量等个人和医疗信息	用户健康数据泄露

9.1.2　数据审计的概念

1. 数据审计的定义

数据审计，又称数据安全审计，是指依照数据安全策略，对 ICT 设施设备系统的数据安全事件进行数据采集、事件审计、统计分析，从而发现系统漏洞、入侵行为或改善系统性能的过程。

2. 数据审计的类别

针对不同 ICT 设施设备系统，数据审计分为数据库审计、主机审计、网络审计、应用审计 4 类。

- 数据库审计：又称数据库安全审计，它是通过对相关数据库 (如达梦、Oracle、MySQL 等) 的数据安全事件进行数据采集、事件审计、统计分析，以期发现并控制 (阻止 / 放行) 数据库操作中的相关行为。
- 主机审计：又称终端审计，它是通过对计算机主机的运行状态、敏感操作进行数据采集、事件审计、统计分析，以期发现主机漏洞并控制 (阻止 / 放行) 主机操作中的相关行为。
- 网络审计：又称上网安全审计或互联网审计，它是通过对用户上网行为的数据采集、事件审计、统计分析，以期发现并控制 (阻止 / 放行 / 报警) 上网操作中的相关行为。
- 应用审计：又称应用系统安全审计，它是通过对相关应用系统的数据安全事件进行数据采集、事件审计、统计分析，以期发现应用系统漏洞并控制（启动／禁用／报警）应用系统的操作行为。

3. 数据审计的依据及流程

数据安全审计的依据是数据安全策略，而数据安全策略是基于审计对象——承载信息系统的 ICT 设施设备系统的等级保护安全级别（如第三级、第四级）来制定的，其制定规则详见国家标准 GB/T 25070—2019《信息安全技术　网络安全等级保护安全设计技术要求》。

数据安全审计主要包括数据采集、事件审计、统计分析三个核心流程。

- 数据采集：指对审计对象（ICT 设施设备）进行数据采集，主要包括数据库系统、主机系统、网络系统、应用系统。
- 事件审计：针对上述采集到的 ICT 设施设备数据进行事件审计，包括数据库事件审计、主机事件审计、上网事件审计、应用事件审计。
- 统计分析：针对事件审计情况，进行统计分析工作，包括常规统计分析、关联分析、潜在危害分析、异常事件分析等。

9.1.3　数据审计的作用

总体而言，数据审计可以视为 ICT 设施设备系统中的"监控摄像头"，其重要作用是：它通过各种安全技术手段对信息系统中的各种数据活动进行行为监控，记录分析各种可疑行为、违规操作、敏感操作，帮助用户定位发现安全事件源头，防范并发现信息系统中的各种违规行为，为系统的数据安全策略的制定、风险管控，提供支撑及分析依据。

具体而言，数据审计可以在事前（管理层面）、事中（技术层面）、事后（审计层面）发挥重要作用。

- 事前（管理层面）：利用审计理念，通过制定相关管理制度，如《操作指南》《运维指南》等，规范相关操作人员、运维人员的操作行为，事前避免误操作造成数据安全事件。
- 事中（技术层面）：利用审计理念，通过采用相关数据安全技术，如加密技术、脱敏技术、身份认证技术、访问控制技术等，事中监控并规避恶意操作、滥用数据、泄露数据等数据安全事件。
- 事后（审计层面）：利用数据审计技术本身，通过对信息系统的数据安全事件进行采集、分析，事后追溯事件产生源头并较精准定位有意肇事者或无意误操作者。

9.2　数据库审计技术

9.2.1　数据库审计的数据采集

1. 数据库审计的数据采集模式

目前，数据库审计的数据采集方式有两种：一种是通过镜像方式获取访问数据库流量，另一种是通过探针方式捕获数据库访问流量。

(1) 镜像方式

镜像方式是通过数据审计系统旁路部署模式实现的，如图 9-1 所示的。通过该方式，将所有访问数据库的流量转发到数据库审计系统，实现数据库访问流量的获取。该方式比较适用于传统 IT 架构。

(2) 探针方式

探针方式是在应用端或数据库服务器端部署探针组件，通过虚拟环境分配的审计管理网口进行数据传输，完成数据库流量采集。该方式主要适用于"云环境"或"虚拟化"环境的数据库审计需求。

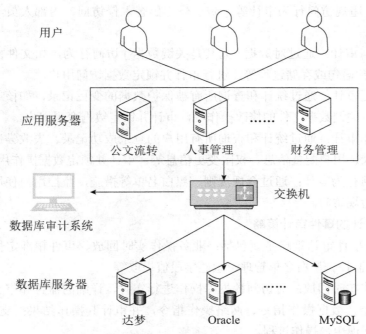

图 9-1　数据库审计的数据采集模式 (镜像方式)

2. 数据库审计的数据采集内容

数据库审计的数据采集内容主要包括数据库用户基本信息、数据定义语言 (DDL) 信息、数据操作语言 (DML) 信息、数据控制语言 (DCL) 信息、操作时间信息、操作结果信息等。

- 数据库用户基本信息包括用户名、IP 地址、MAC 地址、登录、注销、切换、授权等。
- 数据定义语言 (DDL) 信息包括 CREATE、ALTER、DROP 等创建、修改、删除数据库对象 (表、索引、视图、存储过程、触发器、域等) 的 SQL 指令。
- 数据操作语言 (DML) 信息包括 SELECT、DELETE、UPDATE、INSERT 等用于检索或者修改数据的 SQL 指令。
- 数据控制语言 (DCL) 信息包括 GRANT、REVOKE 等定义数据库用户的权限的 SQL 指令。
- 操作时间信息包括操作的具体日期、时间数据。
- 操作结果信息包括数据库返回内容、操作失败信息、操作成功信息等。

9.2.2 数据库审计的事件审计

1. 数据库审计的事件审计的类别

基于上述数据采集内容，通过分析相关操作记录 (含用户、操作时间、操作结果、DDL、DML、DCL 等)，对数据库安全事件进行审计，包括数据访问审计、数据变更审计、用户操作审计、违规访问行为审计等，防止外部黑客入侵访问、内部人员非法获取数据库敏感信息。

- 数据访问审计：通过对数据 (尤其是关键数据) 访问行为，如文件操作、数据库执行 SQL 语句或存储过程等，进行审计并锁定数据访问用户。
- 数据变更审计：通过统计和查询所有被保护数据的变更记录，如核心业务数据库表结构、关键数据文件的修改操作等，审计并锁定数据变更用户。
- 用户操作审计：通过统计和查询所有用户的登录成功记录、失败尝试记录、访问操作记录、用户配置信息、权限变更信息等，审计并锁定数据操作用户。
- 违规访问行为审计：通过合规规则、黑白名单等措施，监控用户使用行为，告警并阻断违规访问。

2. 数据库审计的事件审计策略

数据库安全事件审计策略主要包括：业务操作实时回放、事件精准定位、事件关联分析、访问工具监控、黑白名单管理、敏感字段值提取等。

- 业务操作实时回放：对访问数据库操作进行实时、详细的监控和审计，包括各种登录命令、数据操作指令、网络操作指令，并审计其操作结果；支持过程回放，真实地展现用户操作过程。
- 事件精准定位：对 IP、MAC、操作系统用户名、使用的工具、应用系统账号等一系列进行关联分析，实现对安全事件的全面呈现及精准定位。
- 事件关联分析：对 IP 信息、用户登录信息、账号使用详情、SQL 语句执行时长等响应事件进行关联，记录客户行为以备事件溯源。
- 访问工具监控：扫描连接数据库的访问工具，记录其 IP 地址及其关联操作。
- 黑白名单管理：根据用户需求及实际审计情况，将 IP、操作语句、账号等相关信息进行分类，形成黑白名单。

- 敏感字段值提取：设置敏感字段相关规则，对提取敏感字段数据段用户操作实施精准审计。

9.2.3　数据库审计的统计分析

1. 数据库审计的统计分析

针对数据库审计的特点，按照网络安全等级保护的相关要求，对数据库审计进行统计分析，包括事件统计、SQL 操作统计、关联分析、潜在危害分析、异常事件分析等。

- 事件统计：以用户目标标识 (如 IP 地址、MAC 地址) 和事件类型等条件统计审计事件。
- SQL 操作统计：对 SQL 操作类型、SQL 响应时间、影响行数等进行统计分析。
- 关联分析：对相互关联的数据库安全事件进行综合分析。
- 潜在危害分析：设置某一事件累积发生的次数或频率，对超过阈值的情况进行分析。
- 异常事件分析：对相关异常情况 (如用户活动异常、系统资源滥用或耗尽等) 进行分析。

2. 数据库审计的统计报表

基于上述统计分析情况，周期性地形成数据库审计安全事件日报、周报和月报或其他统计报表 (如等级保护报表)，并用 html、pdf、doc、xls 等格式文件呈现数据报表。

9.3　主机审计技术

9.3.1　主机审计的数据采集

1. 主机审计的数据采集模式

主机审计的数据采集 / 审计模式如图 9-2 所示，它由部署在主机端的主机监控系统和部署在服务器端 (或云服务端) 的主机事件审计 / 监控中心构成。主机监控系统负责监控主机的运行状态，采集主机运行数据，并将这些数据上传至主机事件审计 / 控制中心；主机事件审计 / 控制中心则负责分析从主机监控系统传来的相关监控数据，依据事先配置的主机安全控制策略 (含安全事件审计及控制规则等) 来控制主机的操作行为，以期实现主机安全。

图中，主机事件审计 / 控制中心主要功能详见 9.3.2 节；主机监控系统的监控功能包括用户监控、进程监控、服务监控、操作监控、输出监控、外联监控。

- 用户监控：实时监视主机用户账号的更改情况，并实时控制 (启动 / 禁用 / 报警)

其操作行为，包括增加、删除、改名、修改属性等。

- 进程监控：实时监视主机上正在运行的进程，并实时控制 (终止) 黑名单上的进程。
- 服务监控：实时监视主机上正在运行的服务，并实时控制 (终止) 黑名单上的服务。
- 操作监控：实时监视用户文件操作、外挂硬件设备，并实时控制 (启动 / 禁用 / 报警) 用户操作行为。
- 输出监控：即打印机 (含本地打印机、共享打印机、网络打印机等) 输出监控，实时监控主机的文件打印操作，并实时控制 (启动 / 禁用 / 报警) 打印操作行为。其中，报警信息包括文档名、所有者、当前打印状态等。
- 外联监控：实时监视违规外联行为，并实时控制 (启动 / 禁用 / 报警) 访问国际互联网行为，包括局域网上网、ADSL、MODEM(调制解调器) 拨号、无线上网，以及通过红外线和蓝牙设备上网等。

2. 主机审计的数据采集内容

根据图 9-2 所示的数据采集模式，主机审计的数据采集内容主要包括服务 / 进程数据、文件操作数据、外挂设备数据、外联数据、IP 地址更改数据等。

- 服务 / 进程数据：包括服务名、进程名、启动时间等数据。
- 文件操作数据：包括创建、读取、删除、修改等数据。
- 外挂设备数据：包括启用、禁用数据。
- 外联数据：包括外联类型 (拨号、ADSL、局域网等)、事件发生时间、拨号号码、接入网关、DNS(域名系统) 等数据。
- IP 地址更改数据：包括原 IP 地址、MAC 地址、更改后的 IP 地址、更改时间等数据。

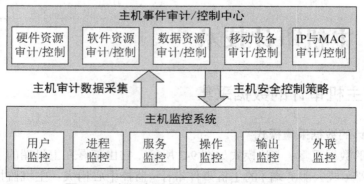

图 9-2　主机审计的数据采集 / 审计模式

9.3.2　主机审计的事件审计

基于上述数据采集内容，通过分析主机相关操作记录 (含服务 / 进程、文件操作、外挂设备、外联、IP 地址更改等)，对主机安全事件进行审计，并由此形成主机安全控制策略，包括硬件资源审计 / 控制、软件资源审计 / 控制、数据资源审计 / 控制、移动设备审

计 / 控制、IP 和 MAC 审计 / 控制等，从而实现主机的安全保护。

- 硬件资源审计 / 控制：控制 (使用或禁用) 主机外挂设备，包括 USB 设备、串口、并口、RAM 盘、软驱、光驱、刻录机、红外设备等硬件。
- 软件资源审计 / 控制：控制 (使用或禁用) 主机安装的相关软件，如禁止用户运行黑名单上的有用软件。
- 数据资源审计 / 控制：控制 (使用或禁用) 主机操作相关文件，包括文件的创建、读取、删除、修改等。
- 移动设备审计 / 控制：控制 (使用或禁用) 移动存储设备，包括 U 盘、移动硬盘、软盘等。当禁用移动设备后，用户无法向移动设备上拷贝任何文件，也无法访问移动设备上的文件。
- IP 和 MAC 审计 / 控制：通过 IP 地址和 MAC 地址绑定，禁止用户私自更改 IP 地址进行非法操作。

9.3.3　主机审计的统计分析

1. 主机审计的统计分析

针对主机安全审计的特点，按照网络安全等级保护的相关要求，对主机审计进行统计分析，包括事件统计、关联分析、潜在危害分析、异常事件分析等。

- 事件统计：以用户目标标识 (如 IP 地址、MAC 地址) 和事件类型等条件统计审计事件。
- 关联分析：对相互关联的主机安全事件进行综合分析。
- 潜在危害分析：设置某一事件累积发生的次数或频率，对超过阈值的情况进行分析。
- 异常事件分析：对相关异常情况 (如违规外联相关设备、私自更改 IP 地址、私自操作数据资源等) 进行分析。

2. 主机审计的统计报表

基于上述统计分析情况，周期性地形成主机审计安全事件日报、周报和月报或其他统计报表 (如等级保护报表)，并用 html、pdf、doc、xls 等格式文件呈现数据报表。

9.4　网络审计技术

9.4.1　网络审计的数据采集

1. 网络审计的数据采集模式

网络审计的数据采集 / 审计模式如图 9-3 所示，它由上网监控系统和上网事件审计 /

控制中心构成。上网监控系统负责监控用户及其上网行为，采集上网行为数据，并将这些数据上传至上网事件审计/控制中心；上网事件审计/控制中心则负责分析从上网监控系统传来的相关监控数据，并依据事先配置的上网安全控制策略(含上网事件审计及控制规则)来控制上网操作行为，以期实现上网行为安全。

图中，上网事件审计/控制中心主要功能详见 9.4.2 节；上网监控系统的监控功能包括账号监控、协议解析、内容监控、行为监控、流量监控。

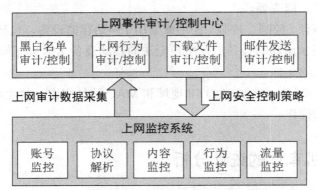

图 9-3 网络审计的数据采集/审计模式

- 账号监控：实时监视上网账号、上网主机 (IP、MAC) 情况，并实时控制 (启动/禁用/报警) 上网行为。
- 协议解析：实时解析相关网络协议，包括 (不限于)HTTP(超文本传输协议)、TELNET(远程终端协议)、FTP(文件传输协议)、SMTP(简单邮件传输协议)/POP3(邮局协议版本 3)、SMB(信息服务块) 协议等。
- 内容监控：实时监视上网内容，包括 (不限于)Web 网页、电子邮件、文件传输、即时聊天等内容，并实时控制 (启动/禁用/报警) 上网行为。
- 行为监控：实时监视上网行为，包括 (不限于) 基于协议的上网行为 (含网页浏览、网页提交、远程登录、邮件收发、文件共享等)、即时通信 (IM)/网络电话、流媒体/网络视频直播、P2P 下载 (即 point to point，点对点下载)、娱乐/游戏等，并实时控制 (启动/禁用/报警) 上网行为。
- 流量监控：实时监视上网用户 (含某个 IP 或多个 IP，某个组或多个组，某个账号或多个账号) 访问特定网站或网络情况，并实时控制 (启动/禁用/报警) 其上网行为。

2. 网络审计的数据采集内容

根据图 9-3 所示的数据采集模式，网络审计的数据采集内容主要包括电子邮件数据、网页浏览数据、文件传输数据、即时聊天数据、网页外发数据等。

- 电子邮件数据：包括用户 (账号/IP 地址/MAC 地址)、目标 IP 地址、邮件时间、发件人、收件人、标题、正文、附件等数据。
- 网页浏览数据：包括用户 (账号/IP 地址/MAC 地址)、目标 IP 地址、访问时间、网页 URL、网页内容等数据。
- 文件传输数据：包括用户 (账号/IP 地址/MAC 地址)、目标 IP 地址、访问时间、

FTP 账号、FTP 交互命令和执行回显等数据。
- 即时聊天数据：包括用户 (账号 /IP 地址 /MAC 地址)、目标 IP 地址、访问时间、聊天账号、聊天内容等数据。
- 网页外发数据：包括用户 (账号 /IP 地址 /MAC 地址)、目标 IP 地址、URL 地址、访问时间、外发文本内容、外发文件名称等数据。

9.4.2　网络审计的事件审计

基于上述数据采集内容，通过分析上网相关操作记录 (含电子邮件、网页浏览、文件传输、即时聊天、网页外发等)，对上网安全事件进行审计，并由此形成上网安全控制策略，包括黑白名单审计 / 控制、上网行为审计 / 控制、下载文件审计 / 控制、邮件发送审计 / 控制等。

- 黑白名单审计 / 控制：采用相应的审计 / 控制策略，制定黑白名单，包括上网用户黑白名单、上网主机 (IP/MAC) 黑白名单、URL 地址黑白名单等。
- 上网行为审计 / 控制：采用相应的审计 / 控制策略，控制 (启动 / 禁用 / 报警) 用户的上网行为。其包括：时间审计 / 控制策略，指定的主机 (IP/MAC) 只能在指定的时间内上网；协议审计 / 控制策略，只能在指定的协议范围内进行上网；即时通信审计 / 控制策略，只能使用指定的即时通信软件；网游审计 / 控制策略，只能使用指定的网络游戏软件 (如 QQ 游戏、联众游戏、中国游戏中心、边锋游戏、远航游戏等)；网页审计 / 控制策略，只能上白名单网站，阻止上黑名单网站。
- 下载文件审计 / 控制：控制 (启动 / 禁用 / 报警) 下载文件行为，包括下载文件的类型控制、下载文件的工具 (如 BT、eMule 电骡等)。
- 邮件发送审计 / 控制：控制 (启动 / 禁用 / 报警) 邮件发送行为，包括邮件发送内容控制、邮件收发地址控制、邮件收发工具控制。

9.4.3　网络审计的统计分析

1. 网络审计的统计分析

针对网络审计的特点，按照网络安全等级保护的相关要求，对网络审计进行统计分析，包括上网统计、事件统计、趋势分析、关联分析、潜在危害分析、异常事件分析等。

- 上网统计：按 IP 地址、IP 地址组、上网账号、账号组、协议类型、报告类型、时间范围等进行上网统计分析，形成上网排名、游戏排名、封堵排名、网站访问、即时通信排名、音视频访问排名、网页发帖排名、协议使用排名等统计分析图表 (含折线、柱状图、饼图等)。
- 事件统计：以用户目标标识 (如 IP 地址、MAC 地址) 和事件类型等条件统计网络审计安全事件。
- 趋势分析：在上述上网统计基础上，进一步分析上网趋势图，包括上网趋势、游戏趋势、禁止上网 (封堵) 趋势、音视频访问趋势、网页发帖趋势等。

- 关联分析：对相互关联的上网安全事件进行综合分析。
- 潜在危害分析：设置某一上网安全事件累积发生的次数或频率，对超过阈值的情况进行分析。
- 异常事件分析：对相关异常情况 (如违规下载文件、违规发送邮件、违规上黑名单网站等) 进行分析。

2. 网络审计的统计报表

基于上述统计分析情况，周期性地形成网络审计安全事件日报、周报和月报或其他统计报表 (如等级保护报表)，并用 html、pdf、doc、xls 等格式文件呈现报表。

9.5 应用审计技术

9.5.1 应用审计的数据采集

应用审计的数据采集 / 审计模式如图 9-4 所示，它由应用监控系统和应用事件审计 / 控制中心构成。应用监控系统负责监控用户及其使用应用系统行为，采集相关应用行为数据，并将这些数据上传至应用事件审计 / 控制中心；应用事件审计 / 控制中心负责分析从应用监控系统传来的相关监控数据，并依据事先配置的应用安全控制策略 (含应用事件审计及控制规则) 来控制应用系统操作行为，以期实现应用系统使用安全。

图中，应用事件审计 / 控制中心主要功能详见 9.5.2 节；应用监控系统的监控功能包括身份监控、权限监控、行为监控、流量监控。

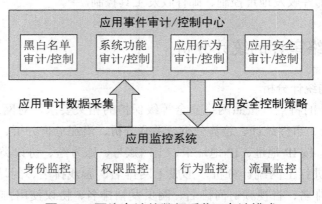

图 9-4 网络审计的数据采集 / 审计模式

- 身份监控：实时监视用户身份 (如系统管理员、系统操作员、系统运维员、系统安全员等) 及其应用主机 (IP、MAC) 情况，并实时控制 (启动 / 禁用 / 报警) 应用行为。
- 权限监控：实时监视不同身份用户的操作权限情况，并实时控制 (启动 / 禁用 / 报

警) 应用行为。

- 行为监控：实时监视用户应用行为，并实时控制 (启动 / 禁用 / 报警) 应用操作
  行为。
- 流量监控：实时监视用户登录情况或访问特定应用功能情况，并实时控制 (启动 /
  禁用 / 报警) 应用操作行为。

根据图 9-4 所示的数据采集模式，应用审计的数据采集内容主要包括用户身份数据、
用户权限数据、用户行为数据、应用事件数据等。

- 用户身份数据：包括用户身份 U 盾信息、用户类别 (如系统管理员、系统操作员、
  系统运维员、系统安全员) 信息等数据。
- 用户权限数据：包括系统管理人员的权限操作、系统运维人员的权限操作、系统
  操作员 (应用人员及其角色) 的权限操作、系统安全员的权限操作等数据。
- 用户行为数据：包括用户 (账号 /IP 地址 /MAC 地址)、相关操作 (含登录、查询、
  新增、修改、删除、统计、导出等) 的数据。
- 应用事件数据：包括用户 (账号 /IP 地址 /MAC 地址)、日期、时间、事件类型、
  操作行为、执行结果 (成功、失败) 等数据。

9.5.2　应用审计的事件审计

基于上述数据采集内容，通过分析应用系统相关操作记录 (含用户身份、用户权限、
用户行为、应用事件等)，对应用安全事件进行审计，并由此形成应用安全控制策略，包
括黑白名单审计 / 控制、系统功能审计 / 控制、应用行为审计 / 控制、应用安全审计 /
控制。

- 黑白名单审计 / 控制：采用相应的审计 / 控制策略，制定黑白名单，包括上网用
  户黑白名单、上网主机 (IP/MAC) 黑白名单、URL 地址黑白名单等。
- 系统功能审计 / 控制：控制 (选用、禁用) 信息系统相关功能。例如，相关操作用
  户 / 角色可有选择地使用应用系统相关功能，进入黑名单的用户禁止使用应用系
  统相关功能。
- 应用行为审计 / 控制：采用相应的审计 / 控制策略，控制 (启动 / 禁用 / 报警) 用
  户的应用行为。例如，操作用户 / 角色只能使用自己有权限的相关功能，不能越
  权操作；系统运维人员只能在职权范围内对应用系统相关问题进行运维，不能越
  权代替业务操作员操作应用系统，等等。
- 应用安全审计 / 控制：采用相应的审计 / 控制策略，防御 DoS、SQL 注入、跨站
  脚本等恶意攻击。例如，通过监控用户 (账号 /IP 地址 /MAC 地址) 的流量情况来
  避免 DoS 攻击。

9.5.3　应用审计的统计分析

针对应用安全审计的特点，按照网络安全等级保护的相关要求，对应用审计进行统

计分析，包括事件统计、关联分析、潜在危害分析、异常事件分析等。

- 事件统计：以用户目标标识 (如 IP 地址、MAC 地址) 和事件类型等条件统计审计事件。
- 关联分析：对相互关联的应用安全事件进行综合分析。
- 潜在危害分析：设置某一事件累积发生的次数或频率，对超过阈值的情况进行分析。
- 异常事件分析：对相关异常情况 (如越权操作系统功能等) 进行分析。

基于上述统计分析情况，周期性地形成应用审计安全事件日报、周报和月报或其他统计报表 (如等级保护报表)，并用 html、pdf、doc、xls 等格式文件呈现报表。

9.6 数据审计应用案例：面向高校校园网的网络审计系统

1. 背景情况

校园网是高等学校的信息化平台，它不仅为教育教学信息的收集、处理、存储和传输等提供便利，而且为科学研究的资料检索、收集和分析提供支撑，已经成为广大教师、大学生不可或缺的工作平台。

然而，校园网的数据安全问题也较为严重，数据泄露、散布有害信息等情况时有发生。因此，在校园网部署网络审计系统，规范教职员工、学生的上网、数据访问、数据下载 / 上传等行为势在必行且意义重大。

2. 功能简介

针对校园网特点和需求，面向高校校园网的网络审计系统主要有两大功能，即监控日志功能和审计控制功能。

(1) 监控日志功能

其主要监控并记录用户 (含教师、学生) 的电子邮件、网页浏览、文件传输、即时聊天、网页外发等日志数据。

- 电子邮件日志数据：包括用户 (账号 /IP 地址 /MAC 地址)、目标 IP 地址、邮件时间、发件人、收件人、标题、正文、附件等数据。
- 网页浏览日志数据：包括用户 (账号 /IP 地址 /MAC 地址)、目标 IP 地址、访问时间、网页 URL、网页内容等数据。
- 文件传输日志数据：包括用户 (账号 /IP 地址 /MAC 地址)、目标 IP 地址、访问时间、FTP 账号、FTP 交互命令和执行回显等数据。
- 即时聊天日志数据：包括用户 (账号 /IP 地址 /MAC 地址)、目标 IP 地址、访问时间、聊天账号、聊天内容等数据。

- 网页外发日志数据：包括用户 (账户 /IP 地址 /MAC 地址)、目标 IP 地址、URL 地址、访问时间、外发文本内容、外发文件名称等数据。

(2) 审计控制功能

其主要通过审计上述日志数据，控制用户 (含教师、学生) 的校园网操作行为，包括黑名单控制、上网行为控制、上网内容控制等。

- 黑名单控制：阻止用户 (教师 / 学生) 访问黑名单 URL 地址。
- 上网行为控制：控制 (阻止 / 放行) 用户 (教师 / 学生) 在校园网的邮件、QQ 聊天、Web 访问、网络游戏、P2P 视频、文件上传 / 下载 / 共享等行为。
- 上网内容控制：阻止用户 (教师 / 学生) 在校园网上通过 QQ、邮件、文件上传 / 下载等方式传播敏感信息。

3. 部署方式

网络审计系统 (设备) 通过旁路接入方式部署在校园网出口处，如图 9-5 所示。这样部署不仅对现有网络应用和网络拓扑不产生影响 (如不占用网络带宽等)，而且加大了恶意攻击者对该系统进行攻击的难度。

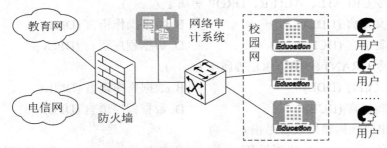

图 9-5 网络审计系统旁路部署图

4. 实现效果

高校校园网通过使用网络审计系统，加强了网络监控力度，提升了网络安全事件的溯源能力，净化了校内上网环境，实现了校园师生网络行为的有效有序的管理。

参考文献

[1] 中华人民共和国国家标准 GB/T 17143.8—1997. 信息技术 开放系统互连 系统管理 第 8 部分：安全审计跟踪功能 [S].

[2] 中华人民共和国国家标准 GB/T 34960.4—2017. 信息技术服务 治理 第 4 部分：审计导则 [S].

[3] 中华人民共和国国家标准 GB/T17166—2019 能源审计技术通则 [S].

[4] 中华人民共和国国家标准 GB/T 20945—2013. 信息安全技术 信息系统安全审计产品技术要求和测试评价方法 [S].

[5] 王克明，冯方回. 基于等级保护的主机安全研究 [J]. 网络安全技术与应用，2013(01):17-19.

[6] 缪崇. 医院信息系统应用数据库安全审计的探讨 [J]. 福建电脑，2009，25(10):69-70.

[7] 李飞. 信息安全理论与技术 [M]. 西安：西安电子科技大学出版社，2016.

[8] 中华人民共和国国家标准 GB/T 25070—2019. 信息安全技术 网络安全等级保护安全设计技术要求 [S].

复习题

一、单选题

1. 审计源于 (   )。

A. 人力资源　　　　　B. 财务系统　　　　　C. 制造系统　　　　　D. 管理系统

2. 数据审计的依据是 (   )。

A. 数据安全策略　　　B. 网络安全策略　　　C. 主机安全策略　　　D. 运维安全策略

3. SQL 指令 SELECT、DELETE、UPDATE、INSERT 等属于 (   )。

A. 数据定义语言 (DDL)　　　　　　　　　B. 数据操作语言 (DML)

C. 数据控制语言 (DCL)　　　　　　　　　D. 数据程序语言 (DPL)

4. SQL 指令 CREATE、ALTER、DROP 等属于 (   )。

A. 数据定义语言 (DDL)　　　　　　　　　B. 数据操作语言 (DML)

C. 数据控制语言 (DCL)　　　　　　　　　D. 数据程序语言 (DPL)

5. SQL 指令 GRANT、REVOKE 等属于 (   )。

A. 数据定义语言 (DDL)　　　　　　　　　B. 数据操作语言 (DML)

C. 数据控制语言 (DCL)　　　　　　　　　D. 数据程序语言 (DPL)

6. 主机输出监控的输出设备是指 (   )。

A. 照相设备　　　　　B. 投影设备　　　　　C. 扫描器　　　　　　D. 打印机

7. 主机通过蓝牙设备上网属于主机监控的 (   )。

A. 服务监控　　　　　B. 操作监控　　　　　C. 外联监控　　　　　D. 输出监控

8. IP 地址和 MAC 地址绑定属于 (   )。

A. 主机审计　　　　　B. 数据库审计　　　　C. 网络审计　　　　　D. 应用审计

9. 即时聊天内容属于 (   ) 监控内容。

A. 主机审计　　　　　B. 数据库审计　　　　C. 网络审计　　　　　D. 应用审计

10. 用户身份 U 盾信息属于 (   ) 的数据采集内容。

A. 主机审计　　　　　B. 数据库审计　　　　C. 网络审计　　　　　D. 应用审计

二、多选题

1. 下述事件属于数据安全事件的有 (   )。

A. 个人信息泄露　　　B. 身份数据泄露　　　C. 健康数据泄露　　　D. 服务数据泄露

2. 按不同 ICT 设施设备，数据审计分为 (   )。

A. 数据库审计　　　　B. 主机审计　　　　　C. 网络审计　　　　　D. 应用审计

3. 数据安全审计主要包括 (   ) 核心流程。

A. 数据建模　　　　　B. 数据采集　　　　　C. 事件审计　　　　　D. 统计分析

4. 数据安全审计的目的是 ( )。

A. 发现系统漏洞　　　　　　　　　　B. 发现系统设备名称

C. 发现入侵行为　　　　　　　　　　D. 改善系统性能

5. 数据审计可以在 ( ) 发挥作用。

A. 事前　　　　　B. 事中　　　　　C. 事后　　　　　D. 过程

6. 数据库审计的数据采集方式有 ( )。

A. 嵌入方式　　　　B. 旁路方式　　　　C. 镜像方式　　　　D. 探针方式

7. 数据库审计的数据采集内容主要包括 ( )。

A. 数据定义语言 (DDL) 信息　　　　B. 数据操作语言 (DML) 信息

C. 数据控制语言 (DCL) 信息　　　　D. 数据操作时间信息

8. 数据库安全事件进行审计包括 ( )。

A. 数据访问审计　　　　　　　　　　B. 数据变更审计

C. 用户操作审计　　　　　　　　　　D. 违规访问行为审计

9. 数据安全事件审计的统计分析工作包括 ( )。

A. 常规统计分析　　　B. 关联分析　　　C. 潜在危害分析　　　D. 异常事件分析

10. 数据库安全事件审计策略主要 ( )。

A. 业务操作实时回放　B. 事件精准定位　　C. 事件关联分析　　D. 敏感字段值提取

11. 数据库审计形成的统计报表的文件格式有 ( )。

A. html　　　　　B. pdf　　　　　C. prg　　　　　D. xls

12. 主机审计的数据采集 / 审计主要由 ( ) 构成。

A. 主机监控系统　　　　　　　　　　B. 数据采集系统

C. 数据审计系统　　　　　　　　　　D. 主机事件审计 / 监控中心

13. 主机监控系统的监控功能包括 ( )。

A. 进程监控　　　　B. 服务监控　　　　C. 操作监控　　　　D. 外联监控

14. 上网监控系统的监控功能包括 ( )。

A. 账号监控　　　　B. 内容监控　　　　C. 流量监控　　　　D. 协议解析

15. 网络审计的数据采集内容主要包括 ( )。

A. 电子邮件数据　　B. 网页浏览数据　　C. 即时聊天数据　　D. 文件传输数据

16. 应用审计的数据采集内容主要包括 ( )。

A. 用户身份数据　　B. 网页浏览数据　　C. 用户权限数据　　D. 应用事件数据

三、判断题

1. 数据库审计旨在发现并控制数据库操作中的相关行为。　　　　　　　　　　( )

2. 数据定义语言 (DDL) 是用于检索或者修改数据的 SQL 指令。　　　　　　　( )

3. 数据操作语言 (DML) 是用于创建、修改、删除数据库对象的 SQL 指令。　　( )

4. 数据控制语言 (DCL) 是用于定义数据库用户的权限的 SQL 指令。　　　　　( )

5. 对移动设备 (如优盘、移动硬盘等) 审计属于主机审计的范畴。　　　　　　( )

6. 主机审计包括对存储在主机上的文件操作 (含创建、读取、删除、修改等) 进行审计。　　　　　　　　　　　　　　　　　　　　　　　　　　　　　　　　( )

7. 网络审计包括对网游的审计。　　　　　　　　　　　　　　(　　)

8. 电子邮件审计属于主机审计范畴。　　　　　　　　　　　　(　　)

9. QQ 交流内容审计属于数据库审计范畴。　　　　　　　　　　(　　)

10. 操作用户 / 角色 / 权限审计属于应用审计范畴。　　　　　　　(　　)

四、简答题

1. 简述数据审计的重要性。

2. 简述数据库安全事件审计策略。

3. 简述主机审计的数据采集 / 审计模式。

4. 简述网络审计的上网监控系统功能。

5. 简述应用审计的数据采集 / 审计模式。

五、论述题

通过学习《网络安全法》，论述在高校校园网上部署网络安全审计系统的作用和意义。

第 ⑩ 章
数据司法存证技术

数字经济时代，数据资产已经成为组织、个人的重要资产。为了保障数据资产权属人的合法权益，确保数据资产经得起历史追溯和法律检验，迫切需要一种面向司法行业的数据安全管理技术——数据司法存证技术。本章将介绍数据司法存证的概念、数据司法存证的基本要求、第三方数据存证平台、数据存证的司法实践，并给出数据存证案例。

10.1　数据司法存证的概念

10.1.1　数据司法存证的背景

1. 网络用户越来越多、数据资产越来越丰富

当下，中国社会整体跨入数字经济时代，数字化已广泛渗透到社会生活的方方面面，网络用户越来越多。中国互联网络信息中心 (CNNIC) 于 2021 年 8 月 27 日颁布的第 48 次《中国互联网络发展状况统计报告》表明：截至 2021 年 6 月，我国网民规模为 10.11 亿，较 2020 年 12 月增长 2175 万，互联网普及率达 71.6%；我国网上外卖用户规模达 4.69 亿，较 2020 年 12 月增长 4976 万；在线办公用户规模达 3.81 亿，较 2020 年 12 月增长 3506 万；在线医疗用户规模达 2.39 亿，较 2020 年 12 月增长 2453 万。

由此可见，数字化时代已经在政治、经济、思想、文化及社会生活等诸多方面产生着深刻影响，改变着人们原有的工作和生活方式，重塑着社会发展模式和社会治理格局。10 亿用户接入互联网，形成了全球最为庞大、生机勃勃的数字社会，也产生了大量的电子数据，这些电子数据正在发挥着独一无二的关键作用，正在形成越来丰富的数据资产。

2. 数据资产案件数量越来越多

伴随着数字经济的不断推进，各种网络案件尤其是数据资产案件的案发数量越来越多，案发金额越来越大。

在 2021 年 3 月 8 日召开的中华人民共和国第十三届全国人民代表大会第四次会议上，中华人民共和国最高人民法院院长周强在工作报告指出：2020 年一年间，最高人民法院、地方各级人民法院和专门人民法院审结电信网络诈骗、网络传销、网络赌博、网络黑客、网络谣言、网络暴力等犯罪案件 3.3 万件；审理各类合同纠纷案件 886 万件；审结一审知识产权案件 (如商标、专利等)46.6 万件，同比上升 11.7%，判赔金额同比增长 79.3%。

3. 数据存证的法律地位越来越高

近年来，ICT 行业、政法行业等出台了相关电子数据存证、数据保全、数据鉴定的

国家、行业技术标准。例如，中华人民共和国国家标准《电子物证数据恢复检验规程》(GB/T 29360—2012)、《电子物证文件一致性检验规程》(GB/T 29361—2012)、《电子物证数据搜索检验规程》、(GB/T 29362—2012) 等；中华人民共和国司法行政行业标准《电子数据存证技术规范》(SF/T 0076—2020)《电子数据证据现场获取通用规范》、(SF/Z JD0400002—2015)、《软件功能鉴定技术规范》(SF/Z JD0403004—2018) 等；中华人民共和国公共安全行业标准《电子证据数据现场获取通用方法》(GA/T 1174—2014)、《网页浏览器历史数据检验技术方法》、(GA/T 1176—2014)《取证与鉴定文书电子签名》(GA/T 977—2012) 等。

2018 年 9 月 7 日起施行的《最高人民法院关于互联网法院审理案件若干问题的规定》强化了数据存证的法律地位。该规定第十一条指出：当事人提交的电子数据，通过电子签名、可信时间戳、哈希值校验、区块链等证据收集、固定和防篡改的技术手段或者通过电子取证存证平台认证，能够证明其真实性的，互联网法院应当确认。

10.1.2　数据司法存证的定义

1. 电子数据的概念

(1) 电子数据的定义

数据存证中的数据，在司法领域泛称为电子数据，它是指基于计算机应用和通信等电子化技术手段形成的信息数据，包括以电子形式存储、处理、传输、表达的静态数据和动态数据。

(2) 电子数据的内容

电子数据主要包括 (不限于) 下述数据：

- 网页、博客、微博等网络平台发布的信息；
- 手机短信、电子邮件、即时通信、通信群组等网络应用服务的通信数据；
- 用户注册信息、身份认证信息、电子交易记录、通信记录、登录日志等信息；
- 文档、图片、音频、视频、数字证书、计算机程序等电子数据；
- 其他以数字化形式存储、处理、传输的能够证明案件事实的数据。

(3) 电子数据的基本特性

电子数据具有复制性、虚拟性、易变性、稳定性 4 个基本特性。

- 复制性。电子数据可以被精确复制，其副本与正本几乎一样。
- 虚拟性。电子数据本身无法被人直接感知，必须依托于电子设备才能存在和展示其所蕴含的信息。
- 易变性。电子数据只需要敲击键盘，即可对其进行增加、删除、修改。
- 稳定性。电子数据可通过存储方式保证其稳定性，即便对其进行了修改 (如增加、删除等)，但修改后的数据均会留痕，且可以通过相关技术手段恢复其原始状态。

2. 电子数据司法存证的概念

(1) 电子数据司法存证的定义

电子数据司法存证是指服务方通过互联网或电子存证服务平台向使用方提供电子数

据证据保管和验证的服务过程，以提升其司法证明力。

- 服务方：又称电子数据存证服务提供者，是指提供电子数据存证服务的机构或组织。
- 使用方：又称电子数据存证服务使用者，是指使用电子数据存证服务的组织或个人。
- 电子存证服务平台：又称电子数据保全平台，是指由电子数据存证服务提供者向使用者以网站、应用程序和编程接口等形式提供电子数据存证服务的软件或系统。
- 司法证明力：是指电子数据证据对于案件事实的证明作用。

(2) 电子数据存证的方式

依据实施存证行为主体 (服务方、使用方等) 的不同，电子数据存证方式主要分为自行存证、公证存证、第三方存证三类。

- 自行存证：若上述服务方和使用方为同一机构或组织，则称为自行存证。一般地，自行存证的基本做法是：当事人自己或其代理人通过拍照、下载、截图等方式来保存电子数据。自行存证的特点是：操作简便、成本较低，但是证据能力和证明力都比较弱，被法院采纳的可能性较低。
- 公证存证：若服务方是权威的公证机构，则称为公证存证。其中，公证机构是指依法设立、不以营利为目的，独立行使公证功能、承担民事责任的证明机构。
- 第三方存证：若服务方是第三方电子存证服务平台，则称为第三方存证。

10.1.3　数据司法存证的基本原则

数据司法存证的基本原则主要有合法性原则、及时性原则、保密性原则、全面性原则。

1. 合法性原则

数据存证的程序和方法应当合法，不得侵害他人合法权益取得证据或者违反法律禁止性规定取得证据。

2. 及时性原则

动态、时效性电子数据，应及时进行数据固定与保存，防止数据改变和丢失。数字化时代，各种网络平台带来了电子数据的快速流动，为获得能有效证明待证事实的电子数据，应及时 (甚至实时) 地将相关数据固化存储。

3. 保密性原则

涉及使用方敏感的电子数据 (如个人隐私数据、商业秘密数据等)，应进行加密存储，并确保所存证的数据处于独立的安全状态。

4. 全面性原则

数据存证服务之所以称为“数据保全服务”，就是要求“全面保存”司法存证的内容电子数据、附属电子数据。其中，“全面保存”是指可以“重现”案件状态、“追溯”案件过程；内容电子数据，又称原文信息，是指案件本身涉及的电子数据；附属电子数据，又称附属信息，是指记录电子数据生成情况和系统环境的相关数据，如第三方存证服务平台本身的数据。

10.2 数据司法存证的基本要求

10.2.1 数据司法存证的总体要求

数据司法存证的总体要求包括如下4点。

① 电子数据存证前，电子数据存证服务提供者应对电子数据存证服务使用者进行身份核验。电子数据存证服务使用者宜检查存证使用的计算机信息系统的硬件、软件，以及网络环境是否可靠、安全，并处于正常运行状态，条件允许时宜将相关信息也进行存证。

② 电子数据存证时，电子数据存证服务使用者使用电子数据存证服务提供者提供的网站、应用程序或编程接口，应将电子数据的原文或完整性校验值、附属信息等数据同步传输至电子数据存证平台。

③ 电子数据存证服务提供者应记录电子数据存证平台的硬件设备信息、软件系统信息、网络信息及过程数据等，并计算相关信息的完整性校验值；将记录的数据与对应的完整性校验值同时进行存证。

④ 电子数据存证服务使用者需要进行原文存证的，应提交电子数据原文到电子数据存证平台；电子数据存证服务使用者不需要进行原文存证的，电子数据存证平台应进行风险告知，避免使用者自己破坏电子数据的完整性导致无法验证而产生纠纷。

10.2.2 数据司法存证的具体要求

数据司法存证的具体要求主要体现在6个方面：存证数据要求、存证数据传输要求、存证数据验证要求、存证数据验证结果要求、数据检索要求、隐私保护要求。

1. 存证数据要求

存证的电子数据（以下简称数据）应满足如下6点要求：

- 数据记录应有唯一的存证标识码；
- 数据记录应包括存证的电子数据的完整性校验值及使用的完整性校验算法；
- 数据记录应包括可信时间标识；
- 数据记录应能和特定用户进行关联，即具有特定用户的签名信息；
- 数据记录应包括完整的日志信息、存证过程中关键节点的可信时间标识、用户、操作内容、对象和存储路径等信息；
- 电子数据存证平台存证原文的，存证的电子数据记录应包括内容电子数据及附属电子数据。

2. 存证数据传输要求

存证数据传输要求有三点，即身份认证、加密传输和传输完整性验证。

(1) 身份认证

电子数据存证服务使用者传输数据前，电子数据存证平台应对其身份进行可信认证，并保留认证记录。

(2) 加密传输

电子数据存证服务使用者和电子数据存证服务提供者的通信宜采用密码技术 (特别是国产密码技术)，保证传输过程中数据的保密性。

(3) 传输完整性验证

应采用校验技术对电子数据存证服务使用者和电子数据存证服务提供者的传输数据进行校验，确保传输数据的完整性。

3. 存证数据验证要求

存证数据验证要求包括原文存证验证和非原文存证验证。

(1) 原文存证验证

电子数据存证服务使用者存证原文的，需要进行原文存证验证时，电子数据存证平台应计算其提交的电子数据原文的完整性校验值并进行验证。

(2) 非原文存证验证

电子数据存证服务使用者不存证原文而存证原文完整性校验值等信息的，需要进行验证时，应把原文和完整性校验算法提交到电子数据存证平台，电子数据存证平台根据提交的原文和完整性校验算法计算完整性校验值，并在该使用者存证的完整性校验值中进行检索，根据检索结果进行验证。

4. 存证数据验证结果要求

电子数据存证平台应提供存证数据验证结果，验证结果包括 (不限于) 下述信息：

- 存证标识码；
- 存证的电子数据的原文 (如适用)；
- 存证的完整性校验值及使用的完整性校验算法；
- 可信时间标识；
- 存证用户信息；
- 存证日志信息；
- 其他附属信息。

5. 数据检索要求

数据检索要求主要有下述两点。

- 电子数据存证平台应向已认证的电子数据存证服务使用者提供通过数据关键词和时间等条件，对其提交的存证数据进行检索的服务。
- 电子数据存证平台不宜向未认证的电子数据存证服务者提供数据检索服务。

6. 隐私保护要求

电子数据存证平台应符合中华人民共和国国家标准《信息安全技术　个人信息安全规范》(GB/T 35273—2020) 要求，同时满足下述 4 点要求。

- 电子数据存证平台应仅采集和保存存证业务必需的用户个人信息。
- 电子数据存证服务使用者可检索其提交的存证数据，检索结果可显示完整的存证信息。
- 电子数据存证平台其他使用者的检索结果中不宜显示非其存证数据的存证信息。

● 电子数据存证平台的管理员检索电子数据存证服务使用者的存证信息，所有的数据访问应被记录。检索结果不宜显示完整的存证信息，涉及个人敏感信息的应进行脱敏（去标识化）处理。

10.3 第三方数据存证平台

10.3.1 第三方数据存证平台的类别

目前，第三方数据存证平台主要有三种类型，即独立型存证平台、公证型存证平台和鉴定型存证平台。

1. 独立型存证平台

独立型存证平台是一种不依靠任何传统纸质证据的电子数据证据保管和验证平台。该类平台基本操作流程是：用户注册（登录）平台→用户选择存证服务→用户输入证据来源（存证源）数据→用户获取存证机构出具的证据保全证书。例如，用户想存证一张照片或网页，只需登录平台后输入该照片或网页地址即可成功保全——获取证据保全证书。

2. 公证型存证平台

公证型存证平台，也称"存证＋公证"平台，是一种电子数据证据保管、验证、公证平台。该类平台不仅具有存证功能，还具有司法公证功能，其基本操作流程是：用户注册（登录）平台→用户选择存证服务→用户输入证据来源（存证源）数据→用户证据成功保全（获取证据保全证书）→用户继续办理证据公证→司法公证机构通过该平台调用、审核、确认电子证据→用户获得公证机构出具的证据公证书。

3. 鉴定型存证平台

司法鉴定型存证平台，也称"存证＋鉴定"平台，是一种电子数据证据保管、验证、鉴定平台。该类平台不仅具有存证功能，还具有司法鉴定功能，其基本操作流程是：用户注册（登录）平台→用户选择存证服务→用户输入证据来源（存证源）数据→用户证据成功保全→用户继续办理证据司法鉴定→司法鉴定机构通过该平台调用、审核、鉴定电子证据→用户获得司法鉴定机构出具的证据司法鉴定证书。

司法鉴定主要是对电子数据的真伪性进行鉴定，司法鉴定本身是一项较为复杂的工作，涉及一系列的法律要求和技术标准规范。

10.3.2 第三方数据存证平台的基本功能

第三方数据存证平台（以下简称平台）应包括（不限于）用户登录模块、存证模板管理模块、存证管理模块、存证查询模块、统计分析模块、系统管理模块等模块，每个模块又包括若干功能。

1. 用户登录模块

一般地，用户可通过下述 4 种方式登录平台，如图 10-1 所示。

- 手机号 + 验证码；
- 数字证书 U-key；
- 账户名 + 口令；
- 手机 App 扫码。

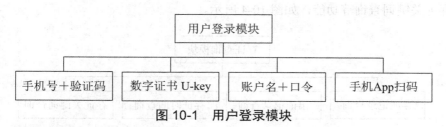

图 10-1　用户登录模块

2. 存证模板管理模块

新用户对接存证平台前，平台超级管理员应根据用户的业务流程建立存证模板 (或保全模板)，以期出证时通过存证模板生成保全报告。存证模板管理模块由系统管理员使用和维护，包括模板操作管理 (如新增、修改、删除等)、模板参数管理、模板类型管理、模板审核管理等功能，如图 10-2 所示。审核通过的模板不能删除、修改，以保障保全数据的有效性、安全性。

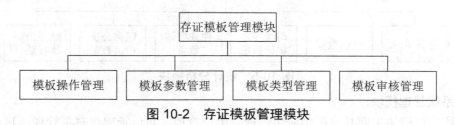

图 10-2　存证模板管理模块

3. 存证管理模块

存证管理 (又称保全管理) 模块是平台的核心功能，主要包括存证记录管理、申请出证管理、出证记录管理、存证文件管理等功能，如图 10-3 所示。

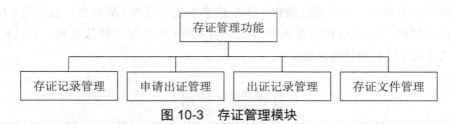

图 10-3　存证管理模块

- 存证记录管理：具有查看存证记录、下载保全证书、预览保全报告等功能。
- 申请出证管理：通过业务编号、存证号 (保全号)、机构用户信息等方式申请出证。出证时，需进行相关验证 (如存证 Hash 和原文进行验证、区块链数据 Hash 验证、签名值验证等)，以确保保全成功后数据未被篡改、证据数据完整和真实可靠。

- 出证记录管理：平台依托机构（服务方）、联合司法机构（司法鉴定中心）、仲裁机构等，出具数据保全报告、数据司法鉴定报告、电子签名验证报告、存证字段参数表（关键词）等。
- 存证文件管理：具有存证文件原文上传、存证文件记录管理等功能。

4. 存证查询模块

存证查询模块（或存证检索模块）主要具有存证记录查询、出证记录查询、存证时间查询、存证关键词查询等功能，如图 10-4 所示。

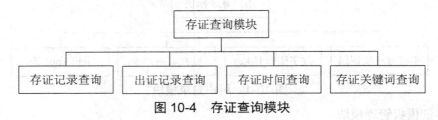

图 10-4　存证查询模块

5. 统计分析模块

统计分析模块主要包括存证数量、出证数量、司法鉴定申请数量、仲裁申请数量、赋强公证申请数量、赋强公证执行数量等功能，如图 10-5 所示。

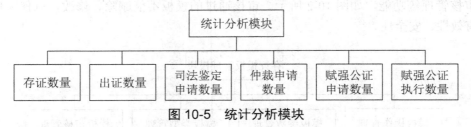

图 10-5　统计分析模块

6. 系统管理模块

系统管理模块主要具有机构应用管理、用户管理、角色管理、菜单管理、日志管理、业务关键词管理、业务组件管理、数据安全管理、接口管理等，如图 10-6 所示。

- 机构应用管理：具有支持用户建立其二级存证管理系统及相关功能（如用户管理、角色管理等）。
- 数据安全管理：具有存证数据、用户信息的安全管理（如加密、脱敏等）功能。
- 接口管理：具有与其他存证平台或应用系统（如法院、仲裁机构、公证机构的相关系统）进行对接等功能。

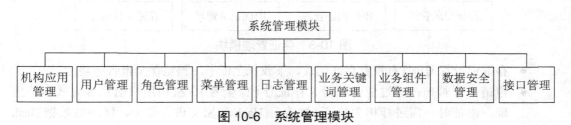

图 10-6　系统管理模块

10.3.3　第三方数据存证平台的安全要求

第三方数据存证平台 (以下简称平台) 的安全要求主要体现在 7 个方面，即平台定级要求、平台运行环境安全要求、平台存储安全要求、平台通信网络安全、平台数据安全要求、平台系统软件安全要求、平台其他安全要求。

(1) 平台定级要求

平台应达到国家标准《信息安全技术　网络安全等级保护基本要求》(GB/T 22239—2019) 的第三级基本要求，即平台应定级为等级保护第三级。

(2) 平台运行环境安全要求

平台运行环境安全要求包括技术要求、管理要求。

- 技术要求包括：平台系统或软件应 7×24 小时稳定运行；平台存证数据所使用的物理设备及环境应有完善的监控体系。
- 管理要求包括：平台提供者应采取措施保障电子数据存证平台的安全，预防非授权的访问或破坏；平台对于非授权的访问或破坏应具有防护措施和应急预案。

(3) 平台存储安全要求

平台应具备冗余备份和存储扩展的能力，并具备异地容灾能力。

(4) 平台通信网络安全

平台应定期检查，防止网络攻击、病毒和网络代理的使用。

(5) 平台数据安全要求

平台数据安全要求包括：

- 电子数据存证平台宜采用符合国家密码管理主管部门认证核准的密码技术对数据进行加密传输和存储，并对密钥采取必要的保护机制；
- 电子数据存证平台应承诺存储内容符合国家有关规定。

(6) 平台系统软件安全要求

电子数据存证服务提供者应保证电子数据存储和传输过程涉及的系统和软件完全可控，系统接口及系统配置安全可靠，避免系统代码被反编译或篡改。

(7) 平台其他安全要求

以下是平台其他安全要求：

- 数据可追溯：平台应确保所存证的电子数据可被验证和追溯。
- 时间可信：平台的系统时间及生成的可信时间标识应从国家可信时间源进行授时和守时。

10.3.4　第三方数据存证平台的相关技术简介

第三方电子数据存证平台可采用多种技术，确保对存证数据的生成、收集、传输、存储和展示过程合法合规，采用的技术主要包括 (不限于) 下述技术：

- PKI 技术；
- 时间戳技术；

- 商用密码技术；
- 区块链技术；
- 可信计算技术；
- 校验技术；
- 分布式存储和计算技术；
- 云计算和大数据技术；
- 存储虚拟化技术。

以下简要介绍与数据存证具有"强相关联"的前4项技术。

1. PKI 技术

PKI(public key infrastructure) 公钥基础设施技术，是利用公钥体制来实现并提供安全服务的具有通用性的安全基础设施。

基于 PKI 的通信机制，终端用户的数据通信建立在公钥的基础之上，而与公钥成对的私钥只掌握在彼此间进行通信的另一方。这个信任的基础是通过公钥证书的使用来实现的。公钥证书就是一个用户的身份与他所持有的公钥的结合，在结合之前，由证书认证中心 CA(Certificate Authority) 来证实用户的身份，并对该用户身份及对应公钥相结合的证书进行数字签名，以证明其证书的有效性。

第三方数据存证平台采用 PKI 技术，主要用于该平台的相关用户（含管理员、使用者等）身份认证、数字签名、电子签章等，以确保用户身份的真实性。

2. 时间戳技术

时间戳技术是一种基于 PKI 技术的数字签名技术，用来证明原始文件在签名时间之前已经存在。简单地说，"时间戳"本身的含义是：某事件（如某电子数据存证）发生时记录的发生时间。

时间戳技术的核心是可信时间源，即时间戳系统的时间来源必须精准。一般地，可信时间源主要来源于国家授时中心授权的时间源，如我国的北斗卫星授时系统。

第三方数据存证平台采用时间戳技术，主要是使用在相关文件（如存证原始文件、保全证书、电子签名验证报告等）上，用以"强化"这些文件的时间特性，进而保障平台在数据存证过程中的时间上的不可否认性。

3. 商用密码技术

关于商用密码技术详见第 5 章（数据加密数据）、第 6 章（数据脱敏技术）。

第三方数据存证平台采用数据加密技术的主要用途：采用对称加密算法（如 SM4)，对相关文件（如存证原始文件、保全证书等）进行加密存储、加密传输，以确保存证数据的机密性；采用非对称加密算法（如 SM3)，通过计算并比对存证 Hash 值、原文 Hash 值，以确保存证数据的完整性。

第三方数据存证平台采用数据脱敏技术的主要用途：实现用户敏感信息（如个人隐私信息、机构商业信息等）的去标识化处理，即脱敏处理。

4. 区块链技术

区块链 (blockchain) 技术是一种在对等网络环境下，通过透明和可信规则，构建不可伪造、不可篡改和可追溯的块链式数据结构，实现和管理存证事务处理的模式。其中，存证事务处理包括可信电子数据的产生、存取和使用等。

第三方数据存证平台采用区块链技术的应用理念：

① 依照透明和可信规则，当一项存证业务发起时，平台内的所有节点 (即使用方、服务方等) 都可以参与该存证业务的响应，旨在推进该业务的存证进程；

② 在某时期，将所有存证数据记录下来并形成一个区块，按时间前后相连就形成存证区块链，即存证区块 (完整存证历史) 与链 (完整验证流程) 相加便形成了存证区块链 (可追溯完整的存证数据历史、存证时间历史)；

③ 在上述时期，该区块链便存储了存证系统从第一笔存证业务发起至今的所有历史存证数据、历史存证时间，并为每一笔存证数据提供检索和查找功能，且能够逐项验证。

10.4　数据存证的司法实践

10.4.1　数据存证的法律效力

近年来，司法部门出台一系列的法律文件，明确了电子数据存证 (以下简称数据存证) 的法律地位，以下简要介绍部分与数据存证相关的法律条文。

1.《最高人民法院关于互联网法院审理案件若干问题的规定》

2018 年 9 月 7 日起施行的《最高人民法院关于互联网法院审理案件若干问题的规定》(法释〔2018〕16 号) 之第二条、第十一条分别规定了电子数据的纠纷案件范畴、电子数据的司法证明力。

(1)《最高人民法院关于互联网法院审理案件若干问题的规定》之第二条内容

第二条　北京、广州、杭州互联网法院集中管辖所在市的辖区内应当由基层人民法院受理的下列第一审案件：

(一) 通过电子商务平台签订或者履行网络购物合同而产生的纠纷；

(二) 签订、履行行为均在互联网上完成的网络服务合同纠纷；

(三) 签订、履行行为均在互联网上完成的金融借款合同纠纷、小额借款合同纠纷；

(四) 在互联网上首次发表作品的著作权或者邻接权权属纠纷；

(五) 在互联网上侵害在线发表或者传播作品的著作权或者邻接权而产生的纠纷；

(六) 互联网域名权属、侵权及合同纠纷；

(七) 在互联网上侵害他人人身权、财产权等民事权益而产生的纠纷；

(八) 通过电子商务平台购买的产品，因存在产品缺陷，侵害他人人身、财产权益而产生的产品责任纠纷；

(九) 检察机关提起的互联网公益诉讼案件；

(十) 因行政机关作出互联网信息服务管理、互联网商品交易及有关服务管理等行政

行为而产生的行政纠纷;

（十一）上级人民法院指定管辖的其他互联网民事、行政案件。

(2)《最高人民法院关于互联网法院审理案件若干问题的规定》之第十一条内容

第十一条 当事人对电子数据真实性提出异议的，互联网法院应当结合质证情况，审查判断电子数据生成、收集、存储、传输过程的真实性，并着重审查以下内容：

（一）电子数据生成、收集、存储、传输所依赖的计算机系统等硬件、软件环境是否安全、可靠；

（二）电子数据的生成主体和时间是否明确，表现内容是否清晰、客观、准确；

（三）电子数据的存储、保管介质是否明确，保管方式和手段是否妥当；

（四）电子数据提取和固定的主体、工具和方式是否可靠，提取过程是否可以重现；

（五）电子数据的内容是否存在增加、删除、修改及不完整等情形；

（六）电子数据是否可以通过特定形式得到验证。

当事人提交的电子数据，通过电子签名、可信时间戳、哈希值校验、区块链等证据收集、固定和防篡改的技术手段或者通过电子取证存证平台认证，能够证明其真实性的，互联网法院应当确认。

当事人可以申请具有专门知识的人就电子数据技术问题提出意见。互联网法院可以根据当事人申请或者依职权，委托鉴定电子数据的真实性或者调取其他相关证据进行核对。

2.《最高人民法院关于民事诉讼证据的若干规定 (2019 修正)》

2020 年 5 月 1 日起施行的《最高人民法院关于民事诉讼证据的若干规定 (2019 修正)》(法释〔2019〕19 号) 之第十四条、第十五条、第二十三条、第九十三条、第九十四条分别规定了电子数据的信息范围、电子数据的证据依据、电子数据证据的保全要求、电子数据证据真实性的判断条件、电子数据证据真实性的确认条件。

(1)《最高人民法院关于民事诉讼证据的若干规定 (2019 修正)》之第十四条内容

第十四条 电子数据包括下列信息、电子文件：

（一）网页、博客、微博客等网络平台发布的信息；

（二）手机短信、电子邮件、即时通信、通讯群组等网络应用服务的通信信息；

（三）用户注册信息、身份认证信息、电子交易记录、通信记录、登录日志等信息；

（四）文档、图片、音频、视频、数字证书、计算机程序等电子文件；

（五）其他以数字化形式存储、处理、传输的能够证明案件事实的信息。

(2)《最高人民法院关于民事诉讼证据的若干规定 (2019 修正)》之第十五条内容

第十五条 当事人以视听资料作为证据的，应当提供存储该视听资料的原始载体。

当事人以电子数据作为证据的，应当提供原件。电子数据的制作者制作的与原件一致的副本，或者直接来源于电子数据的打印件或其他可以显示、识别的输出介质，视为电子数据的原件。

(3)《最高人民法院关于民事诉讼证据的若干规定 (2019 修正)》之第二十三条内容

第二十三条 人民法院调查收集视听资料、电子数据，应当要求被调查人提供原始载体。

提供原始载体确有困难的，可以提供复制件。提供复制件的，人民法院应当在调查笔录中说明其来源和制作经过。

人民法院对视听资料、电子数据采取证据保全措施的，适用前款规定。

(4)《最高人民法院关于民事诉讼证据的若干规定 (2019 修正)》之第九十三条内容

第九十三条　人民法院对于电子数据的真实性，应当结合下列因素综合判断：

(一) 电子数据的生成、存储、传输所依赖的计算机系统的硬件、软件环境是否完整、可靠；

(二) 电子数据的生成、存储、传输所依赖的计算机系统的硬件、软件环境是否处于正常运行状态，或者不处于正常运行状态时对电子数据的生成、存储、传输是否有影响；

(三) 电子数据的生成、存储、传输所依赖的计算机系统的硬件、软件环境是否具备有效的防止出错的监测、核查手段；

(四) 电子数据是否被完整地保存、传输、提取，保存、传输、提取的方法是否可靠；

(五) 电子数据是否在正常的往来活动中形成和存储；

(六) 保存、传输、提取电子数据的主体是否适当；

(七) 影响电子数据完整性和可靠性的其他因素。

人民法院认为有必要的，可以通过鉴定或者勘验等方法，审查判断电子数据的真实性。

(5)《最高人民法院关于民事诉讼证据的若干规定 (2019 修正)》之第九十四条内容

第九十四条　电子数据存在下列情形的，人民法院可以确认其真实性，但有足以反驳的相反证据的除外：

(一) 由当事人提交或者保管的于己不利的电子数据；

(二) 由记录和保存电子数据的中立第三方平台提供或者确认的；

(三) 在正常业务活动中形成的；

(四) 以档案管理方式保管的；

(五) 以当事人约定的方式保存、传输、提取的。

电子数据的内容经公证机关公证的，人民法院应当确认其真实性，但有相反证据足以推翻的除外。

10.4.2　数据存证的司法证明力

1. 传统民事诉讼证据的司法证明力

传统民事诉讼证据的司法证明力主要体现在证据的真实性、关联性、合法性三个方面，简称司法证明力"三性要求"。其中，证据的真实性，亦称证据的客观性或确实性，是指证据作为已发生的案件事实的客观遗留，所反映的内容应当是真实的、客观存在的；证据的关联性，亦称证据的相关性，是指证据必须与需要证明的案件事实或其他争议事实具有一定的联系；证据的合法性，是指提供证据的主体、证据的形式和证据的收集程序或提取方法必须符合法律法规的有关规定。

2. 数据存证的司法证明力保障措施

数据存证的证据（以下简称数据证据）必须满足上述司法证明力"三性要求"。换言之，第三方数据存证平台所存证（保全）的数据（证据），应通过相应的技术手段，以期满足司法证明力的真实性、关联性、合法性"三性要求"。

(1) 数据证据的真实性保障措施

目前，第三方数据存证平台主要通过商密技术（数据校验技术）、可信时间戳技术、数字签名技术等技术和方法来确保数据证据的真实性。例如，对于某电子数据证据，第三方数据存证平台利用 SM3 算法（或 SHA 散列算法），比对原文 Hash 值、存证 Hash值，以校验存证数据的真实性。

(2) 数据证据的关联性保障措施

目前，第三方数据存证平台主要通过 PKI(身份认证) 技术、数字签名技术、可信时间戳技术等技术和方法来认证数据证据的关联性。例如，对某著作（如图书）权进行数据存证，一般是将著作信息、著作权人、著作存证时间等绑定在一起进行存证，以确保该著作与著作权人间的强关联关系（含时间不可否认关系）。

(3) 数据证据的合法性保障措施

一是数据证据本身的合法性，主要通过本书 10.4.1 节所述相关法律条款来保障；二是数据证据存证的合法性，主要通过第三方存证平台的相关资质来保障，即第三方存证平台必须依照相关标准（如中华人民共和国司法行政行业标准《电子数据存证规范 (SF/T 0076-2020)》）进行建设，同时该平台必须具备司法部门颁发的运营资质。

10.4.3　数据存证的应用模式：以小贷业务为例

1. 业务背景

某小贷公司（以下简称 A 公司）为防止线上贷款业务后期出现的坏账纠纷风险，与某第三方存证平台（以下简称 B 平台）合作，利用电子签名、时间戳、区块链、数据加密、数据校验等技术对 A 公司的行为进行实时取证、自动存证，并通过这种事前存证的方式，为后期可能产生的司法纠纷提供真实、关联、合法的司法证据。

2. 应用流程

针对 A 公司业务，B 平台的存证流程如图 10-6 所示。图中，小贷公司业务系统与B 平台的二级电子数据存证平台对接，二级数据存证平台使用数据加解密技术、数据校验技术将业务原文（含注册数据、实名数据、业务操作数据、电子合同 / 协议、履约记录等）进行实时固化；B 平台的一级电子数据存证平台接收到固化数据后，使用加解密技术对数据进行解密，并使用数据校验技术对数据完整性进行校验，并推送存证报告给相关司法机构，包括（不限于）数据保全报告、电子签名验证报告、数据司法鉴定意见书等。

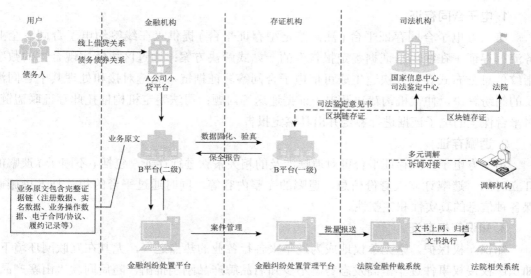

图 10-6　小贷业务存证流程

3. 应用效果

小贷公司的业务系统与存证平台对接，可实现小贷公司的业务数据（含手机号登录信息、受理融资申请信息、融资审核信息、协议签署信息、确认付款信息等）及贷款人的贷款数据（含手机号进行注册 / 登录信息、实名认证信息、打款认证信息、新增票据信息、融资申请信息、融资协议签署信息、确认收款信息等）的电子数据同步存证，保存完整证据链，形成不可篡改的有效司法证据。

当 A 公司与 B 平台出现司法纠纷时，B 平台（含一级平台、二级平台）可以"一键出证"——快速提取有效的数据证据（如客户身份信息、合同及凭证、操作日志），并出具合法的证书（如数据保全报告、数据司法鉴定报告、电子签名验证报告等）。如有需要，还可对存证数据进行司法鉴定，出具数据司法鉴定意见。

10.4.4　数据存证的主要应用场景

数据存证的主要应用场景具体如下。

- 互联网领域：包括电子合同、互联网金融、在线贷款、在线理财、电子商务交易等场景。
- 权属类领域：包括数据资产、知识产权、著作版权、遗产等场景。
- 电子交易领域：包括网上银行、手机银行等交易场景；
- 供应链领域：包括电子采购业务中供应商和分销商在线订单签订等场景。
- 医疗领域：包括医院电子处方、药品采购等场景。
- 政务领域：包括招投标平台、政府公共资源交易中心等场景。
- 司法领域：包括法院审判、司法协同等场景。

下面我们对主要场景进行介绍。

1. 电子合同存证

第三方电子合同存证平台 (注：鉴定型存证平台) 提供 "在线签约电子合同 + 全业务流程存证 + 在线出具证据鉴定报告" 的一站式解决方案：通过区块链实现合同的数字指纹信息分布式存储；快速生成可信电子合同签署证据链，无缝对接和处理其中合同涉及的纠纷解决、仲裁机构裁决及电子证据递送等问题；司法鉴定机构依托此存证联盟链，对平台保全的电子证据进行鉴定并出具鉴定报告。

2. 遗嘱存证

第三方电子合同存证平台可对遗嘱涉及的相关条款进行存证，包括 (不限于) 遗嘱的订立时间、遗嘱订立人身份信息、遗嘱的完整内容等，同时通过平台的相关技术措施确保各种信息的真实性和完整性。

3. 知识产权存证

知识产权保护，毫无争议地成为近年来各行各业的热点之一，尤其在互联网环境下，知识产权侵权事件逐年呈高发态势。不少知名品牌产品刚刚推出，随后同款 "山寨产品" 便纷纷上市，"抄袭" 成了当下各行各业的一大顽疾。

第三方电子合同存证平台可通过数据存证技术实现知识产权的确权存证、侵权取证，从而加强知识产权保护力度。

4. 法院审案应用

(1) 辅助审判

法院办案时查看当事人提交证据的上链情况，对存证证书、时间来源等进行查验追溯，辅助其证据认定，提升办案效率。同时，法院开展网上审理案件、网上阅卷等工作时，可将用户的行为、关键数据摘要、文书数据摘要、卷宗数据摘要等信息，通过区块链技术节点上链，进行时间和哈希值的存证，在一定程度上确保案件办理得公平公正。

(2) 公示与送达

在传统存证当中，文件的公示与送达是难以确认、耗时费力的。但是在实名制支持下的区块链司法存证系统中，文件是否进行了公示，当事人是否已经签收了文件，均可以即时确认，无法抵赖，此举可能为法院节约大量时间和精力。

(3) 辅助执行

应用基于区块链技术的数据存证平台，可以将执行案件办理过程中所涉及的财产查询、控制、处置等信息，进行全流程记录，实现对财产处置流程的全程可追溯，确保执行案件对被执行人财产的查询、控制、处置流程规范可靠。

5. 司法协同应用

基于区块链技术，构建公安、检察院、法院、司法局等跨部门办案协同平台 (数据存证平台)，各部门分别设立区块链节点，互相背书，实现跨部门批捕、公诉、减刑假释等案件业务数据、电子材料数据全流程上链固证，全流程流转留痕，保障数据全生命周期安全可信和防篡改，并提供验真及可视化数据分析服务。通过数据互认的高透明度，有效消除各方信任疑虑，加强联系协作，极大地提升协同办案的效率。

10.5　数据存证案例

10.5.1　知识产权案例

1. 案情描述

2017 年 6 月 28 日，全国"区块链存证第一案"在杭州互联网法院一审宣判。案件始因，杭州市某公司发现深圳市某公司未经授权在网站上转载其作品，侵害了该公司的信息网络传播权。因此，原告杭州市某公司向杭州互联网法院起诉。

发现侵权行为后，原告选择了第三方存证平台，对被告侵权的网页进行取证，并将该网页截图、源代码、调用信息打包压缩计算哈希值，上传至 Factom 和比特币区块链中进行存证保全，保证了电子数据未被篡改。

经杭州互联网法院认定，该存证平台作为第三方数据存证平台具有中立性，对侵权网页进行取证的技术具有可信度，由此生成的电子数据具有真实性、完整性与不可篡改性。最后，杭州互联网法院综合认定被告公司侵权。

2. 案例评析

杭州互联网法院在此案的判决书中，对区块链技术进行了阐释，同时肯定了区块链技术及其应用方向。

- 区块链作为一种去中心化的数据库，是一串使用密码学方法相互关联产生的数据块，每一个数据块中包含了一次网络交易的信息，用于验证其信息的有效性（防伪）和生成下一个区块……块与块首尾相连形成链，即为区块链。
- 若需要修改块内数据，则需要修改此区块之后所有区块的内容，并将区块链网络所有机构和公司备份的数据进行修改。因此，区块链具有难以篡改、删除的特点，在确认诉争电子证据已保存至区块链后，其作为一种保持内容完整性的方法具有可靠性。

区块链因其共识机制、分布式存储、非对称加密算法、点对点等技术，与电子数据认定有天然契合点，能够较好地解决证据完整性、不可篡改及司法有效性等问题。区块链充当了电子数据保全存证的重要工具，作为一种新的存证保全方式，区块链存证具有安全、高效、便捷和低成本等特点，同时在维护司法公正、提升司法效率上也具有重要意义。

10.5.2　金融借贷案例

1. 案情描述

某互联网金融借贷公司与贷款方贾某，通过线上签订了《贷款合同》，并加盖电子签名后，进行区块链电子合同存证，双方产生借贷关系，但到还款期限，当事双方出现纠纷争议，被告方逾期未还款。

第三方数据存证平台提供的证据如下：

① 借款人身份证正反面信息，银行卡四要素健全，可进行人脸识别身份认证；

② 借款人申请贷款时，使用了其银行卡绑定的手机号，可提供该手机获取的短信验证码及自行设置的交易密码，该电子数据由借款人本人掌握；

③《贷款合同》留有合法有效的电子签章，同时进行区块链存证，具备保全证书，证据真实、完整、客观、未被篡改。

依据上述三条证据，法院最终判决被告方依法偿还相应债务。

2. 案例评析

此案例结合了"区块链＋金融＋电子签约"模式，通过电子签约平台，将用户上传的电子合同信息（签署时间、签署主体、签署内容等签署全过程）生成的哈希值摘要进行加密存储并同步至区块链存证平台进行保全存证，保障区块链上的存证数据不可篡改、公开透明、司法有效。此案例的成功，既是司法体系对电子合同的肯定，更是对区块链存证的认可。

10.5.3 网络诈骗案例

1. 案情描述

2017 年 1 月至 2019 年 3 月 13 日期间，被告人 W 在江苏、浙江、江西等地，虚构"找不到老乡、钱包丢失"等理由，以"借款"方式骗取他人财物，共计 176 起，非法所得人民币 9 993 元。

在案件办理过程中，法院利用区块链技术对案件数据进行哈希摘要保全存证，以保证案件数据在流转过程中不被篡改、真实有效。案件办理过程中，公安机关和检察机关通过哈希校验的方式能快速对案件数据的完整性、真实性进行认定。通过最终法院以诈骗罪判处 W 有期徒刑一年两个月，并处罚金人民币 4 000 元。

2. 案例评析

本案是全国首例运用区块链存证技术成功审结的刑事案件。此次案件的成功判决，对于利用区块链技术进行电子数据存证和证据审查具有非常重要的意义。以"区块链＋司法＋应用"的模式，可延伸出"区块链＋诉讼""区块链＋仲裁""区块链＋公证""区块链＋司法鉴定""区块链＋纠纷处置"等新兴司法应用，提升诉讼、仲裁、纠纷协调等的效率，节约司法资源，维护司法公正。

参考文献

[1] 中华人民共和国司法行政行业标准 SF/T 0076—2020. 电子数据存证技术规范 [S].

[2] 司法鉴定技术规范 SF/Z JD0400001—2014. 电子数据司法鉴定通用实施规范 [S].

[3] 田晶林 . 第三方存证平台中电子数据证据效力研究 [D]. 华东政法大学，2019.

[4] 胡敏 . 第三方电子数据保全的应用性分析 [D]. 西南政法大学，2016.

[5] 爱思科技（重庆）集团有限公司 . 数据保全鉴证平台技术白皮书 [R]. 2021.

[6] 最高人民法院 . 最高人民法院关于互联网法院审理案件若干问题的规定（法释〔2018〕16 号）[R]. 2018.9.

[7]　中华人民共和国国家标准 GB/T 35273—2020. 信息安全技术　个人信息安全规范 [S].

[8]　中华人民共和国国家标准 GB/T 22239—2019. 信息安全技术 网络安全等级保护基本
　　　要求[S].

[9]　上海简述网络科技公司 . 存证通产品白皮书 [R]. 2020.11.

[10] 最高人民法院 . 最高人民法院关于民事诉讼证据的若干规定 (2019 修正)(法释〔
　　　2019〕19 号)[R]. 2019.10.

[11] 李兆森，李彩虹 . 基于区块链的电子数据存证应用研究 [J]. 软件，2017，38(08):63-67.

[12] 陈庄，刘加伶，成卫 . 信息资源组织与管理 [M]. 3 版 . 北京：清华大学出版社，2020.

复习题

一、单选题

1. 数据存证平台的隐私保护应符合国家标准 (　　) 的相关要求。

A. GB/T 7027—2002　　　　　　　　　B. GB/T 22239—2019

C. GM/T 0044—2016　　　　　　　　　D. GB/T 35273—2020

2. 数据存证的法律地位 (　　)。

A. 越来越大　　　　　　　　　　　　B. 越来越高

C. 越来越小　　　　　　　　　　　　D. 越来越低

3. 数据存证平台涉及使用方敏感的电子数据应进行 (　　) 存储。

A. 加密　　　　　B. 脱敏　　　　　C. 脱密　　　　　D. 固化

4. 数据存证中的数据，在司法领域泛称为 (　　)。

A. 电子数据　　　　B. 纸质数据　　　　C. 法律数据　　　　D. 司法数据

5. 存证数据记录应有 (　　) 的存证标识码。

A. 一维　　　　　B. 二维　　　　　C. 唯一　　　　　D. 唯二

6. 电子数据存证平台存证原文的，存证的电子数据记录应包括内容电子数据及
(　　)。

A. 纸质电子数据　　　　　　　　　　B. 文书电子数据

C. 诉讼电子数据　　　　　　　　　　D. 附属电子数据

7. 电子数据存证服务使用者存证原文的，电子数据存证平台应计算其提交的电子数
据原文的 (　　) 校验值并进行验证。

A. 完整性　　　　B. 精准性　　　　C. 脱敏性　　　　D. 安全性

8. 数据存证平台管理员检索的个人敏感信息应进行 (　　) 处理。

A. 加密　　　　　B. 脱敏　　　　　C. 固化　　　　　D. 优化

9. 鉴定型存证平台是指具有司法存证功能和 (　　) 功能的平台。

A. 技术鉴定　　　B. 产品鉴定　　　C. 成果鉴定　　　D. 司法鉴定

10. 第三方数据存证平台的安全应定级为等级保护 (　　)。

A. 第一级　　　　B. 第二级　　　　C. 第三级　　　　D. 第四级

二、多选题

1. 司法存证涉及的标准有（　　）。

A. 国家标准　　　　　　　　　　　　　　B. 地方标准

C. 司法行政行业标准　　　　　　　　　　D. 团队标准

2. 电子数据主要包括（　　）数据。

A. 手机短信　　　　B. 微信　　　　C. 用户注册信息　　　　D. 计算机程序

3. 电子数据具有（　　）等特性。

A. 复制性　　　　B. 虚拟性　　　　C. 易变性　　　　D. 稳定性

4. 电子数据司法存证涉及（　　）。

A. 使用方　　　　　　　　　　　　　　　B. 业主方

C. 服务方　　　　　　　　　　　　　　　D. 电子存证服务平台

5. 电子数据存证方式有（　　）。

A. 使用方存证　　　　B. 第三方存证　　　　C. 公证存证　　　　D. 自行存证

6. 数据存证的基本原则主要有（　　）。

A. 合法性原则　　　　B. 保密性原则　　　　C. 及时性原则　　　　D. 全面性原则

7. 数据保全服务就是要求"全面保存"司法存证的（　　）。

A. 内容电子数据　　　　B. 诉讼电子数据　　　　C. 鉴定电子数据　　　　D. 附属电子数据

8. 存证数据传输要求有（　　）。

A. 身份认证　　　　B. 加密传输　　　　C. 司法鉴定　　　　D. 传输完整性验证

9. 数据存证平台应提供存证数据验证结果，验证结果包括（　　）数据。

A. 存证标识码　　　　B. 可信时间标识　　　　C. 存证用户信息　　　　D. 存证日志信息

10. 第三方数据存证平台主要类型有（　　）。

A. 独立型存证平台　　　　　　　　　　　B. 安全型存证平台

C. 公证型存证平台　　　　　　　　　　　D. 鉴定型存证平台

11. 存证数据验证包括（　　）。

A. 存证身份验证　　　　　　　　　　　　B. 原文存证验证

C. 非原文存证验证　　　　　　　　　　　D. 存证日志验证

12. 第三方数据存证平台采用的技术包括（　　）。

A. PKI 技术　　　　B. 时间戳技术　　　　C. 商用密码技术　　　　D. 区块链技术

13. 数据存证的司法证明力包括证据的（　　）。

A. 真实性　　　　B. 精准性　　　　C. 关联性　　　　D. 合法性

三、判断题

1. 电子数据具有复制性。（　　）

2. 司法证明力是指电子数据证据对于案件事实的证明作用。（　　）

3. 内容电子数据是指记录电子数据生成情况和系统环境的相关数据。（　　）

4. 公证存证机构是以营利为目的的。（　　）

5. 存证的电子数据记录应包括电子数据的完整性校验值。（　　）

6. 电子数据存证平台可向未认证的电子数据存证服务者提供数据检索服务。（　　）

7. 公证型存证平台存证数据具有司法功能。　　　　　　　　　　　（　　）

8. 第三方数据存证平台安全级别是等级保护第二级。　　　　　　　（　　）

9. 电子合同存证属于数据司法存证范畴。　　　　　　　　　　　　（　　）

四、简答题

1. 简述电子数据的定义。

2. 简述存证数据的验证要求。

3. 简述第三方数据存证平台的存证管理功能。

4. 简述数据存证平台的数据真实性保障措施。

5. 简述数据存证的主要应用场景。

五、论述题

1. 从互联网上搜索第三方数据司法存证平台（或数据保全平台），论述其基本功能。

2. 从相关媒体调研数据司法存证案件，并对其进行点评。

附　录

附录 A　模拟试卷（一）

一、单选题 (30 分，1 分 / 题，共 30 个小题)

1. 数据是指任何以电子或者其他方式对（　　）的记录。

A. 数据 　　　　　　 B. 信息 　　　　　　 C. 资产 　　　　　　 D. 文本

2. 数据敏感性又称为数据（　　）。

A. 时效性 　　　　　 B. 等级性 　　　　　 C. 价值性 　　　　　 D. 交换性

3. 生产销售、商业贸易、金融市场等数据属于（　　）。

A. 文教数据 　　　　 B. 经济数据 　　　　 C. 科技数据 　　　　 D. 军事数据

4. 卡片、目录、索引、文摘等数据属于（　　）。

A. 零次文献数据 　　 B. 一次文献数据 　　 C. 二次文献数据 　　 D. 三次文献数据

5. 从数量多少视角，数据、信息、知识、智慧间的关系是（　　）。

A. 信息≥数据≥知识≥智慧 　　　　　　 B. 数据≥信息≥知识≥智慧

C. 数据≤信息≤知识≤智慧 　　　　　　 D. 数据≥智慧≥知识≥信息

6. 以下术语不属于数据元素的是（　　）。

A. 学生简历 　　　　 B. 学生姓名 　　　　 C. 学生学号 　　　　 D. 学生性别

7. 数据分级的主要作用是保障数据在其全生命周期过程中的（　　）。

A. 科学性 　　　　　 B. 安全性 　　　　　 C. 系统性 　　　　　 D. 兼容性

8. 当仅对数据项进行分级时，默认数据项集合的级别为其所包含数据项级别的（　　）。

A. 相同级别 　　　　 B. 不同级别 　　　　 C. 最高级别 　　　　 D. 最低级别

9. 数据产生风险后，影响党政机关的数量不超过 1 个，其影响范围属于（　　）。

A. 较大范围 　　　　 B. 较小范围 　　　　 C. 一般范围 　　　　 D. 弱小范围

10. 数据质量是指在指定条件下使用时，数据的特性满足明确的和隐含的（　　）。

A. 要求 　　　　　　 B. 要求的程度 　　　 C. 程度 　　　　　　 D. 用户要求

11. 若关系数据库中数据记录缺失，则说明其数据质量的（　　）不好。

A. 完整性 　　　　　 B. 及时性 　　　　　 C. 准确性 　　　　　 D. 一致性

12. 字段为 NULL 值的检验属于（　　）监控规则。

A. 一致性 　　　　　 B. 及时性 　　　　　 C. 准确性 　　　　　 D. 完整性

13. 数据长度检查属于（　　）监控规则。

A. 一致性 　　　　　 B. 及时性 　　　　　 C. 准确性 　　　　　 D. 完整性

14. 数值取值范围约束属于（　　）监控规则。

A. 有效性 　　　　　 B. 及时性 　　　　　 C. 准确性 　　　　　 D. 完整性

15. 数据采集是数据全生命周期的 (   )。

A. 首要阶段　　　　B. 第二阶段　　　　C. 第三阶段　　　　D. 最末阶段

16. 组织数据包括公益型组织数据和 (   )。

A. 政府组织数据　　B. 事业单位数据　　C. 商业型组织数据　　D. 非营利型数据

17. 组织机构官网上公开发布的数据称为 (   )。

A. 组织数据　　　　B. 实体数据　　　　C. 个人数据　　　　D. 网络数据

18. 面向网络数据源的数据采集方法是 (   )。

A. OPC 通信法　　　B. 网络爬虫法　　　C. 程序接口法　　　D. 现场采集法

19. 手机微信可通过 (   ) 进行添加。

A. RFID 芯片　　　　B. 一维码　　　　C. 二维码　　　　D. 条形码

20. 数据 (   ) 是指将明文转换成密文的过程。

A. 加密　　　　　　B. 解密　　　　　　C. 密钥　　　　　　D. 协议

21. 一般地，工程界将 (   ) 称为国产密码。

A. 核心密码　　　　B. 普通密码　　　　C. 商用密码　　　　D. 基础密码

22. 数据加密技术中，(   ) 是核心。

A. 商用密码　　　　B. 密码算法　　　　C. 密钥管理　　　　D. 密码协议

23. (   ) 属于国产的对称加密算法。

A. DES　　　　　　B. AES　　　　　　C. SM2　　　　　　D. SM4

24. "脱掉"后的数据仍能体现相关业务的真实特征是指数据脱敏的 (   )。

A. 有效性原则　　　B. 真实性原则　　　C. 高效性原则　　　D. 合规性原则

25. 下述 (   ) 脱敏模式可以形象地概括为"搬移并仿真替换"。

A. 企业数据脱敏　　B. 个人数据脱敏　　C. 动态数据脱敏　　D. 静态数据脱敏

26. 数据资产按 (   ) 分为一次数据资产、二次数据资产、三次数据资产。

A. 产业形态　　　　B. 产品形态　　　　C. 产品价值　　　　D. 数据类别

27. 数据资产的取得成本、获利状况、金融属性等属于数据资产的 (   )。

A. 数据要素　　　　B. 法律要素　　　　C. 价值要素　　　　D. 业务要素

28. 数据资产管理的目标是实现其 (   )。

A. 保值增值　　　　B. 安全应用　　　　C. 市场交易　　　　D. 资产变更

29. AI 训练数据集属于 (   )。

A. 零次数据资产　　B. 一次数据资产　　C. 二次数据资产　　D. 三次数据资产

30. SQL 指令 CREATE、ALTER、DROP 等属于 (   )。

A. 数据定义语言 (DDL)　　　　　　　B. 数据操作语言 (DML)

C. 数据控制语言 (DCL)　　　　　　　D. 数据程序语言 (DPL)

二、多选题 (40 分，1 分 / 题，共 30 个小题)

1. 数据安全与治理涉及 (   ) 等基本概念。

A. 数据　　　　　　B. 数据安全　　　　C. 数据治理　　　　D. 数据安全治理

2. 数据按其等级性可分为 (   )。

A. 绝密级　　　　　B. 机密级　　　　　C. 秘密级　　　　　D. 内部级

3. 数据按其加工深度的不同分为 ( )。

A. 零次文献数据　　　B. 一次文献数据　　　C. 二次文献数据　　　D. 三次文献数据

4. 从技术视角，数据安全是指通过管理和技术措施，确保数据 ( ) 状态。

A. 安全保护　　　　　B. 有效保护　　　　　C. 合规使用　　　　　D. 综合利用

5. 数据安全范围包括 ( ) 阶段的安全。

A. 数据采集　　　　　B. 数据处理　　　　　C. 数据交换　　　　　D. 数据销毁

6. 按照国家标准 GB/T 37988—2019，数据安全 PA(过程域) 体系分为 ( ) 过程域。

A. 数据采集　　　　　B. 通用安全　　　　　C. 数据生命周期　　　D. 数据销毁

7. 数据安全治理的目标是 ( )。

A. 数据有效保护　　　B. 数据合法利用　　　C. 数据安全应用　　　D. 数据综合利用

8. 数据分类的基本原则包括 ( )。

A. 科学性　　　　　　B. 系统性　　　　　　C. 兼容性　　　　　　D. 可扩展性

9. 混合分类法是将 ( ) 进行组合使用的分类方法。

A. 线分类法　　　　　B. 树分类法　　　　　C. 面分类法　　　　　D. 层分类法

10. 数据分级是指按照 ( ) 等进行定级的过程。

A. 数据重要程度　　　　　　　　　　　　　B. 数据敏感程度

C. 数据泄露造成的风险程度　　　　　　　　D. 数据安全程度

11. 数据质量是指在指定条件下使用时，数据的特性满足 ( ) 要求的程度。

A. 明确的　　　　　　B. 公开的　　　　　　C. 秘密的　　　　　　D. 隐含的

12. 影响数据质量的原因包括 ( )。

A. 技术方面　　　　　B. 业务方面　　　　　C. 管理方面　　　　　D. 标准方面

13. 数据质量评价技术的基本方法包括 ( )。

A. 比率法　　　　　　B. 最小值法　　　　　C. 最大值法　　　　　D. 加权平均法

14. ETL 技术包括数据的 ( )。

A. 采集　　　　　　　B. 抽取　　　　　　　C. 转换　　　　　　　D. 装载

15. ETL 通常采用 ( ) 实现数据清洗。

A. 离线模式　　　　　B. 人工模式　　　　　C. 在线模式　　　　　D. 智能模式

16. 数据采集技术包括 ( )。

A. 机械采集技术　　　　　　　　　　　　　B. 人工采集技术

C. 半人工采集技术　　　　　　　　　　　　D. 自动采集技术

17. 数据采集周期内，应保证数据的 ( )。

A. 完整性　　　　　　B. 准确性　　　　　　C. 唯一性　　　　　　D. 有效性

18. 下述信息中属于个人自然数据的有 ( )。

A. 个人工作信息　　　　　　　　　　　　　B. 个人生物识别信息

C. 个人网络标识信息　　　　　　　　　　　D. 个人身体信息

19. 组织数据源具有 ( ) 特点。

A. 权威性　　　　　　B. 普适性　　　　　　C. 安全性　　　　　　D. 垄断性

20. 自动采集数据方法包括 ( )。

A. 感知设备法　　　　B. 网络爬虫法　　　　C. OPC 通信法　　　　D. 程序接口法

21. 工业控制系统包括 ( ) 系统。

A. PLC　　　　　　　B. DNC　　　　　　　C. DCS　　　　　　　D. SCADA

22. 数据采集质量评价方法主要有 ( )。

A. 定性评价法　　　　B. 定量评价法　　　　C. 现场评价法　　　　D. 问卷评价法

23. 汽车数据采集采用感知设备包括 ( )。

A. 车载摄像头　　　　B. 红外传感器　　　　C. 车速传感器　　　　D. PM2.5 传感器

24. 密码有多种定义，包括 ( )。

A. 学术定义　　　　　B. 工程定义　　　　　C. 法律定义　　　　　D. 数学定义

25. 从工程角度，密码是对数据等信息进行 ( )。

A. 加密保护的物项　　　　　　　　　　B. 加密保护的技术

C. 安全认证的物项　　　　　　　　　　D. 安全认证的技术

26. 利用物项实现加密保护或安全认证功能的方法或手段称为 ( )。

A. 加密保护技术　　　B. 安全认证技术　　　C. 加密技术　　　　　D. 解密技术

27. ( ) 用于保护国家秘密信息。

A. 核心密码　　　　　B. 普通密码　　　　　C. 商用密码　　　　　D. 基础密码

28. 国内外常见的非对称加密算法有 ( )。

A. RSA　　　　　　　B. SM9　　　　　　　C. SM2　　　　　　　D. SM4

29. 国内主要加密算法有 ( )。

A. SM2　　　　　　　B. SM3　　　　　　　C. SM4　　　　　　　D. SM9

30. 数据脱敏主要包括 ( ) 阶段。

A. 需求调研数据　　　　　　　　　　　B. 识别敏感数据

C. 脱掉敏感数据　　　　　　　　　　　D. 评价脱敏效果

31. 非结构化数据脱敏包括 ( )。

A. 图像数据脱敏　　　　　　　　　　　B. 视频数据脱敏

C. 非结构化文本脱敏　　　　　　　　　D. 个人隐私脱敏

32. 下述数据库系统中，属于国产数据库的是 ( )。

A. 甲骨文　　　　　　B. 达梦　　　　　　　C. My SQL　　　　　D. 人大金仓

33. 下列数据源属于动态数据流的有 ( )。

A. 源程序代码　　　　B. API 接口　　　　　C. 数据表格　　　　　D. 消息队列

34. 资产按其存在形态分为 ( )。

A. 企业资产　　　　　B. 个人资产　　　　　C. 有形资产　　　　　D. 无形资产

35. 数据资产按数据结构类别分为 ( )。

A. 结构化数据资产　　　　　　　　　　B. 无结构化数据资产

C. 非结构化数据资产　　　　　　　　　D. 半结构化数据资产

36. 数据资产的特征主要包括 ( )。

A. 增值性　　　　　　B. 共享性　　　　　　C. 计量性　　　　　　D. 依托性

37. 数据资产管理的基本原则包括 (　　)。

A. 权责分明原则 　　　　　　　　　　　B. 价值导向原则

C. 成本效益原则 　　　　　　　　　　　D. 安全合规原则

38. 电子数据存证方式有 (　　)。

A. 使用方 　　　　　B. 第三方存证 　　　　C. 公证存证 　　　　D. 自行存证

39. 数据交易主体 (　　)。

A. 数据供给方 　　　B. 数据需求方 　　　C. 数据产品 　　　D. 数据交易平台

40. 数据审计可以在 (　　) 发挥作用。

A. 事前 　　　　　　B. 事中 　　　　　　C. 事后 　　　　　　D. 过程

三、判断题 (30 分，1 分 / 题，共 30 个小题)

1. 数据普遍存在于自然界、经济社会中。　　　　　　　　　　　　　　(　　)

2. 数据将进行交换时，一方有所得，必使另一方有所失。　　　　　　　(　　)

3. 文献综述属于一次文献数据。　　　　　　　　　　　　　　　　　　(　　)

4. 难得糊涂是一种智慧。　　　　　　　　　　　　　　　　　　　　　(　　)

5. 数据库中每张表中的 "列" (即字段名) 不是数据元素。　　　　　　(　　)

6. 个人的基因 (DNA) 数据属于个人隐私信息。　　　　　　　　　　　(　　)

7. 处理数据的时间越长，其及时性越好。　　　　　　　　　　　　　　(　　)

8. 数据质量对数据产品的体验至关重要。　　　　　　　　　　　　　　(　　)

9. 数据长度检查属于数据质量的准确性监控规则。　　　　　　　　　　(　　)

10. 记录唯一性约束属于数据质量的一致性监控规则。　　　　　　　　　(　　)

11. 企业的工艺数据属于公益型组织数据。　　　　　　　　　　　　　　(　　)

12. 工业现场设备产生的数据属于实体数据。　　　　　　　　　　　　　(　　)

13. 实时是指在规定的短时间内获取感知对象的相关数据。　　　　　　　(　　)

14. SDK 是一种工业控制系统。　　　　　　　　　　　　　　　　　　(　　)

15. 密文是指难以理解的数据。　　　　　　　　　　　　　　　　　　　(　　)

16. 商用密码可以用于保护国家秘密信息。　　　　　　　　　　　　　　(　　)

17. SM2 是国产的对称加密算法。　　　　　　　　　　　　　　　　　(　　)

18. SM3 是国产的散列算法。　　　　　　　　　　　　　　　　　　　(　　)

19. 随机数生成算法又称生成真随机序列算法。　　　　　　　　　　　　(　　)

20. 企业有关商业数据属于敏感数据。　　　　　　　　　　　　　　　　(　　)

21. 数据脱敏与数据匿名化、数据去标识化的结果是一致的。　　　　　　(　　)

22. 个人身份证号码属于敏感数据。　　　　　　　　　　　　　　　　　(　　)

23. 动态数据流是敏感数据来源。　　　　　　　　　　　　　　　　　　(　　)

24. 专利、著作权是有形资产。　　　　　　　　　　　　　　　　　　　(　　)

25. 数据资产不具有控制性。　　　　　　　　　　　　　　　　　　　　(　　)

26. 数据资产交易是一种对数据进行买卖的行为。　　　　　　　　　　　(　　)

27. 测绘数据集属于三次数据资产。　　　　　　　　　　　　　　　　　(　　)

28. 数据资产交易存在数据资产安全问题。　　　　　　　　　　　　　　(　　)

29. 数据操作语言 (DML) 是用于创建、修改、删除数据库对象的 SQL 指令。 （   ）

30. 电子数据具有复制性。 （   ）

参考答案

一、单选题 (30 小题)

1	2	3	4	5	6	7	8	9	10	11	12	13	14	15
B	C	B	C	B	A	B	C	B	B	A	D	C	A	A
16	17	18	19	20	21	22	23	24	25	26	27	28	29	30
C	D	B	C	A	C	B	D	B	D	B	C	A	C	A

二、多选题 (40 小题)

1	2	3	4	5	6	7	8	9	10
ABCD	ABCD	BCD	BC	ABCD	BC	AB	ABCD	AC	ABC
11	12	13	14	15	16	17	18	19	20
AD	ABC	ABCD	BCD	AC	BCD	ABCD	ABCD	AD	ACD
21	22	23	24	25	26	27	28	29	30
ABCD	AB	ABCD	ABC	ABCD	AB	AB	ABC	ABCD	BCD
31	32	33	34	35	36	37	38	39	40
ABC	BD	BD	CD	ACD	ABCD	ABCD	BCD	ABD	ABC

三、判断题 (30 小题)

1	2	3	4	5	6	7	8	9	10	11	12	13	14	15
√	×	×	√	×	√	×	√	√	×	×	√	√	×	√
16	17	18	19	20	21	22	23	24	25	26	27	28	29	30
×	×	√	×	√	×	√	√	×	×	√	×	√	√	√

附录 B 模拟试卷（二）

一、单选题（30 分，1 分 / 题，共 30 个小题）

1. 数据存证的法律地位（　　）。
   A. 越来越大　　　　　B. 越来越高　　　　　C. 越来越小　　　　　D. 越来越低

2. 数据存证中的数据，在司法领域泛称为（　　）。
   A. 电子数据　　　　　B. 纸质数据　　　　　C. 法律数据　　　　　D. 司法数据

3. 数据存证平台管理员检索的个人敏感信息应进行（　　）处理。
   A. 加密　　　　　　　B. 脱敏　　　　　　　C. 固化　　　　　　　D. 优化

4. 鉴定型存证平台是指具有司法存证功能和（　　）功能的平台。
   A. 技术鉴定　　　　　B. 产品鉴定　　　　　C. 成果鉴定　　　　　D. 司法鉴定

5. SQL 指令 SELECT、DELETE、UPDATE、INSERT 等属于（　　）。
   A. 数据定义语言 (DDL)　　　　　　　　B. 数据操作语言 (DML)
   C. 数据控制语言 (DCL)　　　　　　　　D. 数据程序语言 (DPL)

6. SQL 指令 CREATE、ALTER、DROP 等属于（　　）。
   A. 数据定义语言 (DDL)　　　　　　　　B. 数据操作语言 (DML)
   C. 数据控制语言 (DCL)　　　　　　　　D. 数据程序语言 (DPL)

7. 主机通过蓝牙设备上网属于主机监控系统的（　　）功能。
   A. 服务监控　　　　　B. 操作监控　　　　　C. 外联监控　　　　　D. 输出监控

8. 即时聊天内容属于（　　）监控内容。
   A. 主机审计　　　　　B. 数据库审计　　　　C. 网络审计　　　　　D. 应用审计

9. 用户身份 U 盾信息属于（　　）的数据采集内容。
   A. 主机审计　　　　　B. 数据库审计　　　　C. 网络审计　　　　　D. 应用审计

10. 数据销毁机制属于（　　）内容。
    A. 事前监管　　　　　B. 事中监管　　　　　C. 事后监管　　　　　D. 宏观监管

11. 督促整改属于（　　）内容。
    A. 事前监管　　　　　B. 事中监管　　　　　C. 事后监管　　　　　D. 宏观监管

12. 组织约谈属于（　　）内容。
    A. 事前监管　　　　　B. 事中监管　　　　　C. 事后监管　　　　　D. 宏观监管

13. 数据资产定价是指科学制定数据资产的（　　）。
    A. 产品体系　　　　　B. 市场体系　　　　　C. 价格体系　　　　　D. 人事体系

14. 商业数据专题分析报告属于（　　）。
    A. 零次数据资产　　　B. 一次数据资产　　　C. 二次数据资产　　　D. 三次数据资产

15. 个人文献数据属于（　　）。
    A. 零次数据资产　　　B. 一次数据资产　　　C. 二次数据资产　　　D. 三次数据资产

16. 数据资产评估指标体系包括数据资产应用价值和（　　）。
    A. 数据资产开发价值　　　　　　　　　B. 数据资产成本价值
    C. 数据资产体验价值　　　　　　　　　D. 数据资产协同价值

17. 数据资产安全保护的目标是确保 (　　)。

A. 数据资产安全可控　　　　　　　　　　B. 数据资产管理可控

C. 数据资产成本可控　　　　　　　　　　D. 数据资产市场可控

18. RBAC 模型是指 (　　) 模型。

A. 管理员—用户—权限　　　　　　　　　B. 用户—角色—权限

C. 管理员—操作员—权限　　　　　　　　D. 管理员—操作员—审计员

19. 数据资产管理的 (　　) 要求是平衡数据资产管理相关活动的投入和产出。

A. 治理先行原则　　B. 价值导向原则　　C. 成本效益原则　　D. 安全合规原则

20. 数据资产管理的目标是实现其 (　　)。

A. 保值增值　　　　B. 安全应用　　　　C. 市场交易　　　　D. 资产变更

21. 数据规模、数据更新周期属于数据资产的 (　　)。

A. 数据要素　　　　B. 法律要素　　　　C. 价值要素　　　　D. 业务要素

22. 下述 (　　) 脱敏模式可以形象地概括为"搬移并仿真替换"。

A. 企业数据　　　　B. 个人数据　　　　C. 动态数据　　　　D. 静态数据

23. 下述 (　　) 脱敏模式可以形象地概括为"边脱敏，边使用"。

A. 政务数据　　　　B. 商务数据　　　　C. 动态数据　　　　D. 静态数据

24. 对数据资产的新增数据源中的新增数据项进行识别称为 (　　)。

A. 全量识别　　　　B. 抽样识别　　　　C. 增量识别　　　　D. 统计识别

25. ε- 差分隐私方法属于 (　　)。

A. 仿真类方法　　　B. 泛化类方法　　　C. 抑制方法　　　　D. 现代隐私保护方法

26. 数据脱敏的 (　　) 是指数据脱敏的过程可通过程序自动化实现，可重复执行。

A. 有效性原则　　　B. 真实性原则　　　C. 高效性原则　　　D. 合规性原则

27. 实现加密保护或安全认证功能的设备与系统称为 (　　)。

A. 物资　　　　　　B. 物质　　　　　　C. 物品　　　　　　D. 物项

28. (　　) 用于保护不属于国家秘密的信息。

A. 核心密码　　　　B. 普通密码　　　　C. 商用密码　　　　D. 基础密码

29. (　　) 算法是加密方和接收者均使用同一个密钥对数据进行加密和解密。

A. 对称加密算法　　B. 非对称加密算法　C. 散列算法　　　　D. 随机数生成算法

30. 期刊《计算机学报》的论文信息属于 (　　)。

A. 实体数据　　　　B. 文献数据　　　　C. 组织数据　　　　D. 个人数据

二、多选题 (40 分，1 分 / 题，共 40 个小题)

1. 数据存证的司法证明力包括证据的 (　　)。

A. 真实性　　　　　B. 精准性　　　　　C. 关联性　　　　　D. 合法性

2. 第三方数据存证平台采用的技术包括 (　　)。

A. PKI 技术　　　　B. 时间戳技术　　　C. 商用密码技术　　D. 区块链技术

3. 第三方数据存证平台主要类型有 (　　)。

A. 独立型存证平台　　　　　　　　　　　B. 安全型存证平台

C. 公证型存证平台　　　　　　　　　　　D. 鉴定型存证平台

4. 数据存证的基本原则主要有 (　　)。

A. 合法性原则　　　　　B. 保密性原则　　　　　C. 及时性原则　　　　　D. 全面性原则

5. 电子数据存证方式有 (　　)。

A. 使用方存证　　　　　B. 第三方存证　　　　　C. 公证存证　　　　　D. 自行存证

6. 司法存证涉及的标准有 (　　)。

A. 国家标准　　　　　B. 地方标准　　　　　C. 司法行政行业标准　　D. 团队标准

7. 主机审计的数据采集 / 审计主要由 (　　) 构成。

A. 主机监控系统　　　　　　　　　　　B. 数据采集系统

C. 数据审计系统　　　　　　　　　　　D. 主机事件审计 / 监控中心

8. 主机监控系统的监控功能包括 (　　)。

A. 进程监控　　　　　B. 服务监控　　　　　C. 操作监控　　　　　D. 外联监控

9. 上网监控系统的监控功能包括 (　　)。

A. 账号监控　　　　　B. 内容监控　　　　　C. 流量监控　　　　　D. 协议解析

10. 网络审计的数据采集内容主要包括 (　　)。

A. 电子邮件数据　　　　　　　　　　　B. 网页浏览数据

C. 即时聊天数据　　　　　　　　　　　D. 文件传输数据

11. 应用审计的数据采集内容主要包括 (　　)。

A. 用户身份数据　　　　　　　　　　　B. 网页浏览数据

C. 用户权限数据　　　　　　　　　　　D. 应用事件数据

12. 数据库审计形成的统计报表的文件格式有 (　　)。

A. Html　　　　　B. pdf　　　　　C. prg　　　　　D. xls

13. 数据库审计的数据采集内容主要包括 (　　)。

A. 数据定义语言 (DDL) 信息　　　　　B. 数据操作语言 (DML) 信息

C. 数据控制语言 (DCL) 信息　　　　　D. 数据操作时间信息

14. 数据库安全事件进行审计包括 (　　)。

A. 数据访问审计　　　B. 数据变更审计　　　C. 用户操作审计　　　D. 违规访问行为审计

15. 数据审计可以在 (　　) 发挥作用。

A. 事前　　　　　B. 事中　　　　　C. 事后　　　　　D. 过程

16. 数据库审计的数据采集方式有 (　　)。

A. 嵌入方式　　　　　B. 旁路方式　　　　　C. 镜像方式　　　　　D. 探针方式

17. 数据安全审计的目的是 (　　)。

A. 发现系统漏洞　　　　　　　　　　　B. 发现系统设备名称

C. 发现入侵行为　　　　　　　　　　　D. 改善系统性能

18. 按不同 ICT 设施设备，数据审计分为 (　　)。

A. 数据库审计　　　B. 主机审计　　　C. 网络审计　　　D. 应用审计

19. 数据交易机构是指 (　　) 机构。

A. 第三方评估　　　　　B. 交易撮合　　　　　C. 数据经纪　　　　　D. 数据开发

20. 数据资产交易模式可以从 (   ) 等不同视角来划分。

A. 产品定价 　　　　 B. 交易对象 　　　　 C. 产权转让 　　　　 D. 金融模式

21. 下述 (   ) 情形的数据资产不能进行交易。

A. 包含未依法获得授权的个人信息 　　　　 B. 包含未经依法开放的公共数据

C. 个人开发的二次数据资产 　　　　 D. 法律、法规规定禁止交易数据

22. 数据资产权益包括数据资产的 (   )。

A. 所有权 　　　　 B. 使用权 　　　　 C. 收益权 　　　　 D. 安全权

23. 数据资产确权的原则有 (   )。

A. 利益平衡原则 　　　　 B. 数据资产分类原则

C. 数据资产分级原则 　　　　 D. 数据资产安全原则

24. 数据资产按"级别"可分为 (   )。

A. 私有品数据资产 　　　　 B. 企业数据资产

C. 公共品数据资产 　　　　 D. 准公共品数据资产

25. 数据资产确权应遵守的准则有 (   )。

A. 先私后公准则 　　　　 B. 效益优先准则 　　　　 C. 先易后难原则 　　　　 D. 先公后私准则

26. 在 (   ) 条件下，数据资产的价值与价格关系会出现分离。

A. 不完全竞争 　　　　 B. 单一来源采购 　　　　 C. 垄断市场 　　　　 D. 公平竞争

27. 数据资产的静态类定价方法有 (   )。

A. 固定定价法 　　　　 B. 差异定价法 　　　　 C. 官方定价法 　　　　 D. 拉姆齐定价法

28. 数据资产的动态类定价方法有 (   )。

A. 固定定价法 　　　　 B. 自动定价法 　　　　 C. 协商定价法 　　　　 D. 拍卖定价法

29. 数据资产交易监管模式主要有 (   )。

A. 监管机构微观监管模式 　　　　 B. 监管机构宏观监管模式

C. 行业组织自律监管模式 　　　　 D. 交易主体内部监管模式

30. 数据资产安全保护的目标是确保数据资产在 (   ) 方面安全可控。

A. 真实性 　　　　 B. 机密性 　　　　 C. 完整性 　　　　 D. 不可否认性

31. 权限是用户 / 角色可以访问的资源，包括 (   )。

A. 菜单权限 　　　　 B. 控制权限 　　　　 C. 操作权限 　　　　 D. 数据权限

32. 数据资产价值评估方法主要有 (   )。

A. 成本评估法 　　　　 B. 收益评估法 　　　　 C. 市场评估法 　　　　 D. 专家评估法

33. 数据资产成本价值包括 (   )。

A. 建设成本 　　　　 B. 运维成本 　　　　 C. 市场成本 　　　　 D. 管理成本

34. 数据资产应用价值包括 (   )。

A. 数据形式 　　　　 B. 数据内容 　　　　 C. 数据呈现 　　　　 D. 数据绩效

35. 数据安全治理的目标是 (   )。

A. 数据有效保护 　　　　 B. 数据合法利用

C. 数据安全应用 　　　　 D. 数据综合利用

36. 数据分级的基本原则包括 (　　) 原则。

A. 合法合规　　　　　B. 界定明确　　　　　C. 从严就高　　　　　D. 自主可控

37. 数据资产安全保护的核心是面向数据全生命周期构建 (　　)。

A. 数据资产安全保护价值体系　　　　　B. 数据资产安全保护权属体系

C. 数据资产安全保护技术体系　　　　　D. 数据资产安全保护市场体系

38. 数据库脱敏包括 (　　)。

A. 个人数据脱敏　　　B. 静态数据脱敏　　　C. 动态数据脱敏　　　D. 政务数据脱敏

39. 静态数据脱敏的主要应用场景是 (　　)。

A. 测试工作　　　　　B. 开发工作　　　　　C. 培训工作　　　　　D. 数据分析工作

40. 国内外常见的对称加密算法有 (　　)。

A. DES　　　　　　　B. AES　　　　　　　C. SM2　　　　　　　D. SM4

三、判断题 (30 分，1 分 / 题，共 30 个小题)

1. 第三方数据存证平台安全级别是等级保护第二级。　　　　　　　　　　　　　(　　)

2. 公证存证机构是以营利为目的的。　　　　　　　　　　　　　　　　　　　(　　)

3. 数据控制语言 (DCL) 是用于定义数据库用户的权限的 SQL 指令。　　　　　(　　)

4. 移动设备 (如优盘、移动硬盘等) 审计属于主机审计的范畴。　　　　　　　(　　)

5. 数据定义语言 (DDL) 是用于检索或者修改数据的 SQL 指令。　　　　　　　(　　)

6. 电子邮件审计属于主机审计范畴。　　　　　　　　　　　　　　　　　　　(　　)

7. QQ 交流内容审计属于数据库审计范畴。　　　　　　　　　　　　　　　　(　　)

8. 数据模型属于一次数据资产。　　　　　　　　　　　　　　　　　　　　　(　　)

9. 数据资产确权缺乏法律依据。　　　　　　　　　　　　　　　　　　　　　(　　)

10. 数据资产定价是一个静态行为。　　　　　　　　　　　　　　　　　　　(　　)

11. 数据资产交易监管作用之一是规范数据资产交易行为。　　　　　　　　　(　　)

12. 涉及国家安全、公共安全、个人隐私的数据不得进行交易。　　　　　　　(　　)

13. 数据资产具有加工性。　　　　　　　　　　　　　　　　　　　　　　　(　　)

14. 数据资产是能进行计量的数据资源。　　　　　　　　　　　　　　　　　(　　)

15. 数据脱敏产品须经第三方权威机构测评认证。　　　　　　　　　　　　　(　　)

16. 散列方法是一种脱敏方法。　　　　　　　　　　　　　　　　　　　　　(　　)

17. 个人信息均可公开，没有敏感数据。　　　　　　　　　　　　　　　　　(　　)

18. 散列算法又称杂凑算法或哈希函数。　　　　　　　　　　　　　　　　　(　　)

19. 密钥管理是对密钥全生命周期的管理。　　　　　　　　　　　　　　　　(　　)

20. 密码算法、密码协议是公开的，需要保密的只有 "密钥"。　　　　　　　　(　　)

21. OPC 是一种面向工业领域的数据交换接口标准。　　　　　　　　　　　　(　　)

22. 政务数据属于商业型组织数据。　　　　　　　　　　　　　　　　　　　(　　)

23. 文献检索法是科技界、教育界的学者获取图书、论文等信息的主要方法。　(　　)

24. 数据质量是项目交付的关键要素。　　　　　　　　　　　　　　　　　　(　　)

25. 数据内容检查属于数据质量的唯一性监控规则。　　　　　　　　　　　　(　　)

26. 记录缺失校验属于数据质量的及时性监控规则。　　　　　　　　　　　　(　　)

27. 数据分级中，第 1 级数据的安全级别比第 2 级数据更高。 （　　）

28. 图书的索引卡片属于二次文献数据。 （　　）

29. 数据资产流通不属于数据价值体系治理的范畴。 （　　）

30. 数据的价值与数据所处的时间长度成反比。 （　　）

参考答案

一、单选题 (30 小题)

1	2	3	4	5	6	7	8	9	10	11	12	13	14	15
B	A	B	D	B	A	C	C	D	B	C	C	C	D	B
16	17	18	19	20	21	22	23	24	25	26	27	28	29	30
B	A	B	C	A	A	D	C	C	D	C	D	C	A	B

二、多选题 (40 小题)

1	2	3	4	5	6	7	8	9	10
ACD	ABCD	ACD	ABCD	BCD	AC	AD	ABCD	ABCD	ABCD
11	12	13	14	15	16	17	18	19	20
ACD	ABD	ABCD	ABCD	ABC	CD	ACD	ABCD	ABC	BCD
21	22	23	24	25	26	27	28	29	30
ABD	ABCD	ABC	ACD	BCD	ABC	ABD	BCD	BCD	ABCD
31	32	33	34	35	36	37	38	39	40
ACD	ABC	ACD	ABD	AB	ABCD	BC	BC	ABCD	ABD

三、判断题 (30 小题)

1	2	3	4	5	6	7	8	9	10	11	12	13	14	15
×	×	√	√	×	×	×	×	√	×	√	√	√	√	√
16	17	18	19	20	21	22	23	24	25	26	27	28	29	30
√	×	√	√	√	√	×	√	√	×	×	×	√	×	√